新天文学ライブラリー 8

ダークマター

Dark Matter

川崎雅裕
Kawasaki Masahiro

日本評論社

新天文学ライブラリー刊行によせて

近代科学の出発点としての歴史と，つねに新たな世界観を切り拓く先進性，その二つを合わせもった学問が天文学です．しかしその結果として，歴史的な研究から最新の発見に至るまで学ぶべきことが多く，特に新たに研究を始めようとする学生の皆さんにとっては，すぐれた教科書シリーズが待ち望まれていました．

日本評論社からすでに出版されている「シリーズ現代の天文学」全17巻は，天文学の基礎事項を網羅したすぐれた概論的教科書として定着しています．さらに，それらと相補的に個々のテーマをじっくりと解説した書籍が必要ではないかとの考えから，この「新天文学ライブラリー」は生まれました．

編集委員である私たちが特に留意したのは，

- 概論的教科書では紙面の関係で結果を示すだけになりがちな部分であっても，それらが基礎的な事項の積み重ねとしてすっきり理解できるように説明すること
- 単なる式の羅列ではなく，それらの導出と物理的説明や解釈を通じて，じっくり読めば十分な達成感が得られること
- 複数の著者ではなく，一人あるいは少数の著者が執筆することで，行間からそれぞれの著者の科学観が伝わること

の3点です．そしてこれらは本シリーズの特長そのものでもあります．

私たちが天文学を志した頃には，このような発展を遂げるとは予想もできなかったテーマ，さらにはそもそも存在すらしていなかったテーマが，今回一冊の本になっている場合も少なくありません．その意味では私たち編集委員は，本シリーズから多くのものを学んだ幸運な最初の読者だというべきでしょう．「新天文学ライブラリー」を読んだ方々が，未だ知られていない新世代の天文学の扉を開いてくれることを心から期待しています．

はじめに

現在の宇宙には私たちや星を作っている物質（= 原子・分子）とは異なる物質が大量に存在し，その量は原子・分子に比べて約 5 倍にもなることが分かっている．この物質はその重力的性質から存在が確かめられ，光（電磁波）の観測では直接見ることができないのでダークマター（= 暗黒物質）と呼ばれている．ダークマターが宇宙に存在することは確かであるが，その正体はまったくの謎である．ダークマターは未知の素粒子であるかもしれないし，ブラックホールのような天体かもしれない．この正体が分からないダークマターは宇宙にとって非常に重要な存在で，ダークマターが宇宙にあるおかげで銀河や星が形成され，人間が生まれることができたといえる．本書はこの謎の物質であるダークマターに関して解説した教科書である．

ダークマターはその正体が分かっておらず，その候補は素粒子から天体までさまざまであり，宇宙において重要な役割を果たしていることからダークマターは宇宙物理・宇宙論，そして素粒子論の分野で大きな関心を持たれて盛んに研究が行われている．実際，関連する論文が毎日のように発表されている．このように研究が盛んに行われていて進歩の激しいテーマに関して教科書を執筆することは極めて困難である．本書の執筆を始めたのは約 10 年前である．その間にもダークマターに関する理解は進み，有力なダークマター候補も変化し，新たなダークマター候補も数多く提案されている．ダークマターに関して議論するには，どうしてもある程度具体的なダークマター候補に基づいて考える必要が出てくるために，教科書でどの候補をどの程度取り上げるかは大きな問題となる．本書では，素粒子的なダークマター候補として，これまで有力な候補であり，今後も有力な候補であると思われるアクシオンと WIMP を中心に取り上げ，近年興味を持たれている候補についても触れた．さらに，WIMP については超対称性理論から予言される粒子を念頭に置いて解説した．また，天体的なダークマター候補としては最近注目を集めている原始ブラックホールを取り上げた．

本書の構成は第 1 章でダークマターと現代宇宙論の概観を述べたのち，第 2 章でダークマターが存在する観測的根拠とそこから導かれるダークマターの一般的性質について説明した．第 3 章は天体的ダークマター候補について，宇宙初期の元素合成の制限から通常の星などの天体がダークマターではないことを示したのち，有力なダークマター候補として原始ブラックホールに焦点をあて，今後観測的に重要になると思われる重力レンズや原始ブラックホールの種となる密度揺らぎからの重力波の生成も含めて詳しく説明した．第 4 章は素粒子的ダークマターについて一般的に解説し，第 5 章と第 6 章は素粒子ダークマター候補として有力視されているアクシオンと超対称性粒子について解説した．特に，アクシオンについてはその素粒子論的側面も含めて丁寧に説明を行った．これはアクシオン自体が他のダークマター候補より理解が難しいこととアクシオンについて書かれた日本語の教科書がほとんどないことから，あえて多くのページを割いて，宇宙や天文を専門とする大学院生にも場の理論の初歩的な知識があれば理解してもらえるように説明した．第 7 章はその他の素粒子的ダークマター候補としてステライル・ニュートリノとソリトンを取り上げて説明した．第 8 章と第 7 章はアクシオンと WIMP を実験で検出する原理と現状の結果を述べた．

目次を見ると分かるように，本書はダークマター候補に関する説明に重点を置いており，特にアクシオンと原始ブラックホールに関して詳しく説明がなされている．これはもともと意図したものではなかったが上述した理由や著者の好みが反映された結果このような形になってしまったものである．現在ダークマターに関する日本語の教科書はほとんどない．これは最初に述べたようにこのテーマで教科書をまとめることが難しいことを示している．そのような状況において，本書がダークマターに興味のある学生や研究者に少しでも役立ってもらえれば幸いである．

単位系について注意しておくと，本書は自然単位系を用いて書かれており，光速 c，プランク定数 $\hbar$，ボルツマン定数 k_{B} はすべて 1 ($c = \hbar = k_{\mathrm{B}} = 1$) とした．このような単位系に馴染みがない読者もいると思われるが，本書で扱うダークマター候補の多くが素粒子論で予言されている粒子であるためそれを説明する上で自然単位系が最も便利だと思われるので採用した．自然単位系と通常の単位系との関係は付録 A.1 にまとめられている．自然単位系では，質量などの物理量はすべてエネルギーで表されるが，本書ではエネルギーの単位として eV（電子ボルト）を用い，keV$= 10^3$ eV，MeV$= 10^6$ eV，GeV$= 10^9$ eV，TeV$= 10^9$ eV である．

さらに，重力のスケールであるプランク質量 $M_{\rm pl}$ は重力定数 G を用いて，$M_{\rm pl} \equiv 1/\sqrt{8\pi G} \simeq 2.4 \times 10^{18}\,\mathrm{GeV}$ と定義する（文献によってはプランク質量は $M_{\rm pl} \equiv 1/\sqrt{G} \simeq 1.22 \times 10^{19}\,\mathrm{GeV}$ と定義されることがあるので注意してほしい）.

本書において，内容を理解するために相対論や場の理論の進んだ知識が必要とされる場合や扱われているトピックスが全体の流れから少し外れている場合には節の表題に*が付けられている．*のついた節は読者の関心や知識に応じたやり方で読むと良いと思う.

最後に，困難な本書の執筆を勧めてくださった須藤靖先生に感謝します．執筆を始めてから完成に 10 年以上経ってしまったのはひとえに著者の怠慢のせいで，この間，賞賛すべき忍耐力で暖かく見守っていただいた佐藤大器氏に感謝したいと思います．また，本書の草稿に対して貴重なコメントしていただいた編集委員の先生方（須藤靖先生，田村元秀先生，林正彦先生，山崎典子先生）と大学院生の土田駿介さんに感謝いたします.

2025 年 1 月

川崎　雅裕

新天文学ライブラリー刊行によせて　i
はじめに　iii

第1章　ダークマターとは?　1
1.1　ダークマター　1
1.2　宇宙論の概観　6

第2章　ダークマターの観測的証拠　19
2.1　ダークマター存在の観測的証拠　19
2.2　ダークマターの性質　24

第3章　天文学とダークマター　29
3.1　バリオン・ダークマター　29
3.2　原始ブラックホール　33
3.3　原始ブラックホールに対する観測的制限　44

第4章　素粒子論とダークマター　59
4.1　素粒子モデルの概観　59
4.2　宇宙におけるダークマターの熱的生成　62
4.3　非対称性ダークマター　68
4.4　熱いダークマター・冷たいダークマター　69
4.5　冷たいダークマターの問題　71
4.6　位相空間密度からの制限　73
4.7　ド・ブロイ波長からの制限　75

第5章 アクシオン 77
5.1 アクシオン 77
5.2 ストロングCP問題 87
5.3 ペッチャイ-クイン(Peccei-Quinn)機構とアクシオン 90
5.4 アクシオン模型 93
5.5 アクシオンの質量 97
5.6 アクシオンと標準模型粒子との相互作用 101
5.7 初期宇宙におけるアクシオンの生成 103
5.8 ALP 122
5.9 Fuzzyダークマターとしてのアクシオン 124
5.10 アクシオン場の非相対論的定式化* 125

第6章 超対称性粒子 129
6.1 超対称性 129
6.2 超対称性の破れ 133
6.3 ニュートラリーノ 135
6.4 グラビティーノ 138
6.5 モジュライ 146

第7章 その他の素粒子論的ダークマター候補 151
7.1 ニュートリノ 151
7.2 ステライル・ニュートリノ 153
7.3 (ノン)トポロジカル・ソリトン 163

第8章 アクシオンの検出 179
8.1 アクシオンと電磁場との相互作用 180
8.2 マイクロ波キャビティを用いたアクシオン検出 182
8.3 太陽アクシオンの検出 185
8.4 複屈折効果を用いたアクシオン検出 189
8.5 その他のアクシオンの検出方法 194

第9章 WIMPの検出 197

9.1 WIMPダークマターの直接検出 197
9.2 WIMPダークマターの間接検出 205
9.3 WIMPダークマターのLHC加速器による検出 215

第10章 今後の展望 219

付録 223
A.1 単位 223
A.2 曲率揺らぎによる重力波生成 223
A.3 巻きつき数とゲージ変換 228
A.4 量子力学におけるインスタントン 231
A.5 アクシオン・光子変換確率 240

参考文献 243
索引 253

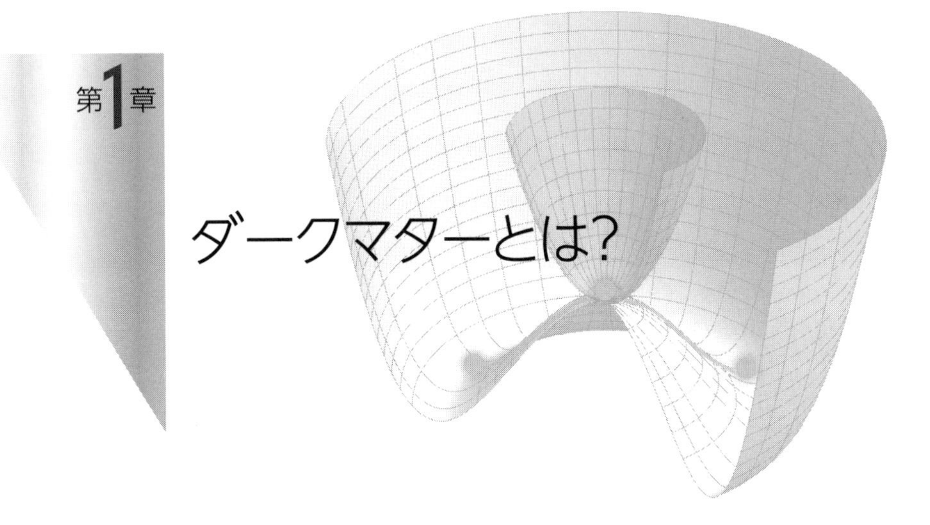

ダークマターとは?

1.1 ダークマター

私たちの体や私たちが住んでいる地球を作っているのは原子や分子であるが，原子・分子は現在の宇宙全体のエネルギー密度の約 5%しか占めていないことが分かっている．残りのエネルギー密度のうち原子・分子以外の物質が宇宙全体の約 25%を占めている．ここで物質と呼んでいるのは質量を持った粒子でその運動エネルギーが質量エネルギーに比べて無視できるものの総称で原子・分子も物質に含まれる．原子・分子以外の物質の中には非常にわずかな割合としてニュートリノが含まれるが，ほとんどはダークマター（暗黒物質）と呼ばれる物質である．ダークマターの存在は重力的な効果を通じて確かめられており，重力以外の他の物質との相互作用は非常に弱いと考えられている．しかし，ダークマターは宇宙の構造形成で重要な役割を果たしており，現在の宇宙で銀河や星が生まれさらには私たちが生まれたのはダークマターのおかげといっても過言ではない．このダークマターが本書のテーマである．ちなみに，エネルギー密度の残りの約 70%はダークエネルギーと呼ばれ，宇宙を加速膨張させていると考えられている．図 1.1 の円グラフが現在のエネルギー密度の組成を表している．これを見ると，現在の宇宙のエネルギー密度の 95%は「ダーク」であること，つまり，我々にとって未知の組成から成り立っていることが分かる．

ダークマターの発見は 1930 年代後半，スイス人の天文学者ツビッキー（Fritz Zwicky） がかみのけ座銀河団内にある銀河を銀河団から飛び出さないようにす

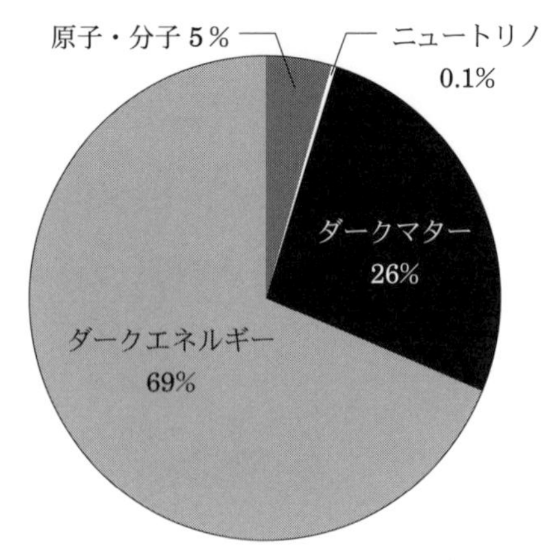

図 1.1 現在の宇宙のエネルギー密度の組成(ニュートリノ以外は%以下の値を四捨五入してある)

るためには,光っている星以外に光っていない物質が大量に存在しなければならない,と言ったことに始まるとされている.興味深いことに,ツビッキーのダークマターに関する 1937 年の論文 [2] はその後 40 年間で約 10 回しか引用されなかった [3] *1.つまり,彼の論文はほとんど注目されなかったということである.実際に,ダークマターが宇宙物理学者に注目されるようになるのは 1970 年代にルービン(Vera Rubin)たちによって銀河の回転曲線が観測され,銀河において星が数多く光っている外側にも大量の光らない物質があることが分かってからである.その後,ダークマターは最初にツビッキーが気付いたように銀河団にもあることが再認識され,宇宙全体に普遍的に分布していることが分かってきた.さらに,ダークマターの存在を決定づけたのが 2001 年に NASA が打ち上げた WMAP 衛星による宇宙マイクロ波背景放射の観測である.WMAP の観測によって,宇宙のダークマターやバリオンの密度が 1%レベルの精度で精密に測られたことから,ダークマターの存在が確立した.

現在のダークマターの最大の関心事はその正体である.宇宙全体で平均したダークマターとバリオン(核子)の存在比から,ダークマターは通常のバリオンではないことが分かっている.さらには,もし,ダークマターが素粒子だとすると現在の素粒子の標準模型の粒子にはその候補は存在しない.つまり,ダークマ

*1 この論文は現在では 1000 以上の引用数がある.

ターは標準模型を超えた素粒子理論の枠組みで初めて現れる粒子の可能性が高い．表 1.1（13 ページ）と 1.2（14 ページ）に，素粒子の標準模型に現れる素粒子を物質を構成するクォーク・レプトンと力を媒介するボソンと素粒子に力を与えるヒッグスに分けて示した．したがって，ダークマターの問題は宇宙物理学だけでなく，素粒子物理学の大問題となっている．実際，ダークマターに関する論文は素粒子物理研究者によって毎日数多く発表されている．また，ダークマターの候補と考えられるのは素粒子だけではなく，ソリトンや原始ブラックホールがある．特に，原始ブラックホールは，米国の重力波検出器 LIGO によって初めてブラックホール連星の合体によって発生した重力波が直接検出されて以来注目されるようになっている．

現在，素粒子的ダークマター候補として有力視されているのは WIMP （弱い相互作用しかしない質量を持った粒子）とアクシオンである．WIMP は質量が 100 GeV から 10 TeV で，相互作用の強さが自然界に存在する 4 つの力（重力，電磁気力，強い力，弱い力）の中の 1 つである弱い力と同程度の粒子である．WIMP は高温・高密度の宇宙初期では対消滅・対生成反応を頻繁に行うことによって熱平衡にあるが，宇宙の温度が下がっていくにつれて反応率が宇宙膨張率より小さくなり，対消滅・対生成反応を起こさなくなり熱平衡から離脱する．宇宙における WIMP の存在量はこのように熱平衡から離脱することによって残存した WIMP の数で決まり，対消滅の断面積に反比例する．WIMP の質量が弱い相互作用のスケールである数 100 GeV で対消滅が弱い相互作用と同程度の強さで起こるとすると，WIMP の存在量はダークマターを説明するのにちょうど良い量になる．このように弱い相互作用から期待される質量と相互作用を持つ WIMP がダークマターの存在量をうまく説明できることは「WIMP の奇跡」と呼ばれている．

WIMP に属する粒子の代表的なものは超対称性理論で予言される超対称性粒子である（第 6 章）．超対称性とはスピンが整数の素粒子であるボソンとスピンが半整数のフェルミオンを結びつける対称性で，超対称性がある理論ではボソンとフェルミオンがペアとして現れる．超対称性理論は，素粒子の弱い相互作用のスケールと重力のスケールであるプランク質量が 16 桁も異なるのはなぜか，という階層性の問題を解決できることや重力を除く自然界の 3 つの力の統一ができるなど魅力的な特徴があるため，素粒子の標準模型を超える理論として最も有望視されてきた．標準模型を超対称化した理論では，標準模型に存在する粒子のパートナーとして，数多くの超対称性粒子が新たに予言される．超対称性粒子の中で最も軽いもの（Lightest Supersymmetric Particle，略して LSP と呼ばれる）は安定であると考えられており，ダークマターの有力候補となる．LSP として有力なのは，弱い相互作用を媒介する中性のゲージ・ボソンとヒッグスの超対称性パートナーであるニュートラリーノで，質量が 100 GeV 程度の大きさで弱い相互作用をするという，まさに WIMP として期待される特徴を持っている（素粒子の標準模型の粒子については 4.1 節で説明する）．

アクシオンは素粒子の強い相互作用を記述する量子色力学（Quantum Chromodynamics: 略して QCD）における CP の破れの問題に関連して導入された粒子である（第 5 章）．ここで，CP とは粒子を反粒子に変換する C とパリティ変換 P の両方の変換を施すことを表し，QCD では CP 変換に対する不変性を破るような反応があることが期待されるが，実際にはそのような反応は実験では見つかっていないという問題がある．この問題を解決するためにペッチャイ（Roberto D. Peccei）とクィン（H.R. Quinn）はペッチャイ–クイン機構と呼ばれるメカニズムを考案したが，そこに現れる粒子がアクシオンである．アクシオンは非常に小さな質量（$\lesssim 1\,\mathrm{meV} = 10^{-6}\,\mathrm{eV}$）を持つと考えられている．WIMP と異なり，アクシオンは他の粒子との相互作用が小さいために宇宙初期の非常に高温の時期でのみ熱平衡にあったと考えられる．しかし，質量が軽いため熱平衡にあったアクシオンはダークマターにはほとんど寄与せず，その後の QCD 相転移付近で起こるアクシオン場のコヒーレントな振動（= 宇宙全体で位相がそろった振動）によって非熱的に生成される冷たいアクシオンと呼ばれるアクシオンがダークマターになると考えられている．さらに，アクシオン模型ではコスミック・ストリングやドメイン・ウォールといった位相欠陥を生成する可能性があり，位相欠陥が進化・崩壊する際にアクシオンが生成されダークマターに重要な寄与をする可能性がある．また，アクシオンと似た性質を持ち，素粒子の超弦理論で予言されるダークマター候補としてアクシオン的粒子 ALP（Axion-Like Particle）がある．ALP も広い意味でアクシオンと呼ばれ QCD における CP の破れの問題を解決するアクシオンを ALP と区別するために QCD アクシオンと呼ぶこともある．

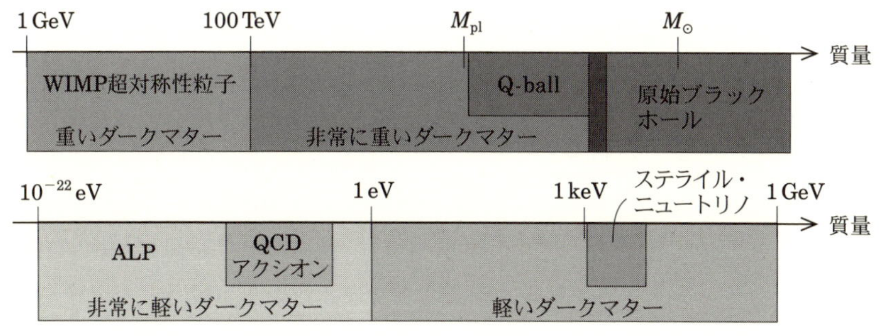

図 1.2 ダークマター候補とそれらの質量．$M_{\rm pl}$ はプランク質量，$M_\odot$ は太陽質量を表す．

WIMP とアクシオン以外にも，素粒子の標準模型を超える理論においてさまざまなダークマター候補が現れる．また，素粒子以外にも，さまざまなスカラー場の理論で予言されるソリトンも長寿命であればダークマターの候補となる（第 7 章）．ソリトンにはその安定性がスカラー場の空間的配位による位相幾何学的不変量（トポロジカルチャージ）で保証されるトポロジカル・ソリトンとそれ以外の理由で安定性が生じるノントポロジカル・ソリトンがある．モノポール，コスミック・ストリング，ドメイン・ウォールは前者に属する．後者のノントポロジカル・ソリトンで宇宙論の枠組みで議論されているものに Q ボールとオシロンがある．これらソリトンはそれ自身は素粒子ではないが，素粒子理論に伴って現れるので素粒子的ダークマターの候補と考える．

このように，多様なダークマターの候補があり，太陽や（小）惑星程度の質量を持つ原始ブラックホールのような天体的な候補から，10^{-22} eV 程度の質量を持つアクシオン的ダークマターのような非常に軽いダークマターまでその質量範囲は 80 桁以上になる．図 1.2 にダークマターの質量と代表的なダークマター候補の質量範囲を示した．ここでは，質量が 1 GeV から 100 TeV のダークマターを「重いダークマター」と呼び，質量がそれより大きいダークマターを「非常に重いダークマター」，質量が 1 eV から 1 GeV のダークマターを「軽いダークマター」，さらに軽いものを「非常に軽いダークマター」と呼ぶことにする．

現在までにさまざまなダークマター候補が提案されているが，ダークマターの正体を明らかにするためにはダークマターを実験的・観測的に検出する必要がある．特に WIMP に関しては通常の物質と弱い相互作用程度の強さで相互作用するため，標的となる原子核を宇宙線の影響を避けるために地下において直接 WIMP と原子核の散乱のシグナルを検出する試みが数十年にわたって全世界的に行われている．さらに，銀河ハローや銀河中心で WIMP が対消滅した際に生成される光子や宇宙線を観測することによって WIMP を間接的に検出する試みも盛んに行われている．

アクシオンは他の物質との相互作用が WIMP よりもずっと弱いため検出は難しいが，アクシオンと光子の結合を通じてアクシオンから生成された光子を検出することによって我々の銀河にあるアクシオンや太陽で作られたアクシオンを直接検出する試みが長年行われている．最近ではアクシオン場が存在することによって生じる光の偏光面の回転による効果などを用いる検出法など，新たなアイデアが数多く出されれいる．

1.2 宇宙論の概観

本書は一般相対性理論や宇宙膨張を記述するフリードマン方程式や宇宙の熱史に関するある程度の知識を読者が持っていることを前提としているが，ここでは宇宙論で重要な物理量やパラメータやその記号の導入の意味も含めて，次章以降の議論に必要な宇宙論の基礎的な知識について簡潔に説明する．

以下では，光速 c，プランク定数 $\hbar$，ボルツマン定数 $k_{\rm B}$ をすべて 1 とする（$c = \hbar = k_{\rm B} = 1$）自然単位系を用いる（付録 A.1 参照）．また，4 次元ベクトルの添え字はギリシャ文字 $\mu, \nu, \cdots = 0, 1, 2, 3$，3 次元空間ベクトルの添字はラテン文字 $i, j, \cdots = 1, 2, 3$ を用いることにする．計量テンソルに関しては，space-like convension つまり $g_{\mu\nu} = (+, -, -, -)$ を採用する．

1.2.1 宇宙膨張

私たちの宇宙は大きなスケール（$\gtrsim 100\,{\rm Mpc}$）では空間的に一様・等方的である．したがって，時空の計量はフリードマン–ルメートル–ロバートソン–ウォーカー（Friedmann–Lemaître–Robertson–Walker: FLRW）計量

$$ds^2 = dt^2 - a^2(t)\left[\frac{dr^2}{1 - Kr^2} + r^2(d\theta^2 + \sin^2\theta d\phi^2)\right] \tag{1.1}$$

で与えられる．ここで，$a(t)$ はスケール・ファクター，K は宇宙の曲率に関係した定数パラメータで，$K > 0$, $K = 0$, $K < 0$ がそれぞれ閉じた，平坦な，開いた

宇宙を表す．FLRW 計量からリッチ・テンソル $R_{\mu\nu}$，リッチ・スカラー $\mathcal{R}$ が

$$R_{00} = -3\frac{\ddot{a}}{a}, \quad R_{ij} = \left[\frac{\ddot{a}}{a} + 2\frac{\dot{a}^2}{a^2} + 2\frac{K}{a^2}\right], \quad R_{0j} = 0 \tag{1.2}$$

$$\mathcal{R} = -6\left[\frac{\ddot{a}}{a} + \frac{\dot{a}^2}{a^2} + \frac{K}{a^2}\right] \tag{1.3}$$

と計算できる．ここで $\dot{}$ は時間微分 d/dt（ $\ddot{}$ は d^2/dt^2 ）を表す．一方，エネルギー・運動量テンソルは

$$T_{00} = \rho(t) \tag{1.4}$$

$$T_{0j} = 0 \tag{1.5}$$

$$T_{ij} = -g_{ij}P(t) \tag{1.6}$$

で与えられ，ρ と P が宇宙全体で平均したエネルギー密度と圧力である．アインシュタイン方程式

$$R_{\mu\nu} - \frac{1}{2}g_{\mu\nu}\mathcal{R} = 8\pi G T_{\mu\nu} \tag{1.7}$$

より（G は重力定数），宇宙膨張に関する重要な方程式

$$\left(\frac{\dot{a}}{a}\right)^2 + \frac{K}{a^2} = \frac{8\pi G}{3}\rho \tag{1.8}$$

$$\ddot{a} = -\frac{4\pi G}{3}(\rho + 3P)a \tag{1.9}$$

$$\frac{d}{dt}(a^3\rho) = -P\frac{d}{dt}(a^3) \tag{1.10}$$

が得られる．式（1.8）はフリードマン方程式，または宇宙膨張の式と呼ばれる．

宇宙膨張率を表すハッブル・パラメータは

$$H \equiv \frac{\dot{a}}{a} \tag{1.11}$$

で定義される．ハッブル・パラメータは時間に依存する量で，特に，その現在の値をハッブル定数と呼び H_0 で表す．ハッブル定数の観測値は [1]

$$H_0 = (67.4 \pm 0.5)\,\mathrm{km/s/Mpc} \tag{1.12}$$

である．さらに，ハッブル定数を 100 km/s/Mpc で規格化した無次元量

$$h \equiv \frac{H_0}{100\,\mathrm{km/s/Mpc}} = 0.674 \pm 0.005 \tag{1.13}$$

を単にハッブル定数と呼んで用いることもある．

また，宇宙論で時刻を表すのに時間 t ではなく赤方偏移 z を用いることがよくある．もともと，赤方偏移はある時刻 t に放出した光の波長 λ が宇宙膨張によって現在の時刻 t_0 までに余分に引き伸ばされた量 $\Delta\lambda$ を表す量（$z = \Delta\lambda/\lambda$）であるが，スケール・ファクターと

$$z = \frac{a(t)}{a(t_0)} - 1 = \frac{a(t)}{a_0} - 1 \tag{1.14}$$

と関係付けられ，時刻と一対一対応しているため時間変数として用いることができるのである．

1.2.2 宇宙のエネルギー密度

宇宙のエネルギー密度と圧力の関係を表す状態方程式

$$P = w\rho \tag{1.15}$$

を導入すると，状態方程式のパラメータ w が定数であれば，エネルギー密度は式 (1.10) より宇宙膨張とともに

$$\rho \propto a^{-3(1+w)} \tag{1.16}$$

のように進化する．

宇宙論には 3 種類の重要なエネルギー構成要素があり，それらは宇宙論ではしばしば単に「物質」「放射」「ダークエネルギー」と呼ばれることが多い．

- **物質**：非相対論的粒子，つまり，速さ v が $v \ll 1$ であるような粒子．圧力が無視でき，状態方程式のパラメータ w は $w \simeq 0$ なので，式 (1.16) から物質密度 ρ_{M} は

$$\rho_{\mathrm{M}} \propto a^{-3} \tag{1.17}$$

のように宇宙膨張とともに減少する．バリオンとダークマターは物質に属する．

- **放射**：相対論的粒子（$v \simeq 1$）で，$w = 1/3$ で与えられる．放射の密度 ρ_{R} は，スケール・ファクターと以下の関係がある．

$$\rho_{\mathrm{R}} \propto a^{-4} \tag{1.18}$$

放射の代表的な粒子は光子であるが，ニュートリノも宇宙初期においては放射である．さらに，宇宙初期において熱平衡にある粒子でその質量が宇宙の温度より小さいときは近似的に放射として振る舞う．

- **ダークエネルギー**：宇宙を加速膨張させるエネルギー要素．宇宙の加速膨張を起こすためには $w < -1/3$ である必要がある．ダークエネルギーで $w = -1$ を満たすものを宇宙定数と呼ぶ．実際，この場合密度 ρ_Λ は

$$\rho_\Lambda \propto a^0 = \text{一定} \tag{1.19}$$

で時間とともに変化しない．宇宙マイクロ波背景放射の観測からダークエネルギーは宇宙定数に近いことが分かっているので本書ではダークエネルギーとは宇宙定数のことを指すものとする．

現在の宇宙におけるエネルギー密度の構成要素の占める割合は図 1.1 に示してある．

宇宙論では密度構成要素 i のエネルギー密度を

$$\rho_c \equiv \frac{3H^2}{8\pi G} \tag{1.20}$$

で与えられる臨界密度 ρ_c に対する比

$$\Omega_i \equiv \frac{\rho_i}{\rho_c} \tag{1.21}$$

で表す[*2]．Ω は密度パラメータと呼ばれる．現在の臨界密度 ρ_{c0} は

$$\rho_{c0} = 1.05 \times 10^4\, h^2\, \mathrm{eV\ cm^{-3}} \tag{1.22}$$

で与えられる．宇宙論では下添字 0 は現在での値を表すことが慣習となっているので，今後断りなく下添字 0 が現れたら現在での値を表すと理解してほしい．フリードマン方程式 (1.8) から分かるように平坦な宇宙では宇宙の密度は臨界密度に等しい．観測から現在の宇宙の密度は臨界密度にほぼ等しいことが分かっているので，以下では平坦な宇宙 ($K = 0$) を仮定する（実はたとえ現在の宇宙が平坦からずれている場合でも，ダークマターが生成されるような宇宙初期ではフリー

---

*2 ここの密度構成要素 i は物質，放射，ダークエネルギーを表す場合やもっと具体的な粒子であるバリオン，ニュートリノ，光子などを表す場合があり，文脈に応じて柔軟に使われる．

ドマン方程式の曲率項は完全に無視できることが示される). 式 (1.21) で定義した密度パラメータは時間に依っているが, 以後, 本書では特に断らない限り $\Omega = \Omega_0$ として, 現在における密度パラメータを単に「密度パラメータ」と呼ぶことにする.

現在の宇宙は宇宙定数が全密度の約7割を占めているが, 密度の各構成要素は異なるスケール・ファクター依存性を持つので過去に遡れば物質が宇宙の密度を支配するようになる. さらに, 宇宙の初期に遡ると放射が宇宙を支配するようになる. したがって, 宇宙は次のように3つの時期に分けられることになる.

- ダークエネルギー優勢期 (ΛD)
  $z < z_* \equiv 0.3$ ($t > t_* = 100$ 億年)
- 物質優勢期 (MD)
  $z_* < z < z_{\rm eq} \equiv 3.8 \times 10^3$ ($t_* > t > t_{\rm eq} = 50$ 万年)
- 放射優勢期 (RD)
  $z_{\rm eq} < z$ ($t_{\rm eq} > t$)

ここで, $z_*(t_*)$ はダークエネルギーと物質のエネルギー密度が等しくなる赤方偏移 (時刻) で, $z_{\rm eq}(t_{\rm eq})$ は物質と放射のエネルギー密度が等しくなる赤方偏移 (時刻) である.

ダークエネルギーまたは物質が宇宙を支配している時期でのスケール・ファクターの時間発展はフリードマン方程式を解くことによって求めることができ, 初期条件として $t \to 0$ に対して $a \to 0$ を課すと

$$a(t) = a_0 \left(\frac{\Omega_M}{\Omega_\Lambda}\right)^{1/3} \sinh^{1/3}\left[\frac{3}{2}\sqrt{\Omega_\Lambda} H_0 t\right] \tag{1.23}$$

となる. 特に, 物質優勢期 ($H_0 t \ll 1$) では

$$a(t) \propto t^{2/3} \tag{1.24}$$

という関係がある.

一方, 放射優勢期では宇宙の密度は熱平衡分布を持った相対論的粒子が担っており, その密度は

$$\rho_{\rm R} = \frac{\pi^2}{30} g_* T^4 \tag{1.25}$$

$$g_* = \sum_{\rm boson} g_i \left(\frac{T_i}{T}\right)^4 + \frac{7}{8}\sum_{\rm fermion} g_i \left(\frac{T_i}{T}\right)^4 \tag{1.26}$$

で与えられる．ここで，g_i は相対論的粒子 i のスピン自由度と粒子・反粒子の自由度を掛けたもので，T は光子の温度，T_i は粒子 i の温度である．ボソンとフェルミオンでエネルギー密度の表式で 7/8 のファクターの違いがある．g_* は相対論的自由度と呼ばれる．

宇宙は断熱膨張するので宇宙のエントロピー S は保存する．エントロピー密度 s は

$$s = \frac{2\pi^2}{45} g_{*s} T^3 \tag{1.27}$$

$$g_{*s} = \sum_{\rm boson} g_i \left(\frac{T_i}{T}\right)^3 + \frac{7}{8}\sum_{\rm fermion} g_i \left(\frac{T_i}{T}\right)^3 \tag{1.28}$$

で与えられる．g_{*s} はエントロピー密度に対する相対論的自由度と呼ばれ，粒子の温度がすべて光子の温度と等しい場合には $g_{*s} = g_*$ である．全エントロピーは $S = a^3 s$ なので，エントロピー保存から $g_{*s}T^3a^3$ は一定になる．したがって，g_{*s} が一定の間は温度はスケール・ファクターに反比例する（$a \propto 1/T$）．この関係と式（1.25）を用いてフリードマン方程式を書くと

$$-\frac{\dot{T}}{T} = \left(\frac{8\pi G\rho_{\rm R}}{3}\right)^{1/2} = \left(\frac{\rho_{\rm R}}{3M_{\rm pl}^2}\right)^{1/2} = \left(\frac{\pi^2 g_*}{90}\right)^{1/2} \frac{T^2}{M_{\rm pl}} \tag{1.29}$$

となり，これを解いて

$$t = \left(\frac{45}{2\pi^2 g_*}\right)^{1/2} \frac{M_{\rm pl}}{T^2} \tag{1.30}$$

$$= 1.7\,{\rm s}\, g_*^{-1/2} \left(\frac{T}{\rm MeV}\right)^{-2} \tag{1.31}$$

が得られる．ここで，$M_{\rm pl}\,(= 1/\sqrt{8\pi G} \simeq 2.4 \times 10^{18}\,{\rm GeV})$ はプランク質量である．また，放射優勢期のスケール・ファクターと時間の関係は

$$a(t) \propto t^{1/2} \tag{1.32}$$

となる．

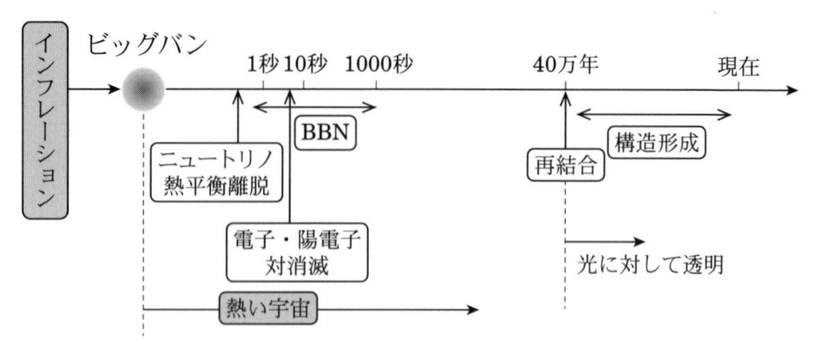

図1.3 現在の熱史

1.2.3 宇宙の熱史

誕生してから約1秒以降の宇宙で何が起こったかは観測によって確立されておりよく理解されている．図1.3に概要を示した．宇宙の時刻が約1秒から現在に至るまでに起こった主要な出来事を要約すると以下のようになる．

ニュートリノの熱平衡からの離脱

宇宙の温度が数MeV以上の高温ではニュートリノは弱い相互作用で起こる対消滅・対生成反応

$$\nu_i + \bar{\nu}_i \quad \longleftrightarrow \quad e^+ + e^- \quad (i = e, \mu, \tau) \tag{1.33}$$

によって熱平衡にある．この反応の反応率は温度の5乗に比例するために，宇宙の温度が下がると宇宙膨張に比べて反応が起きにくくなり，宇宙の温度が約2MeV以下になると熱平衡から離脱して宇宙膨張によって薄められるだけになる．この熱平衡からの離脱が起こる温度を離脱温度と呼ぶ．

電子・陽電子対消滅

ニュートリノが熱平衡からの離脱した後，宇宙の温度が電子の質量 m_e 程度（$T \simeq 0.5\,\mathrm{MeV}$）になると，それまで光子との対消滅・対生成反応

$$e^+ + e^- \quad \longleftrightarrow \quad \gamma + \gamma \tag{1.34}$$

によって光子と同じように数多く存在していた電子と陽電子が対消滅して宇宙からなくなっていく．これは，電子・陽電子が非相対論的になると熱平衡分布がボ

表1.1 クォーク・レプトン

	レプトン			クォーク		
	粒子	質量 (GeV)	電荷	粒子	質量 (GeV)	電荷
第1	ν_e (電子ニュートリノ)	$< 10^{-8}$	0	u (アップ)	0.003	2/3
世代	e (電子)	5.11×10^{-4}	-1	d (ダウン)	0.006	$-1/3$
第2	ν_μ (ミュー・ニュートリノ)	$< 2 \times 10^{-4}$	0	c (チャーム)	1.3	2/3
世代	μ (ミューオン)	0.106	-1	s (ストレンジ)	0.1	$-1/3$
第3	ν_τ (タウ・ニュートリノ)	< 0.02	0	t (トップ)	175	2/3
世代	τ (タウ)	1.7	-1	b (ボトム)	4.3	$-1/3$

ルツマン分布になって数密度が指数関数的 $\exp(-m_e/T)$ に減少するためであるが，物理的には温度が下がると光子のエネルギーが対生成を起こすのに必要な電子の質量エネルギーより小さくなって電子・陽電子対生成反応を起こせなくなるためである．この結果，宇宙から陽電子はほぼ完全になくなり，わずかに電子が残る．これは宇宙が電気的に中性であるため正の電荷の陽子と釣り合う分だけ電子が陽電子より数が多いためである．

電子・陽電子の対消滅によって，それらの粒子のエントロピーは光子に渡されるので光子は暖められる．一方，ニュートリノは電子・陽電子と光子と熱的に隔絶しているので対消滅の影響を受けない*3．その結果，光子の温度 T とニュートリノの温度 T_ν は異なるようになり，その関係は

$$T_\nu = \left(\frac{4}{11}\right)^{1/3} T \tag{1.35}$$

で与えられる．

ビッグバン元素合成（BBN）

宇宙の時刻1秒から1000秒ぐらいの間に，以下のように陽子 (p) と中性子 (n) からヘリウム4原子核（^{4}He）が生成される．

$$2p + 2n \quad \longrightarrow \quad {}^4\mathrm{He} + 3\gamma \tag{1.36}$$

*3 厳密にいうと，わずかながら影響を受けてニュートリノのエネルギー密度は影響がないとした場合に比べて約1.5% 増加する．これをニュートリノの有効世代数に換算すると3.046になる．

表1.2 ゲージボソンとヒッグス粒子

強い相互作用		
粒子	質量(GeV)	電荷
g (グルーオン)	0	0
弱い相互作用		
粒子	質量(GeV)	電荷
$W^{\pm}$ (W ボソン)	80.4	±1
Z^0 (Z ボソン)	91.2	0
電磁作用		
粒子	質量(GeV)	電荷
γ (光子)	0	0
ヒッグス		
粒子	質量(GeV)	電荷
H^0 (ヒッグス・ボソン)	125	0

ビッグバン元素合成は3段階で進み,第一段階は弱い相互作用によって陽子・中性子の比が決まる.陽子と中性子は弱い相互作用で起こる反応

$$\nu_e + n \quad \longleftrightarrow \quad p + e^- \tag{1.37}$$

$$e^+ + n \quad \longleftrightarrow \quad p + \bar{\nu}_e \tag{1.38}$$

$$n \quad \longleftrightarrow \quad p + e^- + \bar{\nu}_e \tag{1.39}$$

によって化学平衡にあり,その比は

$$\frac{n_n}{n_p} = \exp\left(-\frac{m_n - m_p}{T}\right) \tag{1.40}$$

で与えられる.m_n と m_p は中性子と陽子の質量である.弱い相互作用による反応は温度が $T_f \simeq 0.7\,\mathrm{MeV}$ まで下がると平衡から離脱し陽子・中性子の比はほぼ固定される($n_n/n_p \simeq 1/7$).

第二段階は陽子と中性子から重陽子が生成される.

$$n + p \quad \longrightarrow \quad \mathrm{D} + \gamma \tag{1.41}$$

しかし，重陽子の結合エネルギーが 2.2 MeV と小さいため，温度が高いと重陽子が生成されてもバックグランドの光子によって分解されてしまい，重陽子生成反応はなかなか進まず，温度が約 0.1 MeV になって重陽子生成が進むようになる．

第三段階では連続的な以下の一連の核反応によってヘリウム 4 が生成される．

$$\mathrm{D}+\mathrm{D} \longrightarrow {}^{3}\mathrm{He}+n \tag{1.42}$$

$$\mathrm{D}+\mathrm{D} \longrightarrow \mathrm{T}+p \tag{1.43}$$

$${}^{3}\mathrm{He}+n \longrightarrow \mathrm{T}+p \tag{1.44}$$

$${}^{3}\mathrm{He}+\mathrm{D} \longrightarrow {}^{4}\mathrm{He}+p \tag{1.45}$$

$$\mathrm{T}+\mathrm{D} \longrightarrow {}^{4}\mathrm{He}+n \tag{1.46}$$

最終的にバリオン密度の約 25%がヘリウム 4 になり，中間生成物である重陽子（D），トリチウム（T），ヘリウム 3（^{3}He）が水素との数密度の比で 10^{-5}–10^{-4} 程度生成される．ビッグバン元素合成では質量数 5 と 8 の安定な原子核が存在しないためとクーロン障壁のため ^{4}He より大きな元素は合成されないが，わずかに（水素との比で $\sim 10^{-10}$）リチウム 7（^{7}Li）とベリリウム 7（^{7}Be）が生成される．ただし，生成された元素のうちトリチウムは半減期 17.8 年でヘリウム 3 に崩壊し，ベリリウム 7 は電子捕獲によってリチウム 7 になるので，結局，宇宙初期の元素合成では安定な元素として ^{4}He，D，^{3}He，^{7}Li が生成される（図 3.1 参照）．

再結合

宇宙時刻が 38 万年，温度が 3000 度になると陽子と電子が結合して水素原子が形成される．

$$p+e^{-} \longrightarrow \mathrm{H}+\gamma \tag{1.47}$$

これは天文学の慣習に従って再結合と呼ばれるが，宇宙の歴史で陽子と電子が結合するのはこれが初めてある．再結合後は自由な電子がいなくなり光子は電子とのコンプトン散乱をすることなく直進できるようになる．この光子が，現在宇宙マイクロ波背景放射として観測される．

構造形成

宇宙が物質優勢になると，宇宙初期に存在したわずかな密度揺らぎが重力不安定性によって成長し，銀河や銀河団を形成する．最初に述べたようにこのときダークマターが重要な働きをする．

1.2.4　インフレーション宇宙

宇宙が誕生して約 1 秒以降についてはよく理解されているが，さらに宇宙の初期についてビッグバン宇宙模型を適用して理解しようとするといくつかの問題に直面する．代表的な問題は地平線問題と平坦性問題である．地平線問題は，宇宙マイクロ波背景放射が非常に等方的であるという観測事実に起因する問題である．これを説明するためには非常に大きな空間相関が必要になり，因果関係と矛盾するように見える．平坦性問題は，現在の宇宙が平坦に近いという観測事実を説明するためには宇宙初期，たとえば，プランク時（$\sim 10^{-43}$ 秒）に 10^{-60} の精度でもともと宇宙が平坦でないといけないという問題である．さらに，宇宙の構造が形成されるためには密度揺らぎが必要であるがそのような密度揺らぎがどうやって作られたかもまた不明である．これらのビッグバン宇宙模型の問題を解決するのがインフレーション宇宙模型である．

インフレーション宇宙では，誕生直後の宇宙で指数関数的な加速膨張（インフレーション）が起きたことを仮定する．この加速膨張はインフラトンと呼ばれるスカラー場のポテンシャル・エネルギーによって引き起こされると考えられている．インフレーションの多くの模型では何らかの理由でインフラトン場の初期値がポテンシャルが最小になる値からずれたところにあって，ポテンシャルの最小に向かってゆっくり転がる間に宇宙を支配したポテンシャル・エネルギーがインフレーションを起こす．図 1.4 にインフラトン・ポテンシャルとインフラトンの時間発展を示した．インフレーションよってスケール・ファクターは e^{50-60} 以上増大する．その後，インフラトンはポテンシャルの最小値の周りで振動を開始し，その間にインフラトンと結合している他の粒子に崩壊し，崩壊した粒子がさらに，崩壊と散乱を繰り返すことによって熱い熱平衡状態にある放射が形成される．これを再加熱と呼ぶ．したがって，インフレーション宇宙では再加熱によってビッグバン宇宙模型で想定される熱い宇宙が実現される．このように，インフ

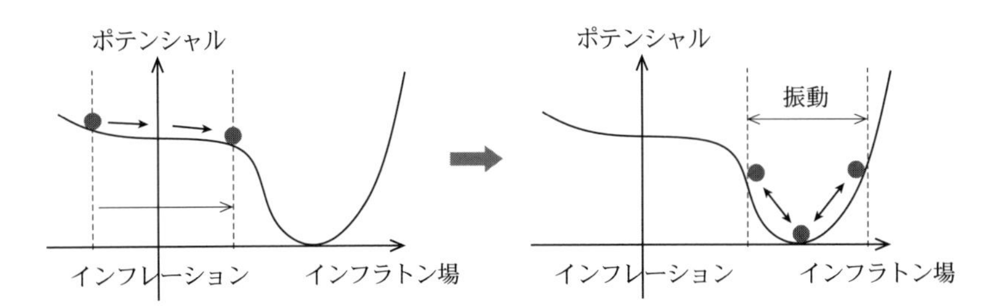

図 1.4 インフラトンの時間発展

レーション宇宙模型はビッグバン宇宙模型にとってかわる模型ではなく誕生直後の宇宙を記述し，ビッグバン宇宙模型につなげる模型となっている．

インフレーション宇宙模型ではインフレーション中にインフラトン場の量子揺らぎが急激な宇宙膨張によって引き伸ばされることによって古典的な揺らぎが生成される．インフレーションによって生成される揺らぎは（1）ほぼスケール不変(揺らぎの大きさがスケールに依らない)，（2）断熱的，（3）ガウス統計に従うといった性質を持っており，宇宙マイクロ波背景放射の観測によって，宇宙初期に存在した揺らぎがインフレーションが予言する性質を持っていることが確かめられていて，インフレーション宇宙模型が新たな宇宙論の標準模型としての地位を確立しつつある．

第2章

ダークマターの観測的証拠

2.1 ダークマター存在の観測的証拠

我々の宇宙がどのような構成物からできているのかというのは当然のことながら宇宙論における重要な問題である．現在，さまざまな観測から我々の宇宙には銀河の星のように光っている物質とは別に光や電波を放出していない暗黒の物質が大量あることが分かっている．これをダークマター（暗黒物質）とよぶ．

2.1.1 ツヴィッキーの発見

歴史的に，最初にダークマターの存在を観測データを使って予想したのはスイス人の天文学者でアメリカのカリフォルニア工科大学で研究をしていたツヴィッキー（Fritz Zwicky）である．彼はかみのけ座銀河団にある800の銀河を観測し，銀河の速度の分散 $\langle v^2\rangle^{1/2}$ が約 1000 km/s であることを見出し，これと力学のビリアル定理を使って銀河団の質量を見積もり，銀河団に光っていない物質が大量にあることを発見した．

ビリアル定理によれば，ある力学系の運動エネルギー $E_{\rm kin}$ とポテンシャル・エネルギー $E_{\rm pot}$ の間には

$$\langle E_{\rm kin}\rangle = -\frac{1}{2}\langle E_{\rm pot}\rangle \tag{2.1}$$

の関係が成り立つ．これを銀河団に適用して，銀河団の質量を M，半径を R とすると $E_{\rm kin}$ と $E_{\rm pot}$ はそれぞれ

$$\langle E_{\rm kin}\rangle = \frac{1}{2}M\langle v^2\rangle \tag{2.2}$$

$$\langle E_{\rm pot}\rangle = -\frac{3}{5}G\frac{M^2}{R} \tag{2.3}$$

と書ける．ただし，ポテンシャル・エネルギーは銀河団を密度一定の球と近似して求めた*1．式（2.1）–（2.3）から銀河団の質量は

$$M = \frac{5}{3}\frac{\langle v^2\rangle}{G}R \tag{2.4}$$

となる．これに，かみのけ座銀河団の観測値 $\langle v^2\rangle^{1/2} \sim 1000\,{\rm km/s}$，$R \sim 10^{24}\,{\rm cm}$，$G = 6.67\times10^{-8}\,{\rm cm^3g^{-1}s^{-2}}$ を代入すると

$$M \sim 1.3\times10^{14}\,M_\odot \tag{2.5}$$

を得る（$M_\odot \simeq 2\times10^{33}$g は太陽質量）．

一方，銀河団の質量が光っている銀河だけで担われていると仮定すると，その質量 $M_{\rm lum}$ は次のように評価できる．観測から銀河団を構成している銀河の平均光度は $L_{\rm gal}\sim10^9L_\odot$（$L_\odot$ は太陽の光度）である．いま，銀河の光度は典型的には太陽程度の質量の星が担っているとすると，銀河の質量 $M_{\rm gal}$ と光度の比は $(M_{\rm gal}/M_\odot)/(L_{\rm gal}/L_\odot)\sim1$ となり，800 個の銀河の総質量から $M_{\rm lum}$ は

$$M_{\rm lum} \sim 800\,M_\odot\left(\frac{L_{\rm gal}}{L_\odot}\right)\left(\frac{M_{\rm gal}/M_\odot}{L_{\rm gal}/L_\odot}\right) \sim 800\times10^9\,M_\odot = 8\times10^{11}\,M_\odot \tag{2.6}$$

で与えられる．これは力学的に決めた質量（2.5）の 150 分の 1 程度である*2．このことからツヴィッキーは銀河団に光っていないダークマターが大量にあるという結論を得たのである．

2.1.2 銀河の回転曲線

宇宙のさまざまなスケールでダークマターの存在の証拠がある．銀河スケールにおいてダークマターが存在するもっとも強い根拠は銀河の回転曲線である．銀

---

*1 具体的には以下のように計算できる．

$$-E_{\rm pot} = \int_0^R 4\pi r^2 dr\frac{4\pi\rho}{3}r^3\frac{G\rho}{r} = \frac{16\pi^2}{15}G\rho^2R^5 = \frac{3}{5}G\frac{M^2}{R} \qquad \left(M = \frac{4\pi}{3}R^3\rho\right)$$

*2 実際には，ツヴィッキーはハッブル定数を現在の観測値 70 km/Mpc/s に比べて 8 倍大きな 558 km/Mpc/s を用いたため $M_{\rm lum}/M\sim1/20$ という結果を得ている．

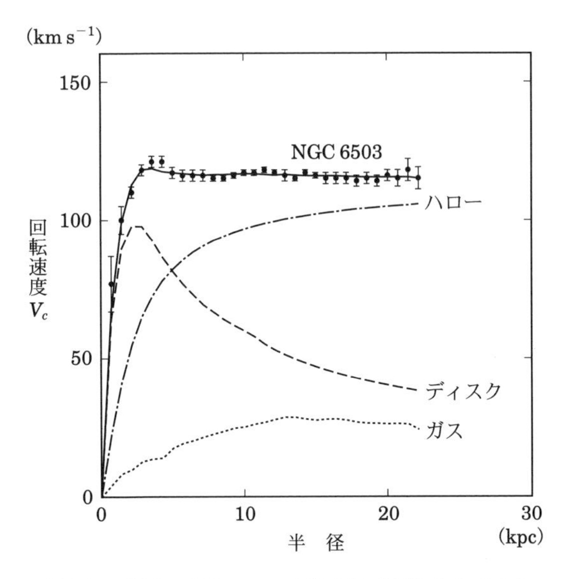

図 2.1 銀河 NGC6503 の回転曲線（文献［4］より）

河の回転曲線とは銀河の周りを回っている星や水素原子の回転速度 v を銀河の中心からの距離 r の関数として表したものでニュートンの法則から

$$v(r) = \sqrt{\frac{GM(r)}{r}} \tag{2.7}$$

となる．ここで，$M(r)$ は中心から半径 r 内にある（光っているかどうかに関係ない）全質量である．この式から明らかなように，もし，銀河の質量のほとんどを星が担っているとすると中心から遠くの暗い部分では M が一定となって，回転速度は $\propto r^{-1/2}$ で落ちていくはずである．しかし，実際には図 2.1 に示したように銀河の遠方でも回転速度は一定となる．このことは光を発しないが $M(r) \propto r$ となる物質分布（ダークマターの分布）が広がっていることを示している．銀河で星が集中している中心領域とディスク領域の外側の球状領域をハローと呼ぶので，このダークマターの分布をダークマター・ハローと呼ぶことにする．ダークマターの量は，たとえば図 2.1 に示した NGC6503 では中心から 22 kpc のところで主に星が寄与している銀河ディスクの 7 倍程度あることが分かる．

なお，銀河の回転曲線の観測結果には，もう一つの理論的解釈がある．それは，重力の法則が銀河スケールのような長距離では変更を受けるためにダークマターが存在するように見えているだけだという説である．しかし，この説は 2.2.1 節で見るように弾丸銀河団の観測から否定されている．

2.1.3　銀河団ガス

さらに，大きなスケールである銀河団にもダークマターが大量に存在する．銀河団の総質量を推定する 1 つの方法は銀河団の中にある高温のガスから放出される X 線の分布を使うものである．いま，銀河団のガスが球対称で静水圧平衡にあるとすると

$$\frac{dP}{dr} = -\frac{GM(r)\rho}{r^2} \tag{2.8}$$

が成り立つ．ここで，P と ρ はガスの圧力及び密度である．状態方程式

$$P = \frac{k_{\mathrm{B}}T\rho}{\mu m_p} \tag{2.9}$$

(μ: 平均分子量，m_p: 陽子の質量) を使うと

$$\frac{k_{\mathrm{B}}T\rho}{\mu m_p}\left(\frac{1}{\rho}\frac{d\rho}{dr} + \frac{1}{T}\frac{dT}{dr}\right) = -\frac{GM(r)\rho}{r^2} \tag{2.10}$$

となり，

$$M(r) = \frac{k_{\mathrm{B}}Tr}{G\mu m_p}\left[-\frac{d\ln\rho}{d\ln r} - \frac{d\ln T}{d\ln r}\right] \tag{2.11}$$

が得られる．これからガスの温度と密度分布が分かれば質量が決まる．銀河団の温度は中心から離れたところでほぼ一定であり，密度は $\rho \propto r^{-(1.5\text{–}2)}$ であることを使い，典型的な銀河団の温度を 10 keV として等温分布を仮定すると

$$M(r) \sim 10^{15} M_{\odot} \left(\frac{r}{\mathrm{Mpc}}\right)\left(\frac{T}{10\,\mathrm{keV}}\right) \tag{2.12}$$

となる．この方法は X 線を用いているものの，$M(r)$ は X 線には関係のない総質量であり，X 線の強度から推定した典型的な銀河団のバリオンの質量はこれより，約 1 桁小さい．つまり，バリオンに比べて 10 倍程度のダークマターが存在することになる．

2.1.4 宇宙背景放射の温度揺らぎ

このように，銀河や銀河団のスケールでダークマターが存在する有力な証拠があるが，次に，宇宙全体としてダークマターがどれだけ存在するかが問題になる．宇宙論的なスケールでのダークマターの存在量は宇宙マイクロ波背景放射の温度揺らぎから導かれる．

宇宙背景放射の温度揺らぎ δT は天空上のある方向 (θ, ϕ) から来る宇宙背景放射の温度 T と天空上で平均した値 $\langle T \rangle$ を用いて

$$\delta T(\theta, \phi) = T(\theta, \phi) - \langle T \rangle \tag{2.13}$$

と定義される．δT は天空上の方向 (θ, ϕ) の関数なので，次のように，球面調和関数 $Y_{\ell,m}$ で展開できる．

$$\frac{\delta T}{T}(\theta, \phi) = \sum_{\ell,m} a_{\ell,m} Y_{\ell,m}(\theta, \phi) \tag{2.14}$$

さらに，展開の係数 $a_{\ell,m}$ から

$$C_\ell = \langle |a_{\ell,m}|^2 \rangle = \frac{1}{2\ell+1} \sum |a_{\ell,m}|^2 \tag{2.15}$$

のように定義された C_ℓ は温度揺らぎの 2 乗平均に対応し，温度揺らぎの角度パワースペクトラムと呼ばれる．C_ℓ は ℓ の関数として理論的に図 2.2 のように予言される．図から見られるように温度揺らぎのスペクトルの形は宇宙のダークマター密度 (Ω_{dm}) やバリオン密度 (Ω_b) によって変化する．特に，図から分かるように角度パワースペクトラムに見られるいくつかのピークの相対的な高さはダークマター密度やバリオン密度に敏感である．このことから逆に，温度揺らぎの観測データから物質密度やバリオン密度を（他の宇宙論的パラメータとともに）を決めることができる（詳しくは本シリーズの第 6 巻『宇宙マイクロ波背景放射』参照）．Plank 衛星による 2018 年の観測データからダークマターとバリオンの密度パラメータと無次元ハッブル定数 h の 2 乗の積が

$$\Omega_{\mathrm{dm}} h^2 = 0.120 \pm 0.001 \tag{2.16}$$

$$\Omega_b h^2 = 0.0224 \pm 0.0001 \tag{2.17}$$

と推定されている．これらと (1.13) から，宇宙のダークマターの密度パラメータ

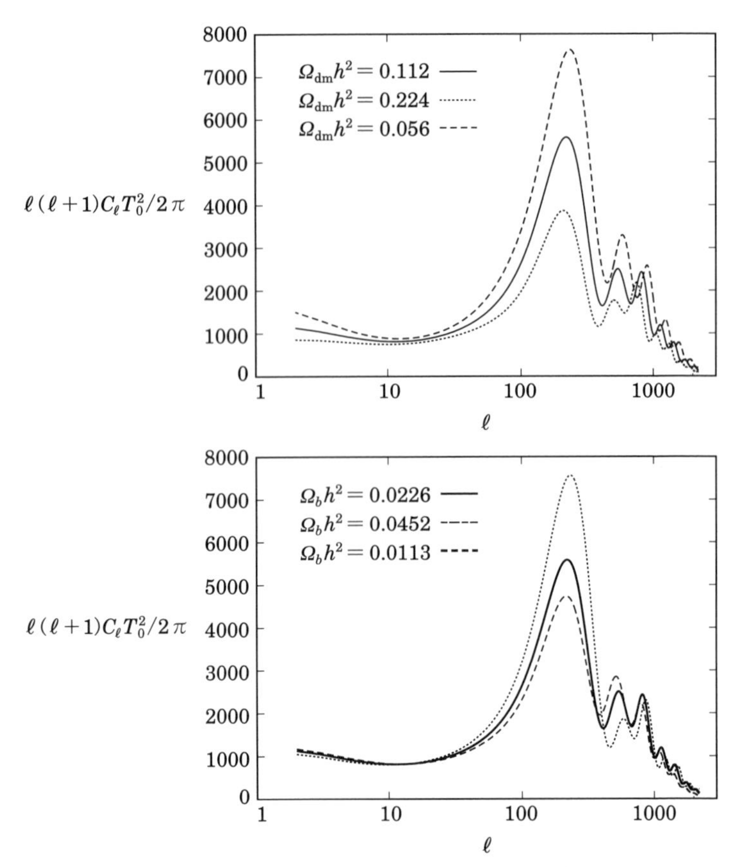

図 2.2 宇宙背景放射の温度揺らぎのスペクトルと物質密度，およびバリオン密度との関係

は $\Omega_{\rm dm} \simeq 0.12h^{-2} \simeq 0.26$ であることが分かる．また，バリオンの密度パラメータは $\Omega_b \simeq 0.049$ となりダークマターの量はバリオンの約 5 倍であることが分かる．

2.2 ダークマターの性質

これまで述べてきたように，さまざまな宇宙のスケールでダークマターが存在することが観測から明らかになっている．さらに，観測からダークマターの性質について重要な情報が得られている．

大前提として，ダークマターは質量を持っていなければならない．その上で，まず第一に挙げるべき性質は宇宙が誕生して138億年たった現在の宇宙でダークマターが観測されているという事実からの当然の帰結として，ダークマターは現在まで生き残っている必要がある．つまり，ダークマターは安定か，不安定だとしても宇宙年齢より長寿命でなければならない．

ダークマターが現在まで重力的な効果を通じてしかその存在が確かめられていないことから，ダークマターは電磁相互作用を行わず，電気的に中性であることが分かる．また，同じ理由から素粒子の強い相互作用のカラーを持っていないことも分かる．つまり，ダークマターは電荷もカラーも持たない．

さらに，ダークマターは通常の物質と相互作用をしたとしてもその相互作用は小さいことが必要である．また，通常の物質との相互作用のみならずダークマター自身との相互作用が小さいことも2.2.1節で見るように，弾丸銀河団の観測から分かっている．

最後に，ダークマターは宇宙の構造形成にとって重要な役割を果たすことが知られている．宇宙の構造は，宇宙初期に存在していた微小な揺らぎが重力的不安定性によって成長して銀河や銀河団のような宇宙の大規模構造を作ったと考えられる．このためには，ダークマターが揺らぎを保持していないければならない．しかし，ダークマター自身が運動してしまうと運動によって移動したスケールの揺らぎは消えてしまい構造形成の障害となる（4.4節参照）．このため，ダークマターはほとんど動かない（= 冷たい）ことが必要である．

以上まとめると，ダークマターは

- ダークマターは安定，または，宇宙年齢より長寿命である．
- ダークマターは電荷もカラーも持たない．
- ダークマターは通常の物質や自分自身と弱い相互作用しかしない．
- ダークマターは冷たい．

という性質を持つことが分かる．

2.2.1 弾丸銀河団の観測

もともとダークマターはその名の通り光らない，つまり，電磁相互作用をせず，重力的な効果でしかその存在が確かめられていないので，ダークマターが他の粒子や自分自身と行う相互作用は非常に弱いと考えられてきた．このことは弾丸銀

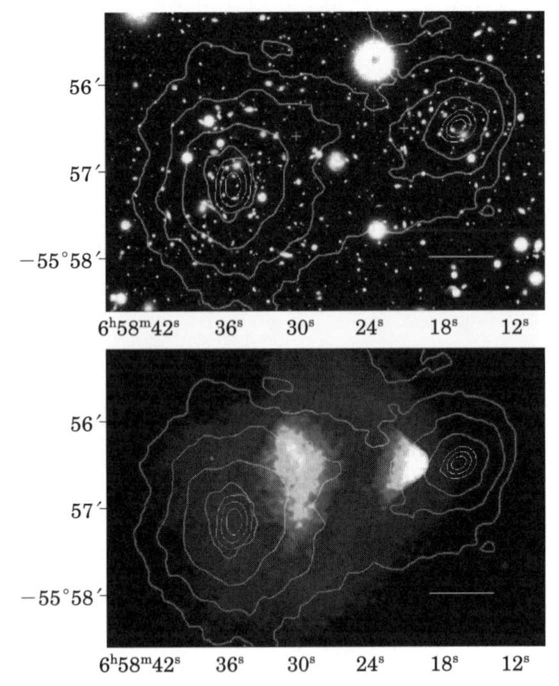

図2.3 可視光（上）とX線（下）で観測された弾丸銀河団（文献[5] より転載）

河団と呼ばれる銀河団の観測によっても確認されている．弾丸銀河 (IE0657−558) は赤方偏移 $z = 0.296$ で観測された銀河団で，2つの銀河団が衝突してできたものである．図 2.3 の上は可視光，下はX線で観測した弾丸銀河団の画像である．また，それぞれの図中の等高線は重力レンズ現象を用いて推定されたダークマターの存在量を表す．弾丸銀河団は2つの銀河団が衝突しすれ違った後の姿だと考えられる．

可視光の図で見えている明るい点状のものは銀河で，銀河たちはその数密度が小さいので銀河団の衝突の際にお互い影響を受けずにすれちがっていることが分かる．また，X線の画像から2つの銀河団の間に熱いバリオンのガス（中央近くの明るい部分）が存在し，そこからX線が放出されていることが分かる．これは，衝突の際に銀河団内のガスがお互いの圧力を感じ，すり抜けることができずに銀河団からはぎ取られた形になったと考えられる．一方，図 2.3 の等高線を見るとダークマターは銀河の分布と同じように分布している，つまり，衝突に際して銀河同様お互いすり抜けたことが分かる．このことはダークマターがお互いで衝突を起こさないほどほとんど相互作用しない粒子からできていることを示している．

この弾丸銀河団の観測結果はダークマターの存在そのものにも非常に大きな意味を持つ．これまで述べてきたダークマター存在の証拠はすべて重力的な効果によるものであったため，実は重力法則が宇宙的スケールで変更を受けたためにダークマターが存在しているように見えたのだという説もあった．しかし，弾丸銀河団はそのような重力の変更で説明することはできず，ダークマターが実在することの確かな証拠となっている．

さらに，弾丸銀河団の観測結果からダークマター粒子同士の相互作用の大きさがどう制限されるかを見てみよう．まず，2 つの銀河団のうちの大きな方を「主銀河団」，小さい方を「サブ銀河団」と呼ぶことにする．サブ銀河団のサイズを R_{s}，ダークマター粒子の数密度を n_{s}，ダークマター粒子同士の衝突の断面積を σ とすると，主銀河団のダークマター粒子がサブ銀河団のダークマター粒子に衝突する確率 p は

$$p \simeq n_{\mathrm{s}} R_{\mathrm{s}} \sigma = m n_{\mathrm{s}} R_{\mathrm{s}} \frac{\sigma}{m} \simeq \Sigma_{\mathrm{s}} \frac{\sigma}{m} \tag{2.18}$$

となる．ここで，m はダークマター粒子の質量，Σ_{s} はダークマターの質量面密度である．もし，$p > 1$ になれば，サブ銀河団のダークマターはバリオンのガスと同じように，主銀河団のダークマターから圧力を感じ，ダークマター分布と銀河分布は異なる．したがって，観測結果と合うためには，$p < 1$ でなければならない．ダークマターの質量面密度の観測値 $\Sigma_{\mathrm{s}} \simeq 0.2\,\mathrm{g cm^{-2}}$ を使って

$$\frac{\sigma}{m} \lesssim 5\,\mathrm{cm^2 g^{-1}} = 0.9 \times 10^{-23}\,\mathrm{cm^2 GeV^{-1}} \tag{2.19}$$

という制限が与えられる．これは，やや大雑把な見積もりであるが，シミュレーションを用いた詳細な解析［6］から

$$\frac{\sigma}{m} \lesssim 0.6\,\mathrm{cm^2 g^{-1}} = 10^{-24}\,\mathrm{cm^2 GeV^{-1}} \tag{2.20}$$

という制限が得られている．また，弾丸銀河団と同様に 2 つの銀河団が合体した銀河団 MACS J0025.4−1222 でも $\sigma/m \lesssim 4\,\mathrm{cm^2 g^{-1}}$ という制限が得られている．ここで，制限はダークマターの相互作用の強さを表す断面積 σ とダークマターの

質量 m との比で与えられることに注意しよう．仮に，相互作用が強くても，質量が大きく，したがって数密度が小さければダークマター候補になる可能性がある．

第3章 天文学とダークマター

前章で，宇宙に光らない（電磁波を出さない）暗黒の物質，ダークマターが大量に存在することが観測によって明らかになっていることを説明した．この章では，ダークマターが未知の素粒子ではなく電磁波を発しない何らかの天体である可能性について考える．

3.1 バリオン・ダークマター

ダークマターが陽子や中性子のようなバリオン (核子) からできているという考えは，後で述べる素粒子論から新たに予言されるダークマター候補と異なり，存在することがわかっているバリオンによってダークマターが説明できる点で魅力的である．

代表的なバリオン・ダークマター候補としては，太陽質量より軽く自分自身では核融合反応で光っていない木星のような惑星や褐色矮星と呼ばれる木星の約 10 倍以上の質量を持つ星が考えられる．このような光らないコンパクトな天体は（後で述べる原始ブラックホールも含めて）Massive Compact Halo Object（略して MACHO）と呼ばれる．MACHO はそれが引き起こす重力マイクロレンズ効果（3.3 節参照）を用いて探索することができる．実際，MACHO 探索を目的とした実験グループ（MACHO グループ）が 1990 年代半ばに大マザラン星雲の星を観測して，8 つの MACHO の候補を発見し，我々の銀河のダークマターのかなりの部分が MACHO で説明できる可能性を指摘し，注目を集めた [7]．しかし，その後の観測で，確実な重力マイクロレンズ効果によるイベントは発見されず，現在ではMACHOの存在量に上限が与えられている．

最初に述べたように，MACHOのようなバリオン・ダークマターは未知の素粒子を仮定することなくダークマターを説明できる点で魅力的である．しかし，宇宙初期の元素合成の理論と観測から，宇宙が誕生して約1秒以降にバリオンから作られた天体が宇宙のダークマターのすべてを説明することはできないことが分かる．

3.1.1 宇宙初期の元素合成

宇宙初期の元素合成は，1.2.3節で説明したように宇宙が誕生して約1秒から数分の間に陽子と中性子からヘリウム4の原子核（^{4}He）を合成する過程である．

$$2p + 2n \quad \rightarrow \quad {}^4\mathrm{He} + 3\gamma \tag{3.1}$$

ヘリウム4以外に少量の重陽子（^{2}H），ヘリウム3（^{3}He），そしてわずかにリチウム7（^{7}Li）が生成される．これらの軽元素がどのような存在比で作られるかは元素合成時のバリオンと光子の数密度の比 η によって決まる．したがって，元素合成の理論から予言される軽元素の存在比と観測から推定される存在比を比較することによって，逆にバリオン・光子比を得ることができる．

図3.1に軽元素の存在比とバリオン・光子比の関係を示した．図で Y_p は宇宙初期に合成されたヘリウム4の質量密度をバリオン質量密度の比で表した存在比，A/B（A = D, ^{3}He, ^{7}Li, B = H, D）は元素Aと元素Bの数密度の比で表した存在比である．図の実線が元素合成理論から予言される元素の存在比で，線の幅は核反応率の不定性等からくる理論計算の誤差の大きさに対応している．灰色の長方形で示した縦の幅が観測から推定される存在比の範囲を表しており，その範囲から理論予言と一致するバリオン・光子比の範囲が決まり，それが灰色の長方形の横の幅で示されている．図からバリオン・光子比を最も制限しているのが重水素（^{2}H = D）の観測で，これからバリオン・光子比 η は

$$\eta \simeq 6 \times 10^{-10} \tag{3.2}$$

であることがわかる[*1]．これはCMBから独立に決まるバリオン密度から導かれるバリオン・光子比 η_{CMB}

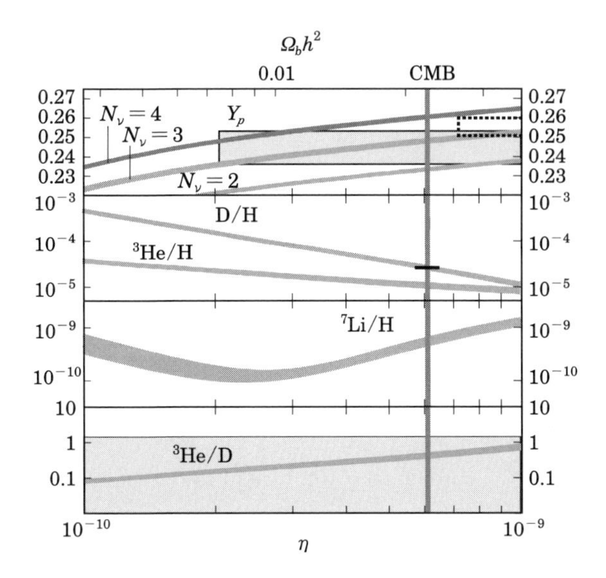

図 3.1 軽元素の存在比とバリオン・光子比 η

$$\eta_{\mathrm{CMB}} = (6.11 \pm 0.08) \times 10^{-10} \qquad (2\sigma) \tag{3.3}$$

と一致する．(η_{CMB} は図 3.1 の CMB と書かれた縦長の実線で示されている)．バリオン・光子比 η はバリオン密度パラメータ Ω_b と $\Omega_b h^2 = 3.73 \times 10^7 \eta$ という関係がある．したがって，宇宙初期の元素合成から宇宙が誕生して約 1 秒後の宇宙のバリオン密度は $\Omega_b h^2 \simeq 0.022$ でダークマターの密度 $\Omega_{\mathrm{dm}} h^2 \simeq 0.12$ に比べてはるかに小さい．このことより，元素合成後に生成されたバリオンからなるいかなる天体もダークマターすべてを説明することはできない．

3.1.2 構造形成の問題

バリオンで構成される天体がダークマターを説明できないことは宇宙の構造形成の立場からもいえる．銀河や銀河団のような構造は宇宙初期に存在した小さな密度揺らぎが重力的不安定性によって成長して作られたと考えられる．しかし，

---

*1 (30 ページ) 図 3.1 には観測から推定される ^{7}Li の存在比の範囲が示されていない．これは，重水素の観測から決めたバリオン・光子比を用いると，^{7}Li の存在比の理論予言は観測からの推定値の幅から大きく外れており，その原因がまだ分かっていないためである．この理論と観測の不一致の問題は「リチウム問題」と呼ばれている．

宇宙の再結合までの揺らぎの進化を考えると銀河の種となる揺らぎが光子の拡散によって消えてしまうことが分かる．

再結合以前の宇宙ではバリオン（陽子）と電子はクーロン散乱によって強く結合している．また，光子と電子もコンプトン散乱によって強く結合している．その結果，バリオン–電子–光子は強結合状態にある．しかし，小さなスケールで見ると光子は電子とコンプトン散乱を行いながら拡散運動をしている．このことを見るために，まず，光子の平均自由行程を考えよう．光子は電子とのコンプトン散乱によって散乱されながら光速度で進んでいくので，平均自由行程距離は

$$\ell_f = (\sigma_T n_e)^{-1} \tag{3.4}$$

で与えられる．ここで，$\sigma_T (= 0.66 \times 10^{-24}\,\mathrm{cm}^2)$ はコンプトン散乱の断面積，n_e は電子の数密度である．光子が ℓ_f 進んで散乱され，さらに ℓ_f 進むというようなランダム・ウォークの過程を行うとすると，時間 t の後に光子が移動している距離（= 拡散距離 ℓ_d）は，時間 t の間に散乱する回数 N が t/ℓ_f で与えられることから

$$\ell_d \simeq \ell_f \sqrt{N} = \sqrt{\frac{t}{\sigma_T n_e}} \tag{3.5}$$

となる（光速 $c = 1$ であることに注意）．この拡散距離よりも小さなスケールの揺らぎは光子の運動によって消されることになる．直観的には光子が運動する距離以下のスケールの光子の揺らぎは運動そのものによって消え，光子と結合しているバリオンの揺らぎもその光子に引きずられる形で消えてしまう．このように光子の拡散によって密度揺らぎが減衰することをシルク減衰と呼ぶ．

いま，再結合前にバリオンの密度揺らぎがどのように減衰するかを見るために放射優勢の宇宙を考えると，宇宙の時刻と電子の密度は

$$t \simeq 1.7 \times 10^{19} (1+z)^{-2} \quad \mathrm{s} \tag{3.6}$$

$$n_e = \frac{\rho_b}{m_p}\left(1 - \frac{Y}{2}\right) = 2.2 \times 10^{-7} \left(\frac{\Omega_b h^2}{0.022}\right) (1+z)^3 \quad \mathrm{cm}^{-3} \tag{3.7}$$

となる．ここで，m_p は陽子の質量，Y はヘリウムのバリオン質量密度に対する割合である．これから，拡散スケールの共動距離 L_d は

$$L_d = \ell_d(1+z) \simeq 6.1 \times 10^5\,\mathrm{Mpc}\left(\frac{\Omega_b h^2}{0.022}\right)^{-1/2}(1+z)^{-3/2} \tag{3.8}$$

となる．もし，宇宙にバリオン以外のダークマターがないとすると放射優勢期の終わり（$z \sim 10^3$）では $L_d \sim 20\,\mathrm{Mpc}$ となり，銀河スケール（$\sim 1\,\mathrm{Mpc}$）の揺らぎはなくなってしまう．したがって，バリオンだけでは銀河のような構造を作ることは困難であることが分かる．これに対して，ダークマターは光子と相互作用せず光子の拡散の影響を受けないので，その密度揺らぎは保たれる．別の言い方をすれば，原子・分子のようなバリオン以外のダークマターが必要で，その存在によって銀河などの宇宙の構造が作られ，その中で星が生まれ，私たちが生まれたといえるのである．

3.2 原始ブラックホール

原始ブラックホールは宇宙が誕生して 1 秒にも満たないごく初期に大きな密度揺らぎが存在した場合にそれが重力崩壊を起こして形成される．宇宙初期にブラックホールが存在した可能性は 1966 年にゼルドビッチ（Y.B. Zeldovich）とノビコフ（I.D. Novikov）によって指摘され，1971 年にホーキング（S.W. Hawking）が大きな密度揺らぎを持った領域が重力崩壊してブラックホールができるという原始ブラックホールに対する現在の描像を提示した．その後，約 50 年にわたって原始ブラックホールはさまざまな形で議論され，物理学，天文学の研究者に興味を持たれてきた．

特に，2015 年に史上初めて連星ブラックホール合体による重力波が米国ルイジアナ州リビングストーンとワシントン州ハンフォードにあるレーザー干渉計重力波検出器（LIGO）によって検出され，その後次々とブラックホール合体による重力波イベントが発見されたことによって原始ブラックホールはこれまで以上に興味を持たれるようになった．これは，観測された重力波イベントの原因になったブラックホールの質量が多くの場合 30 太陽質量程度で星の進化の最終段階で作られるブラックホールとして予想される質量より大きく，重力波イベントを起こしたブラックホールの有力な候補として原始ブラックホールが考えられたためである．

原始ブラックホールの質量はブラックホールが作られた時期によって決まる．

初めに述べたように原始ブラックホールは宇宙初期に大きな密度揺らぎが存在したときに作られる．ブラックホールが生成されるかどうかは，揺らぎの波長が宇宙の地平線（ホライズン）の中に入ったとき，密度揺らぎの大きさ δ がある閾値より大きいと地平線内の放射・物質が重力崩壊を起こしてブラックホールになる．ここで，密度揺らぎ δ は

$$\delta(\boldsymbol{x}) = \frac{\rho(\boldsymbol{x})}{\bar{\rho}} - 1 \tag{3.9}$$

で定義され，$\rho(\boldsymbol{x})$ は共動座標 $\boldsymbol{x}$ における密度揺らぎ，$\bar{\rho}$ は空間平均した密度揺らぎである．密度揺らぎを空間に関してフーリエ変換した $\delta(\boldsymbol{k})$ を波数ベクトル $\boldsymbol{k}$ を持つ揺らぎと呼び，もともと地平線よりも大きかった揺らぎの波長（$= 2\pi(a/a_0)|\boldsymbol{k}|^{-1} = 2\pi(a/a_0)k^{-1}$）が地平線の大きさと同じになることをその揺らぎのモードが地平線に入るという言い方をする*2.

ブラックホールになるかどうかの閾値 δ_c は解析的・数値シミュレーションによって調べられており，放射優勢の宇宙では $\delta_c \simeq 0.4$ であると考えられている．また，このとき生成されるブラックホールの質量は地平線内の放射のエネルギーに相当する質量であるホライズン質量 M_{H} と同程度だと考えられる．ホライズン質量 M_{H} は

$$M_{\mathrm{H}} = \frac{4\pi}{3}\rho_R H^{-3} = \frac{4\pi}{3}\rho_R\left(\frac{8\pi G}{3}\rho_R\right)^{-3/2} = \frac{4\pi^3 g_* T^4}{90}\left(\frac{\pi^2 g_* T^4}{90 M_{\mathrm{pl}}^2}\right)^{-3/2} \tag{3.10}$$

で与えられる．ここで，H はハッブル・パラメータ，ρ_R は放射の密度，g_* は相対論的粒子の自由度である．したがって，ブラックホールの質量 M と生成される宇宙の温度 T との間に

$$M = \gamma M_{\mathrm{H}} \simeq 6\times 10^{35}\,\mathrm{g}\left(\frac{\gamma}{0.2}\right)\left(\frac{g_*}{10.75}\right)^{-1/2}\left(\frac{T}{10\,\mathrm{MeV}}\right)^{-2} \tag{3.11}$$

という関係が成り立つ．ここで，γ はブラックホールの質量とホライズン質量の違いを表すパラメータである．また，原始ブラックホールは大きな密度揺らぎの

*2 地平線は宇宙時間 t に比例して大きくなる．一方，揺らぎの波長はスケール・ファクター a に比例して大きくなり，放射優勢と物質優勢では a はそれぞれ $a \propto t^{1/2}$，$a \propto t^{2/3}$ で変化する．最初インフレーションで作られた地平線の大きさより大きな波長を持つ揺らぎはインフレーション後にその波長が地平線に比べて相対的に小さくなっていき，地平線内にその波長を持つ揺らぎが含まれることになる．

波長 $2\pi(a/a_0)k^{-1}$ が地平線に入ったときに作られることからブラックホールの質量と揺らぎの波数 k の関係を導くことができる．密度揺らぎが地平線に入ったときに，その波数は

$$k = \frac{a}{a_0}H = \frac{g_{s*0}^{1/3}T_0^3}{g_{s*}^{1/3}T}H = \frac{g_{s*0}^{1/3}T_0}{g_{s*}^{1/3}T}\left(\frac{1}{3M_{\rm pl}}\frac{\pi^2}{30}g_*T^4\right)^{1/2}$$
$$= g_{s*0}^{1/3}g_{s*}^{1/6}\left(\frac{\pi^2}{90}\right)^{1/2}\frac{TT_0}{M_{\rm pl}} \tag{3.12}$$

で与えられる．ここで，エントロピー保存からの関係式 $g_{s*}T^3a^3 = g_{s*0}T_0^3a_0^3$ を用いた．したがって，式（3.11）を用いて，ブラックホールの質量は

$$M = \gamma M_{\rm H} \simeq 8\times10^{35}\,{\rm g}\left(\frac{\gamma}{0.2}\right)\left(\frac{g_*}{10.75}\right)^{-1/6}\left(\frac{k}{10^5\,{\rm Mpc}^{-1}}\right)^{-2} \tag{3.13}$$

と表される．

3.2.1 原始ブラックホールの生成率とダークマターへの寄与

ここでは，宇宙初期に作られた原始ブラックホールが現在のダークマター密度を説明できるかを見るためにその質量密度を計算しよう．前述したように原始ブラックホールは大きな揺らぎを持った領域が地平線に入ったときに，ある閾値 δ_c より大きい場合に生成される．したがって，ある時刻にブラックホールになるかの割合 β はその時刻の地平線内の密度揺らぎの確率分布から計算することができる．地平線内の密度揺らぎ δ がガウス分布に従うとすると，β は

$$\beta(M) = \int_{\delta_c}^{\infty} d\delta \frac{1}{\sqrt{2\pi\sigma^2(M)}}\exp\left(-\frac{\delta^2}{2\sigma^2(M)}\right) \simeq \frac{1}{\sqrt{2\pi}}\frac{\delta_c}{\sigma(M)}\exp\left(-\frac{\delta_c^2}{2\sigma^2(M)}\right) \tag{3.14}$$

で与えられる．最後の等号は $\delta_c \gg \sigma(M)$ を仮定した．ここで，$\sigma^2(M)$ は地平線内で均した密度揺らぎの分散で，共動スケール $R = k^{-1}$ で均した揺らぎ $\delta(R = k^{-1}, \boldsymbol{x}, t_H)$ を用いて

$$\sigma^2(M(k)) = \langle\delta^2(R = k^{-1}, \boldsymbol{x}, t_H)\rangle \tag{3.15}$$

になる（t_H は注目している揺らぎのスケールが地平線に入る時刻で $t_H \simeq H^{-1} = a/k$）．密度揺らぎ $\delta(\boldsymbol{x}, t)$ を R というスケールで平均化する操作は，考えている

空間点のまわりの距離 R 内で値を持ち十分外側でゼロとなる関数であるウィンドウ関数 W を用いて

$$\delta(R, \boldsymbol{x}, t) = \int W(R, |\boldsymbol{x}' - \boldsymbol{x}|)\delta(\boldsymbol{x}', t)d^3x' \tag{3.16}$$

と表され，そのフーリエ変換は

$$\delta(R, \boldsymbol{k}, t) = \frac{1}{(2\pi)^{3/2}} \int d^3x\, \delta(R, \boldsymbol{x}, t)e^{i\boldsymbol{k}\cdot\boldsymbol{x}} = \tilde{W}(R, \boldsymbol{k})\delta(\boldsymbol{k}, t) \tag{3.17}$$

となる $\left(\int W(R, \boldsymbol{x})d^3x = 1\right)$．ここで，$\delta(\boldsymbol{k}, t)$ と $\tilde{W}(R, \boldsymbol{k})$ は密度揺らぎ $\delta(\boldsymbol{x}, t)$ とウィンドウ関数 $W(R, \boldsymbol{x})$ のフーリエ変換である．これらから分散 $\sigma^2(M(k))$ は

$$\begin{aligned}
\sigma^2(M(k)) &= \left\langle \int \frac{d^3q}{(2\pi)^{3/2}} \frac{d^3q'}{(2\pi)^{3/2}}\, e^{i\boldsymbol{q}\cdot\boldsymbol{x}} e^{i\boldsymbol{q}'\cdot\boldsymbol{x}} \tilde{W}(k^{-1}, \boldsymbol{q})\delta(\boldsymbol{q}, t_H)\tilde{W}(k^{-1}, \boldsymbol{q}')\delta(\boldsymbol{q}', t_H) \right\rangle \\
&= \int \frac{d^3q d^3q'}{(2\pi)^3} e^{i(\boldsymbol{q}+\boldsymbol{q}')\cdot\boldsymbol{x}} \tilde{W}(k^{-1}, \boldsymbol{q})\tilde{W}(k^{-1}, \boldsymbol{q}') \left\langle \delta(\boldsymbol{q}, t_H)\delta(\boldsymbol{q}', t_H) \right\rangle \\
&= \int \frac{d^3q d^3q'}{(2\pi)^3} e^{i(\boldsymbol{q}+\boldsymbol{q}')\cdot\boldsymbol{x}} \tilde{W}(k^{-1}, \boldsymbol{q})\tilde{W}(k^{-1}, \boldsymbol{q}') \\
&\qquad \times \delta^3(\boldsymbol{q} + \boldsymbol{q}') \frac{2\pi^2}{q^3} \mathcal{P}_\delta(q, t_H) \\
&= \int \frac{dq}{q} \tilde{W}^2(k^{-1}, q)\mathcal{P}_\delta(q, t_H)
\end{aligned} \tag{3.18}$$

で与えられる．ここで，$\mathcal{P}_\delta(k)$ は揺らぎのパワースペクトルで

$$\langle \delta(\boldsymbol{k}, t)\delta(\boldsymbol{k}', t) \rangle = \delta(\boldsymbol{k} + \boldsymbol{k}') \frac{2\pi^2}{k^3} \mathcal{P}_\delta(k, t) \tag{3.19}$$

と定義される．さらに，密度揺らぎ（もっと正確には共動ゲージでの密度揺らぎ）は曲率揺らぎ ζ と $\delta = (4/9)(ak/H)^2\zeta$ という関係があることから，曲率揺らぎのパワースペクトルを使って $\sigma(M)$ は

$$\sigma^2(M(k)) = \int \frac{dq}{q} \tilde{W}^2(k^{-1}, q) \frac{16}{81} (qk^{-1})^4 \mathcal{P}_\zeta(q) \tag{3.20}$$

と書ける．$\sigma(M)$ を計算するためにはウィンドウ関数を決めないといけないが，原始ブラックホール形成ではガウス型のウィンドウ関数

$$W(R,\boldsymbol{x}) = \left((2\pi)^{3/2}R^3\right)^{-1}\exp\left(-\frac{x^2}{2R^2}\right) \tag{3.21}$$

$$\tilde{W}(R,\boldsymbol{k}) = \exp\left(-\frac{k^2R^2}{2}\right) \tag{3.22}$$

が使われることが多い.

ブラックホールになる割合 $\beta(M)$ から，生成時における原始ブラックホールの密度 ρ_{PBH} と放射の密度 ρ_{R} の比は

$$\frac{1}{\rho_{\mathrm{R}}}\frac{d\rho_{\mathrm{PBH}}(M)}{d\ln M}\bigg|_{T=T_M} = \gamma\beta \tag{3.23}$$

で与えられる．ここで，T_M は質量 M のブラックホールが作られた温度である．生成された原始ブラックホールはほとんど速度を持たないと考えられるので非相対論的物質として振る舞う．したがって，この比はスケール・ファクターに比例（温度に反比例）し増大する．このことから，現在の宇宙の全ダークマターの中のブラックホールが占める割合 $f(M)$ は

$$\begin{aligned} f(M) &= \frac{1}{\rho_{\mathrm{dm},0}}\frac{d\rho_{\mathrm{PBH},0}(M)}{d\ln M} \\ &= \frac{1}{\rho_m}\frac{d\rho_{\mathrm{PBH}}(M)}{d\ln M}\bigg|_{T=T_{\mathrm{eq}}}\frac{\Omega_M}{\Omega_{\mathrm{dm}}} = \gamma\beta(M)\left(\frac{T_M}{T_{\mathrm{eq}}}\right)\frac{\Omega_M}{\Omega_{\mathrm{dm}}} \end{aligned} \tag{3.24}$$

で与えられる．ここで T_{eq} は物質と放射の密度が同じになる温度である．上式では宇宙が放射優勢の時代では

$$\frac{\rho_{\mathrm{PBH}}}{\rho_{\mathrm{R}}} \propto \frac{a^{-3}}{g_*T^4} = \frac{1}{T}\,\frac{1}{g_*T^3a^3} \propto \frac{1}{T} \tag{3.25}$$

（エントロピー保存から $g_*T^3a^3$ が一定であることを使った）

であることと T_{eq} では $\rho_{\mathrm{R}} = \rho_{\mathrm{M}}$ であることを用いた．さらに，式 (3.11) を使って

$$f(M) = \gamma^{3/2}\left(\frac{\beta(M)}{1.6\times10^{-9}}\right)\left(\frac{10.75}{g_*(T_M)}\right)^{1/4}\left(\frac{0.12}{\Omega_{\mathrm{dm}}h^2}\right)\left(\frac{M}{M_\odot}\right)^{-1/2} \tag{3.26}$$

と書ける．

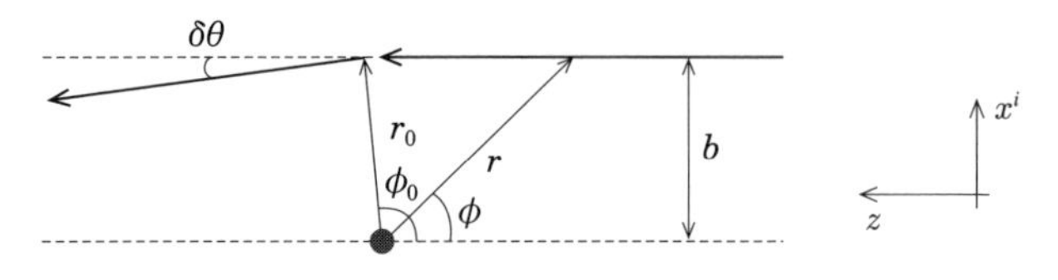

図 3.2　遠方から来る光が受ける重力レンズ効果

3.3　重力マイクロレンズ効果

原始ブラックホールが宇宙に十分な量存在すればダークマターになる．素粒子的なダークマターと異なり，ブラックホールは大きな質量を持っているため，それが持つ重力的な効果でその存在を確かめる，あるいは制限することができる．現在最も有力な観測的な制限は重力マイクロレンズ効果の観測からつけられている．重力マイクロレンズ効果は重力レンズの一種で星の視線方向をブラックホールが横切る際に星からの光が重力によって曲げられることによってその明るさが一時的に大きくなる効果である．

星の光がブラックホールによってどれだけ曲げられるか，簡単な場合に見積もってみよう．図 3.2 のように光が右遠方からやってきて角度 $\delta\theta$ 曲げられて観測者に届く状況を考える．ここで r は光の軌跡上のブラックホールからの距離で座標系の原点をブラックホールとし，z 軸は十分遠方の光の進行方向にとる．また，遠方での光と z 軸の距離を b とする．いま，ブラックホールの大きさを無視し質量 M の質点だと考える．さらに，ブラックホールによって光が曲げられる効果は小さいので，弱い重力場の近似を使って，計量は

$$ds^2 = -\left(1 - \frac{2GM}{r}\right) dt^2 - \left(1 + \frac{2GM}{r}\right)(dx^2 + dy^2 + dz^2) \tag{3.27}$$

で与えられる．光の測地線の方程式から光の運動は

$$\frac{d^2 x^\mu}{d\lambda^2} = \Gamma^\mu_{\alpha\beta} \frac{dx^\alpha}{d\lambda} \frac{dx^\beta}{d\lambda} \tag{3.28}$$

となる．$\Gamma^\mu_{\alpha\beta}(= g^{\mu\nu}(\partial g_{\nu\beta}/\partial x^\alpha + \partial g_{\nu\alpha}/\partial x^\beta - \partial g_{\alpha\beta}/\partial x^\nu)/2)$ はクリストフェル記号．λ は光の行程を指定するアファイン・パラメータで，

$$\frac{dx^\mu}{d\lambda} = p^\mu \tag{3.29}$$

である．まず，時間成分の測地線の方程式から

$$\frac{d^2x^0}{d\lambda^2} = \frac{dt}{d\lambda}\frac{dE}{dt} = -\Gamma^0_{\alpha\beta}p^\alpha p^\beta \tag{3.30}$$

となり ($x^0 = t$, $p^0 = E$),

$$\Gamma^0_{00} = \Gamma^0_{ij} = 0, \qquad \Gamma^0_{0i} = -\frac{GM}{r^3}x^i \tag{3.31}$$

から

$$\frac{dE}{dt} = \frac{2GM}{r^3}x_i p^i \tag{3.32}$$

が導かれる．また，測地線の方程式の空間成分は

$$\frac{d^2x^i}{d\lambda^2} = \frac{dt}{d\lambda}\frac{d}{dt}\left(\frac{dt}{d\lambda}\frac{dx^i}{dt}\right) = E^2\frac{d^2x^i}{dt^2} + E\frac{dE}{dt}\frac{dx^i}{dt} = -\Gamma^i_{\alpha\beta}p^\alpha p^\beta \tag{3.33}$$

となり，関係するクリストフェル・シンボルは

$$\Gamma^i_{00} = \frac{GM}{r^3}x^i \tag{3.34}$$

$$\Gamma^i_{0j} = 0 \tag{3.35}$$

$$\Gamma^i_{jk} = \frac{GM}{r^3}(-x_j\delta^i_k - x_k\delta^i_j + x^i\delta_{jk}) \tag{3.36}$$

で与えられる．いま，重力場が弱い場合を考えているので GM/r の 1 次のオーダーまで考慮することとする．光は z 方向に進行しているので $p_x, p_y, dx/dt, dy/dt, dE/dt$ はすべて GM/r の 1 次のオーダーとなり，クリストフェル・シンボルも 1 次のオーダーである．$i = x, y$ の場合，式 (3.33) は

$$E^2\frac{d^2x^i}{dt^2} = -\frac{GM}{r^3}x^iE^2 - \frac{GM}{r^3}x^ip_z^2 = -\frac{2GM}{r^3}x^iE^2 \tag{3.37}$$

となる．ここで $p_z \simeq E$ を使った．また，$i = z$ の場合は式 (3.33) と (3.32) から

$$E^2\frac{d^2z}{dt^2} = -E\frac{2GM}{r^3}zp_z\frac{dz}{dt} - \frac{GM}{r^3}zE^2 + \frac{GM}{r^3}zp_z^2 = -\frac{2GM}{r^3}zE^2 \tag{3.38}$$

となる．ここで $dz/dt \simeq 1$ を用いた．結局，空間成分の測地線の方程式は

$$\frac{d^2x^i}{dt^2} = -\frac{2MGx^i}{r^3} \qquad (i = x, y, z) \tag{3.39}$$

に帰着する（通常のニュートン力学から導かれる運動方程式と右辺のファクターが2倍異なっていることに注意）．

上の方程式を極座標で表し，z 軸と動径方向 r のなす角を ϕ とすると

$$\ddot{r} - r\dot{\phi}^2 = -\frac{2GM}{r^2} \tag{3.40}$$

$$r^2\dot{\phi} = \text{const.} \equiv J \tag{3.41}$$

が得られる（$\ddot{r} = d^2r/dt^2$）．式（3.41）は角運動量の保存の式で，これを使えば式（3.40）は

$$\frac{r''}{r^2} - 2\frac{r'^2}{r^3} - \frac{1}{r} = -\frac{2GM}{J^2} \qquad \left(' \equiv \frac{d}{d\phi}\right) \tag{3.42}$$

と書ける．さらに，$u = 1/r$ と変数を置き換えると

$$u'' + u = \frac{2GM}{J^2} \tag{3.43}$$

となり，この一般解は

$$\frac{1}{r} = u = A\cos[\phi - \phi_0] + \frac{2GM}{J^2} \tag{3.44}$$

と求まる．ここで，ϕ_0 は光がブラックホールに最も接近したときの ϕ の値である（図3.2）．十分遠方 $(r \to \infty)$ で ϕ の時間微分は $\dot{\phi} \simeq d(b/r)dt = -b\dot{r}/r^2$ であることから $J = -b\dot{r} = -b$（$\dot{r} \simeq$ 光速度 $= 1$）となり，さらに式（3.44）で $r \to \infty(\phi \to 0)$ とすると

$$0 = A\cos\phi_0 + \frac{2GM}{b^2}. \tag{3.45}$$

式（3.44）を時間微分して $r \to \infty$ $(\phi \to 0)$ とすると

$$A = \frac{1}{b\sin\phi_0} \tag{3.46}$$

が得られる．いま，重力レンズ効果が弱い場合つまり ϕ_0 がほぼ $\pi/2$ である場合を考え，

$$\phi_0 = \frac{\pi}{2} + \varepsilon \qquad \varepsilon \ll 1 \tag{3.47}$$

と置くと，A と ε は

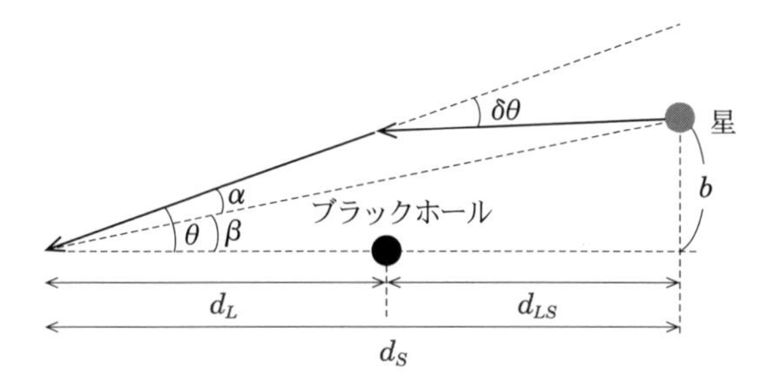

図 3.3 ブラックホールによって星の光が受ける重力レンズ効果

$$A = \frac{1}{b} \tag{3.48}$$

$$\varepsilon = \frac{2GM}{b} \tag{3.49}$$

と決まる．したがって，光が曲げられた角度 $\delta\theta$ は

$$\delta\theta = 2\phi_0 - \pi = \frac{4GM}{b} \tag{3.50}$$

となる．

これまで述べた遠方から来る光に対する重力レンズ効果を図 3.3 に示したような距離 d_S にある星から放出される光の場合に適用する．ブラックホールまでの距離を d_L，ブラックホールと星の距離を d_{LS} とする． 星が天空上でブラックホールから角度 β 離れたところにある場合，重力レンズ効果によって角度 α ずれたところにあるように見える．$\alpha, \beta \ll 1$ として図 3.3 から α は

$$\alpha = \frac{d_{LS}}{d_S}\delta\theta = \frac{d_{LS}}{d_S}\frac{4GM}{b} = \frac{d_{LS}}{d_S d_L}\frac{4GM}{\theta} \tag{3.51}$$

となる．ここで θ は見かけの星の位置とブラックホールのなす角度 $(\alpha+\beta)$ である．特別な場合として星がちょうどブラックホールの背後にある場合，つまり，$\beta = 0$ のときには式 (3.51) で $\theta = \alpha$ とおいて

$$\theta = \sqrt{\frac{4GMd_{LS}}{d_S d_L}} = \sqrt{\frac{4GM(1 - d_L/d_S)}{d_L}} \equiv \theta_{\mathrm{E}} \tag{3.52}$$

となる．また，

$$R_{\mathrm{E}} = d_L \theta_{\mathrm{E}} \tag{3.53}$$

をアインシュタイン半径と呼び，重力レンズの効果が現れる典型的な長さスケールを与える．$d_L \ll d_S$ の場合アインシュタイン半径は

$$R_{\rm E} = 0.06 R_\odot \left(\frac{M}{10^{-10} M_\odot}\right)^{1/2} \left(\frac{d_L}{100\,{\rm kpc}}\right)^{1/2} \tag{3.54}$$

で与えられる．

ここで，角度 α, β, θ を (x, y) 平面状のベクトルとみなすことにすると $\boldsymbol{\alpha} + \boldsymbol{\beta} = \boldsymbol{\theta}$ が成り立つ．式（3.51）から

$$\boldsymbol{\beta} = \boldsymbol{\theta} - \frac{\theta_{\rm E}^2}{\theta^2}\boldsymbol{\theta} \tag{3.55}$$

と書ける．レンズの光源となる星の位置を x 軸方向に取ると，$\boldsymbol{\beta} = \beta\hat{x}$ ($\hat{x}$ は x 方向の単位ベクトル) とおけるので式（3.55）から

$$\beta = \theta_x \left(1 - \frac{\theta_{\rm E}^2}{\theta^2}\right) \tag{3.56}$$

$$0 = \theta_y \left(1 - \frac{\theta_{\rm E}^2}{\theta^2}\right) \tag{3.57}$$

となり，$\theta_y = 0$ と

$$\beta = \theta - \frac{\theta_{\rm E}^2}{\theta} \tag{3.58}$$

が導かれる．ここで $\theta = \theta_x$ である．これから重力レンズによって見かけ上2つの像が

$$\theta_\pm = \frac{\beta}{2}\left(1 \pm \sqrt{1 + \frac{4\theta_{\rm E}^2}{\beta^2}}\right) \tag{3.59}$$

の位置にできることが分かる．

次に重力レンズによって光源の明るさが増加することを示そう．これまで光源が質点の場合を考えてきたが，光源が広がっていると重力レンズ効果で光源の拡がりの立体角が変化することによって増光が起こることが分かる．したがって，重力レンズによる増光 $\mathcal{M}$ は

$$\mathcal{M} = \begin{vmatrix} \dfrac{\partial\theta_x}{\partial\beta_x} & \dfrac{\partial\theta_y}{\partial\beta_x} \\ \dfrac{\partial\theta_x}{\partial\beta_y} & \dfrac{\partial\theta_y}{\partial\beta_y} \end{vmatrix} \tag{3.60}$$

で与えられる．$|\cdots|$ は行列式を表す．ここで，式 (3.55) から

$$\begin{vmatrix} \dfrac{\partial\beta_x}{\partial\theta_x} & \dfrac{\partial\beta_x}{\partial\theta_y} \\ \dfrac{\partial\beta_y}{\partial\theta_x} & \dfrac{\partial\beta_y}{\partial\theta_y} \end{vmatrix} = \begin{vmatrix} 1 + \dfrac{\theta_{\rm E}^2}{\theta^4}(\theta_x^2 - \theta_y^2) & \dfrac{2\theta_{\rm E}^2\theta_x\theta_y}{\theta^4} \\ \dfrac{2\theta_{\rm E}^2\theta_x\theta_y}{\theta^4} & 1 - \dfrac{\theta_{\rm E}^2}{\theta^4}(\theta_x^2 - \theta_y^2) \end{vmatrix} \tag{3.61}$$

これから増光率が

$$\mathcal{M} = \frac{1}{1 - \dfrac{\theta_{\rm E}^4}{\theta^8}(\theta_x^2 + \theta_y^2)^2} = \frac{1}{1 - \dfrac{\theta_{\rm E}^4}{\theta^4}} \tag{3.62}$$

と計算でき，式 (3.59) を用いて

$$\mathcal{M}(\theta_-) + \mathcal{M}(\theta_+) = \frac{\theta_+^4}{|\theta_+^4 - \theta_{\rm E}^4|} + \frac{\theta_-^4}{|\theta_-^4 - \theta_{\rm E}^4|} = \frac{\beta^2 + 2\theta_{\rm E}^2}{\beta\sqrt{\beta^2 + 4\theta_{\rm E}^2}} \tag{3.63}$$

で与えられる．ここで，2 つの像が分解できない状況を仮定して θ_+ と θ_- の寄与を足している．

重力マイクロレンズによる増光が起こる典型的な時間スケール $t_{\rm E}$ はアインシュタイン半径をブラックホールの速さで割ったものになり，

$$t_{\rm E} = \frac{R_{\rm E}}{v} \simeq 34\,{\rm min}\left(\frac{M}{10^{-8}M_\odot}\right)^{1/2}\left(\frac{d_L}{100\,{\rm kpc}}\right)^{1/2}\left(\frac{v}{200\,{\rm km/s}}\right)^{-1} \tag{3.64}$$

で与えられる．したがって，太陽の 10^{-10} 倍の質量のブラックホールなら数分，太陽質量のブラックホールで数か月の時間スケールで増光が起こる．

これまで求めた重力レンズの公式は星からの光を粒子のように扱い，その波動的性質を無視した幾何光学近似を用いてきた．この幾何光学的近似は光の波長がシュバルツシルト (Schwarzschild) 半径に比べて小さいときに成り立つ．ブラックホールのシュバルツシルト半径は

$$r_{\rm S} = 3 \times 10^{-5}\,{\rm cm}\left(\frac{M}{10^{-10}M_\odot}\right) \tag{3.65}$$

で与えられ，これより大きな波長を持つ光のレンズ効果は光の回折の効果で弱まるため，可視光（波長がおおよそ 400–800 nm）の観測で重力レンズ効果を調べることができるのは 10^{-12} 太陽質量以上のブラックホールになる．さらに，星の大きさがアインシュタイン半径 (3.54) に比較して無視できない場合にもレンズ効果は弱まる．

3.4　原始ブラックホールに対する観測的制限

原始ブラックホールの宇宙における存在量はさまざまな観測から制限を受ける．最も重要な制限は前節で説明したマイクロレンズ効果による観測から与えられるが，そのほかにガンマ線観測や CMB の観測からも制限される．図 3.4 に現在の観測的制限を示した．以下質量の軽い原始ブラックホールから順に観測的制限を紹介する．

3.4.1　ガンマ線観測からの制限

ホーキングが最初に指摘したようにブラックホールは粒子を放射して蒸発する．ブラックホールの蒸発を考える上で重要なのがホーキング温度で，

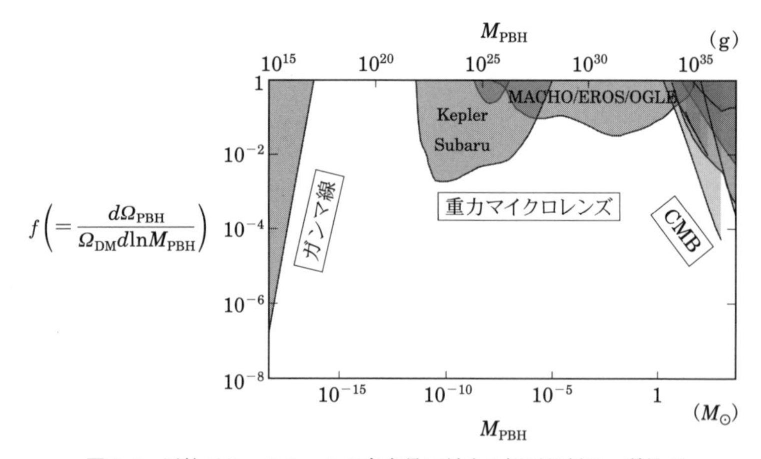

図3.4　原始ブラックホールの存在量に対する観測的制限．質量が $10^{-20}\,M_\odot$–$10^{-16}\,M_\odot$ ではホーキング放射によるガンマ線からの制限，$10^{-12}\,M_\odot$–$30\,M_\odot$ では重力マイクロレンズの制限（Subaru 望遠鏡観測，Kepler 衛星観測，MACHO/EROS/OGLE 観測），$10M_\odot$ 以上では CMB からの制限を受ける．

$$T_{\rm BH} = \frac{1}{8\pi GM} \simeq 100\,{\rm eV}\left(\frac{M}{10^{20}\,{\rm g}}\right)^{-1} \tag{3.66}$$

で与えられる．ブラックホールがこの温度の黒体放射で粒子を放出すると近似するとブラックホールが放出するエネルギーはステファン–ボルツマン（Stefan–Boltzmann）則に従って

$$\frac{dE}{dt} = \frac{\pi^2}{120}g(M)T^4(4\pi r_s^2) = \frac{\pi}{480}g(M)\frac{1}{(8\pi GM)^2} \tag{3.67}$$

となる．ここで，g は放射される粒子の自由度でホーキング温度と比べて質量の軽い粒子が寄与する．ブラックホールの質量はホーキング放射によって $dM/dt = -dE/dt$ に従って減少する．式 (3.67) からブラックホールが蒸発するまでの時間（ブラックホールの寿命）は

$$\tau \simeq 10240\pi g^{-1}(M)G^2M^3 = 1.7\times 10^{20} g^{-1}(M)\left(\frac{M}{10^{15}\,{\rm g}}\right)^3 \tag{3.68}$$

したがって，質量が 10^{15} g 程度以下の軽い原始ブラックホールは現在までに蒸発していることになる．しかし，宇宙初期に蒸発した痕跡を調べることによってそれらが存在したかどうかを調べることができる．まず，質量が 10^9–10^{13} g の原始ブラックホールは宇宙の再結合前に蒸発し，その際に放出される高エネルギーの粒子が宇宙初期の元素合成に影響を与える．具体的には，放出された粒子がハドロンシャワーおよび電磁シャワーを起こし数多くの高エネルギー光子，電子，核子を生成し，それらが元素合成によって作られた軽元素（^{4}He や D）を壊し，さらに，壊された ^{4}He から ^{3}He や D を過剰に作るため元素の存在比を変えてしまい観測と矛盾する可能性がある．このことから，原始ブラックホールの存在量に厳しい制限がつけられる．一方，10^{13} g 程度以上のブラックホールは再結合後に蒸発し，その際に放出された光子がガンマ線として観測されることから制限がつけられる．

3.4.2 マイクロレンズ観測からの制限

3.3 節で説明した重力マイクロレンズの効果によって原始ブラックホールを探索する観測が行われてきたが，これまでのところ原始ブラックホールによる重力マイクロレンズと確認された事例はまだ見つかっていない．このことから原始ブ

ラックホールの存在量に制限をつけることができる.

比較的軽い原始ブラックホールに関しては，ケプラー（Kepler）衛星による観測から 4×10^{24} g から 2×10^{26} g の質量領域で制限が与えられていたが，その後のすばる望遠鏡を用いた観測によって質量が 10^{22} g から 10^{28} g までの領域に制限がつけられた［8］．質量が 10^{22} g 以下で制限がつけられていないのは観測で見ている光の波長がシュバルツシルト半径より長くなるためである．質量が $6 \times 10^{-8} M_\odot$ から $30 M_\odot$ の範囲の原始ブラックホールに対しては MACHO グループ，EROS グループと OGLE グループが大マゼラン星雲と小マゼラン星雲の星のマイクロレンズの観測を行なって制限を与えている.

3.4.3 降着による CMB からの制限

$10 M_\odot$ 程度以上の原始ブラックホールの場合，宇宙が物質優勢になるとブラックホールへのガスの降着が起こり，これによって原始ブラックホールの周りには熱い電離したガスの雲ができる．このガスからは主に電子の制動放射過程（$e^- + e^- \to e^- + e^- + \gamma$）によって光子が放出される．このため再結合時の宇宙の電離率が原始ブラックホールがない場合と異なることになり，宇宙背景放射の非等方性に影響を与える．宇宙背景放射の非等方性は観測によって非常に良い精度で分かっているので，原始ブラックホールの存在量に厳しい制限をつけることができる．降着による宇宙背景放射への影響は 2008 年に Ricotti, Ostriker, Mack［9］によって初めて調べられ，非常に厳しい制限が求められたが，その後他のグループによる再解析が行われ制限が弱められ現状では図 3.4 に示した制限となっている.

3.4.4 力学的な制限

$10^{-14} M_\odot$ から $10^{-13} M_\odot$ 程度の質量を持つ原始ブラックホールが白色矮星を通過するとその際の摩擦によって白色矮星が熱をもらう．もし白色矮星が得る熱が十分大きければ，その熱によって白色矮星を構成している炭素などの原子核の核融合反応が引き起こされ超新星爆発が起こる．Graham たちは，この考察を用いて現在白色矮星が生き残っていることから原始ブラックホールの存在量に制限をつけることができると指摘した［12］．しかし，その後の解析で強い制限は得られないことが示された［13］.

3.4.5 CMB スペクトル変形からの制限

これまで述べてきた制限は直接原始ブラックホールが存在することから予想されるものであった．さらに，原始ブラックホールが 3.2.1 節で説明したようにガウス分布に従う密度揺らぎから生成される場合にはブラックホールを生成するようなガウス分布の端の大きな密度揺らぎだけでなく平均的な密度揺らぎ $\langle \delta^2 \rangle$ も大きくなることから間接的にブラックホールの質量に対して制限がつけられる．

原始ブラックホールを作るような大きな揺らぎは宇宙背景放射の観測等で調べられている揺らぎのスケールに比べて非常に小さなスケールの（波長が短い）揺らぎである．3.1.2 節で述べたように，このような小さなスケールの揺らぎは揺らぎを担っている光子の拡散によって減衰することが知られている（シルク減衰）．式（3.8）から，拡散スケールは波数で

$$k_d = L_d^{-1} \simeq 1.6 \times 10^{-6}\,\mathrm{Mpc}\left(\frac{\Omega_b h^2}{0.022}\right)^{1/2} (1+z)^{3/2} \tag{3.69}$$

となり，k_d よりも大きな波数（短い波長）をもつ揺らぎは減衰する．

光子の拡散によって減衰した揺らぎの持っていたエネルギーはバックグラウンドの光子に渡される．この際に光子のエネルギー密度と数密度の関係が熱平衡分布からずれるために光子のスペクトルがプランク分布から変形してしまう．これを見るために，いま，宇宙に温度の揺らぎ δT があったとする．光子のエネルギー密度の平均値は揺らぎの 2 次までの近似で

$$\langle \rho_\gamma \rangle \simeq \mathcal{A}\bar{T}^4 \left(1 + 4\langle \Delta_T \rangle + 6\langle \Delta_T^2 \rangle + \cdots\right) \simeq \mathcal{A}\bar{T}^4 \left(1 + 6\langle \Delta_T^2 \rangle\right) \tag{3.70}$$

$$\langle n_\gamma \rangle \simeq \mathcal{B}\bar{T}^3 \left(1 + 3\langle \Delta_T \rangle + 3\langle \Delta_T^2 \rangle + \cdots\right) \simeq \mathcal{B}\bar{T}^3 \left(1 + 3\langle \Delta_T^2 \rangle\right) \tag{3.71}$$

と書ける．$\bar{T}$ は平均温度で，$\Delta_T = \delta T/\bar{T}$，$\mathcal{A}$ と $\mathcal{B}$ は定数である．ここで，注意すべきは，温度の平均値は $\langle T \rangle = \langle \bar{T} + \delta T \rangle = \bar{T}$ を満たすが，光子のエネルギー密度の平均値は $\mathcal{A}\bar{T}^4$ にはならないことである．つまり，エネルギー密度の平均値から計算される「平均温度」$\hat{T}$ は $\bar{T}$ と異なり，$\hat{T} \simeq \bar{T}(1 + 3\langle \Delta_T^2 \rangle/2)$ となる．この関係から密度揺らぎを持つ光子の数密度はエネルギー密度から決まる光子の数密度 $N_\gamma = \mathcal{B}\hat{T}^3$ に比べて

$$\Delta N_\gamma \simeq -\frac{3}{2}\langle \Delta_T^2 \rangle N_\gamma \tag{3.72}$$

だけ足りないことが分かる．したがって，光子が熱平衡分布になるためには不足している光子を生成する過程が必要となる．コンプトン散乱は盛んに起こっているが反応の前後で光子数は変化しないので光子を生成できない．光子を生み出す最も重要な過程はダブルコンプトン散乱（$e^- + \gamma \to e^- + \gamma + \gamma$）である．しかし，ダブルコンプトン散乱の反応率はコンプトン散乱より低く電子密度の高い宇宙の非常に初期（$z \gtrsim 2 \times 10^6$）にしか有効に起こらない．したがって，それ以降に起こった密度揺らぎの減衰はプランク分布からのずれを引き起こす．

具体的な光子のスペクトル変形としては μ 変形と y 変形があり，μ 変形はコンプトン散乱が十分起こってスペクトルが有限な化学ポテンシャル μ をもつボーズ–アインシュタイン分布になる場合である．y 変形はコンプトン散乱がそれほどは起こらない場合の変形で，変形の大きさが

$$y = \int dt \frac{k_{\mathrm{B}}(T_e - T)}{m_e} \sigma_T n_e \tag{3.73}$$

で定義されるパラメータ y で記述される．COBE 衛星による観測では宇宙背景放射のスペクトルはプランク分布に極めて近いことが分かっており，スペクトルの変形を表すパラメータに対して

$$|\mu| < 9 \times 10^{-5}, \qquad y < 1.2 \times 10^{-5} \tag{3.74}$$

という制限が得られている．

したがって，$1000 \lesssim z \lesssim 2 \times 10^6$ の時期に密度揺らぎがシルク減衰し，振動のエネルギーがバックグランドの一様な光子のエネルギー密度として配分された場合に，光子の数を変えるダブルコンプトン散乱が働かないため光子のスペクトルはプランク分布からずれ，μ 変形や y 変形が起こる．特に，エネルギーの注入量だけで変形が決まる μ 変形からは，1 Mpc から 10^4 Mpc の曲率揺らぎのパワースペクトル $\mathcal{P}_\zeta$ に対して，$\mathcal{P}_\zeta \lesssim O(10^{-4})$ という制限が得られる．原始ブラックホールを生成するには $\mathcal{P}_\zeta \lesssim O(10^{-2})$ 程度の曲率揺らぎが必要なので，この制限から質量が

$$4 \times 10^2 M_\odot \lesssim M \lesssim 4 \times 10^{13} M_\odot \tag{3.75}$$

の原始ブラックホールが排除される．ただし，この制限は式（3.14）で仮定され

ている揺らぎがガウス分布に従う場合に適用することができ，ガウス分布から大きく外れている場合にはこの制限を逃れることができる．

3.4.6 2次的重力波生成*

同様に，ほぼガウス的な密度揺らぎから原始ブラックホールが作られる場合の制限として，密度揺らぎの2次の効果により生成される重力波からくる制限がある．原始ブラックホールを作る揺らぎの振幅は大きいのでその2次の項が無視できなく，重力波の生成項として寄与することが知られている［14, 15］．

摂動を含めた宇宙の計量をニュートン・ゲージを用いて

$$ds^2 = a^2(\eta)(1+2\Phi)d\eta^2 - a^2(\eta)\left[(1-2\Phi)\delta_{ij} + \frac{1}{2}h_{ij}\right]dx^i dx^j \tag{3.76}$$

と書く．ここで，h_{ij} は重力波の振幅で，Φ はニュートン・ゲージにおける曲率揺らぎ，η は $d\eta = dt/a$ で定義される共形時間である．付録 A.2 で導出されているように密度揺らぎ（曲率揺らぎ）の2次の効果を含めると重力波の運動方程式は

$$h''_{ij} + 2\mathcal{H}h'_{ij} - \nabla^2 h_{ij} = -4\left[\mathcal{S}_{ij}\right]_{\mathrm{TT}} \tag{3.77}$$

$$\begin{aligned}\mathcal{S}_{ij} &= 4\Phi\partial_i\partial_j\Phi + 2\partial_i\Phi\partial_j\Phi \\ &\quad - \frac{4}{3(1+w)\mathcal{H}^2}\left[\partial_i(\Phi' + \mathcal{H}\Phi)\partial_j(\Phi' + \mathcal{H}\Phi)\right]\end{aligned} \tag{3.78}$$

と書かれる．ここで，$'$ は η による微分を表し，$\mathcal{H} = a'/a$ である．また，$[\mathcal{S}_{ij}]_{\mathrm{TT}}$ は生成項 $\mathcal{S}_{ij}$ のトランスバース・トレースレス部分を表す（付録 A.2 参照）．

重力波を次のように2つの偏極に

$$h_{ij}(\eta, \boldsymbol{x}) = \int \frac{d^3k}{(2\pi)^{3/2}}\left[e^{(+)}_{ij}(\boldsymbol{k})h^{(+)}_{\boldsymbol{k}}(\eta) + e^{(\times)}_{ij}(\boldsymbol{k})h^{(\times)}_{\boldsymbol{k}}(\eta)\right]e^{i\boldsymbol{k}\cdot\boldsymbol{x}} \tag{3.79}$$

に分解する．e^{+}_{ij} と $e^{\times}_{ij}$ は偏極テンソルで

$$e^{(+)}_{ij} = \frac{1}{\sqrt{2}}\left[e_i(\boldsymbol{k})e_j(\boldsymbol{k}) - \bar{e}_i(\boldsymbol{k})\bar{e}_j(\boldsymbol{k})\right] \tag{3.80}$$

$$e^{(\times)}_{ij} = \frac{1}{\sqrt{2}}\left[e_i(\boldsymbol{k})\bar{e}_j(\boldsymbol{k}) - \bar{e}_i(\boldsymbol{k})e_j(\boldsymbol{k})\right] \tag{3.81}$$

で与えられる．$\boldsymbol{e}(\boldsymbol{k})$ と $\bar{\boldsymbol{e}}(\boldsymbol{k})$ は $\boldsymbol{k}$ と直交する2つの独立な単位ベクトルである（$\boldsymbol{e}\cdot\bar{\boldsymbol{e}} = \boldsymbol{k}\cdot\boldsymbol{e} = \boldsymbol{k}\cdot\bar{\boldsymbol{e}} = 0$）．偏極テンソルは次のような規格化と直交条件，

$e_{ij}^{(+)}e_{ij}^{(+)} = e_{ij}^{(\times)}e_{ij}^{(\times)} = 1$ と $e_{ij}^{(+)}e_{ij}^{(\times)} = 0$ を満たす．ここで重力波のパワースペクトル $\mathcal{P}_h(\eta, k)$ を

$$\langle h_{\boldsymbol{k}}(\eta)h_{\boldsymbol{q}}(\eta)\rangle = \delta(\boldsymbol{k}+\boldsymbol{q})\,\frac{2\pi^2}{k^3}\mathcal{P}_h(\eta, k) \tag{3.82}$$

と定義すると，このパワースペクトルを用いて重力波のエネルギー密度は

$$\rho_{\rm GW}(\eta) = \int d\ln k\,\rho_{\rm GW}(\eta, k) \tag{3.83}$$

$$\rho_{\rm GW}(\eta, k) = \frac{M_{\rm pl}^2}{8}\left(\frac{k}{a}\right)^2\overline{\mathcal{P}_h(\eta, k)} \tag{3.84}$$

で与えられる[*3]．ここで $M_{\rm pl}$（$\simeq 2.4\times 10^{18}$ GeV）はプランク質量，上線（$\overline{\cdots}$）は 1 周期平均を表す．また，重力波の時間に依存した密度パラメータは臨界密度が $\rho_{\rm crit} = (3H^2M_{\rm pl}^2)^{-1}$ であるので

$$\Omega_{\rm GW}(\eta, k) = \frac{\rho_{\rm GW}(\eta, k)}{\rho_{\rm crit}} = \frac{1}{24}\left(\frac{k}{aH}\right)^2\overline{\mathcal{P}_h(\eta, k)} \tag{3.87}$$

と書ける．

生成項 S_{ij} をフーリエ変換して偏極モードに分解すると

$$-[S_{ij}]_{\rm TT} = \int\frac{d^3k}{(2\pi)^{3/2}}e^{i\boldsymbol{k}\cdot\boldsymbol{x}}\mathcal{P}_{ij;kl}(\boldsymbol{k})S_{kl}(\boldsymbol{k}) \tag{3.88}$$

となる．ここで，$\mathcal{P}_{ij;kl}$ はトランスバース・トレースレス部分への射影演算子で

$$\mathcal{P}_{ij;kl}(\boldsymbol{k}) = e_{ij}^{+}(\boldsymbol{k})e_{kl}^{+}(\boldsymbol{k}) + e_{ij}^{\times}(\boldsymbol{k})e_{kl}^{\times}(\boldsymbol{k}) \tag{3.89}$$

で与えられる．また，$\mathcal{P}_{ij;kl}(\boldsymbol{k})S_{kl}$ は

$$\mathcal{P}_{ij;kl}(\boldsymbol{k})S_{kl} = \mathcal{P}_{ij;kl}(\boldsymbol{k})\int\frac{d^3q}{(2\pi)^{3/2}}$$

---

*3 重力波の振幅 h とエネルギー密度 $\rho_{\rm GW}$ の関係は重力場の摂動 h に対する 2 次の作用が計量

$$ds^2 = a^2(\eta)\left[d\eta^2 - (\delta_{ij} - \frac{1}{2}h_{ij})dx_idx_j\right] \tag{3.85}$$

に対して

$$S_h = \frac{M_{\rm pl}^2}{32}\int d\eta dx^3a^2\left[(h_{ij})^2 + (\nabla h_{ij})^2\right] \tag{3.86}$$

で与えられることから決まる．

$$
\begin{aligned}
&\Big[(4(k-q)_k(k-q)_l + 2q_k(k-q)_l)\Phi_{\boldsymbol{q}}\Phi_{\boldsymbol{k}-\boldsymbol{q}} \\
&\quad - q_k(k-q)_l\left(\frac{\Phi'_{\boldsymbol{q}}(\eta)}{\mathcal{H}} + \Phi_{\boldsymbol{q}}(\eta)\right)\left(\frac{\Phi'_{\boldsymbol{k}-\boldsymbol{q}}(\eta)}{\mathcal{H}} + \Phi_{\boldsymbol{k}-\boldsymbol{q}}(\eta)\right)\Big] \\
&= \mathcal{P}_{ij;kl}(\boldsymbol{k})\int \frac{d^3q}{(2\pi)^{3/2}} q_k q_l \\
&\quad \left[2\Phi_{\boldsymbol{q}}\Phi_{\boldsymbol{k}-\boldsymbol{q}} + \left(\frac{\Phi'_{\boldsymbol{q}}(\eta)}{\mathcal{H}} + \Phi_{\boldsymbol{q}}(\eta)\right)\left(\frac{\Phi'_{\boldsymbol{k}-\boldsymbol{q}}(\eta)}{\mathcal{H}} + \Phi_{\boldsymbol{k}-\boldsymbol{q}}(\eta)\right)\right]
\end{aligned}
\tag{3.90}
$$

と書け，$\Phi_{\boldsymbol{k}}$ は $\Phi(\boldsymbol{x})$ のフーリエ・モードである．これから重力波の各偏極に対するモード $h_{\boldsymbol{k}}^{(+,\times)}$ の従う方程式は

$$
(h_{\boldsymbol{k}}^{(+,\times)})''(\eta) + 2\mathcal{H}(h_{\boldsymbol{k}}^{(+,\times)})'(\eta) + k^2 h_{\boldsymbol{k}}^{(+,\times)}(\eta) = 4S_{\boldsymbol{k}}^{(+,\times)}(\eta) \tag{3.91}
$$

となり，$S_{\boldsymbol{k}}^{(+,\times)}(\eta)$ は

$$
\begin{aligned}
S_{\boldsymbol{k}}^{(+,\times)}(\eta) &= \int \frac{d^3q}{(2\pi)^{3/2}} e_{ij}^{(+,\times)}(\boldsymbol{k}) q_i q_j \\
&\quad \left[2\Phi_{\boldsymbol{q}}\Phi_{\boldsymbol{k}-\boldsymbol{q}} + \left(\frac{\Phi'_{\boldsymbol{q}}(\eta)}{\mathcal{H}} + \Phi_{\boldsymbol{q}}(\eta)\right)\left(\frac{\Phi'_{\boldsymbol{k}-\boldsymbol{q}}(\eta)}{\mathcal{H}} + \Phi_{\boldsymbol{k}-\boldsymbol{q}}(\eta)\right)\right]
\end{aligned}
\tag{3.92}
$$

である．以後，式を見やすくするために偏極を表す上添字 $(+,\times)$ を省略して $h_{\boldsymbol{k}}(\eta)$ などと記すことにする．

式 (3.91) はグリーン関数を用いて解くことができ，解は

$$
h_{\boldsymbol{k}}(\eta) = \frac{4}{a(\eta)} \int^{\eta} d\eta' G_{\boldsymbol{k}}^{(h)}(\eta,\eta')[a(\eta')S_{\boldsymbol{k}}(\eta')] \tag{3.93}
$$

で与えられる．ここでグリーン関数 $G_{\boldsymbol{k}}^{(h)}(\eta,\eta')$ は

$$
G_{\boldsymbol{k}}^{(h)}(\eta,\eta')'' + \left(k^2 - \frac{a''}{a}\right) G_{\boldsymbol{k}}^{(h)}(\eta,\eta') = \delta(\eta-\eta') \tag{3.94}
$$

を満たす．放射優勢期を考えると，$\eta \propto a$ なので，グリーン関数は

$$G_{\boldsymbol{k}}^{(h)}(\eta,\eta') = \begin{cases} \dfrac{\sin[k(\eta-\eta')]}{k} & (\eta > \eta') \\ 0 & (\eta < \eta') \end{cases} \tag{3.95}$$

で与えられる．ここで，計量の摂動 $\varPhi$ が，インフレーションで生成される曲率揺らぎ ζ と

$$\varPhi_{\boldsymbol{k}} = -\frac{3}{2}T(k\eta)\zeta_{\boldsymbol{k}} \tag{3.96}$$

と関係づけられる．$T(k\eta)$ は遷移関数（transfer function）と呼ばれ，放射優勢期では

$$T(x) = \frac{9}{x^2}\left[\frac{\sin(x/\sqrt{3})}{x/\sqrt{3}} - \cos(x/\sqrt{3})\right] \tag{3.97}$$

で与えられる．また，曲率揺らぎのパワースペクトルは 2 点相関関数を用いて

$$\langle \zeta_{\boldsymbol{k}}\zeta_{\boldsymbol{q}}\rangle = \delta(\boldsymbol{k}+\boldsymbol{q})\frac{2\pi^2}{k^3}\mathcal{P}_\zeta(k) \tag{3.98}$$

と定義される．

式（3.93）から生成された重力波のパワースペクトルは生成項 $S_{\boldsymbol{k}}$ の 2 点相関によることが分かるので，まず，それを評価すると

$$\begin{aligned}\langle S_{\boldsymbol{k}}(\eta_1)S_{\boldsymbol{k}'}(\eta_2)\rangle = \frac{16}{81}\int \frac{d^3q d^3q'}{(2\pi)^3)} e_{ij}(\boldsymbol{k})q_i q_j e_{lm}(\boldsymbol{k}')q'_l q'_m \\ \times f(\boldsymbol{q},\boldsymbol{k}-\boldsymbol{q},\eta_1)f(\boldsymbol{q}',\boldsymbol{k}'-\boldsymbol{q}',\eta_2)\langle \zeta_{\boldsymbol{k}-\boldsymbol{q}}\zeta_{\boldsymbol{q}}\zeta_{\boldsymbol{k}'-\boldsymbol{q}'}\zeta_{\boldsymbol{q}'}\rangle\end{aligned} \tag{3.99}$$

となり，f は

$$\begin{aligned}f(\boldsymbol{k}_1,\boldsymbol{k}_2,\eta) &= 2T(k_1\eta)T(k_2\eta) \\ &\quad + \left(\frac{\partial_\eta T(k_1\eta)}{\mathcal{H}} + T(k_1\eta)\right)\left(\frac{\partial_\eta T(k_2\eta)}{\mathcal{H}} + T(k_2\eta)\right)\end{aligned} \tag{3.100}$$

で与えられる．

$$\begin{aligned}&\langle \zeta_{\boldsymbol{k}-\boldsymbol{q}}\zeta_{\boldsymbol{q}}\zeta_{\boldsymbol{k}'-\boldsymbol{q}'}\zeta_{\boldsymbol{q}'}\rangle = \langle \zeta_{\boldsymbol{k}-\boldsymbol{q}}\zeta_{\boldsymbol{k}'-\boldsymbol{q}'}\rangle\langle \zeta_{\boldsymbol{q}}\zeta_{\boldsymbol{q}'}\rangle + \langle \zeta_{\boldsymbol{k}-\boldsymbol{q}}\zeta_{\boldsymbol{q}'}\rangle\rangle\langle \zeta_{\boldsymbol{q}}\zeta_{\boldsymbol{k}'-\boldsymbol{q}'}\rangle \\ &= \delta(\boldsymbol{k}+\boldsymbol{k}')\delta(\boldsymbol{q}+\boldsymbol{q}')\left(\frac{2\pi^2}{k^3}\right)^2 \mathcal{P}_\zeta(q)\mathcal{P}_\zeta(|\boldsymbol{k}-\boldsymbol{q}|)\end{aligned}$$

$$+\delta(\boldsymbol{k}+\boldsymbol{k}')\delta(\boldsymbol{k}-\boldsymbol{q}+\boldsymbol{q}')\left(\frac{2\pi^2}{k^3}\right)^2\mathcal{P}_\zeta(q)\mathcal{P}_\zeta(|\boldsymbol{k}-\boldsymbol{q}|) \tag{3.101}$$

であることと関数 $f(\boldsymbol{k}_1, \boldsymbol{k}_2, \eta)$ が $\boldsymbol{k}_1 \leftrightarrow \boldsymbol{k}_2$ に対して対称であることなどを用いて，さらに積分を $\boldsymbol{k}$ を z 軸にとった極座標を用いて書くと

$$\begin{aligned}\langle S_{\boldsymbol{k}}(\eta_1)S_{\boldsymbol{k}'}(\eta_2)\rangle &= \frac{2\pi^2}{k^3}\delta(\boldsymbol{k}+\boldsymbol{k}')\frac{4}{81}\int_0^\infty dq\int_{-1}^1 d\mu\frac{k^2q^3}{|\boldsymbol{k}-\boldsymbol{q}|^3}(1-\mu^2)^2\\&\quad\times f(\boldsymbol{q},\boldsymbol{k}-\boldsymbol{q},\eta_1)f(\boldsymbol{q},\boldsymbol{k}-\boldsymbol{q},\eta_2)\mathcal{P}_\zeta(q)\mathcal{P}_\zeta(|\boldsymbol{k}-\boldsymbol{q}|)\end{aligned} \tag{3.102}$$

となる．ここで，$\mu = \boldsymbol{k}\cdot\boldsymbol{q}/(kq)$ である．最終的に，式 (3.82)，(3.93)，(3.95) から

$$\begin{aligned}\mathcal{P}_h(\eta,k) &= \frac{64}{81}\left(\frac{a_0/\eta_0}{ka(\eta)}\right)^2\int_0^\infty dv\int_{|1-v|}^{1+v} duI^2(v,u,x)\\&\quad\times\left[\frac{4v^2-(1-u^2+v^2)^2}{4vu}\right]^2\mathcal{P}_\zeta(kv)\mathcal{P}_\zeta(ku)\end{aligned} \tag{3.103}$$

$$\begin{aligned}I(v,u,x) &= \int_0^x d\bar{x}\left[k\frac{a(\bar{\eta})\eta_0}{a_0}\right][kG_{\boldsymbol{k}}(\eta,\bar{\eta})]\,f(\boldsymbol{q},\boldsymbol{k}-\boldsymbol{q},\bar{\eta})\\&= \int_0^x d\bar{x}\,\bar{x}\sin(x-\bar{x})\,[3T(v\bar{x})T(u\bar{x})\\&\quad+\bar{x}\left\{T(v\bar{x})uT'(u\bar{x})+vT'(v\bar{x})T(u\bar{x})\right\}\\&\quad+\bar{x}^2uvT'(u\bar{x})T'(v\bar{x})]\end{aligned} \tag{3.104}$$

が得られる．ここで，積分変数を q，μ から $u = |\boldsymbol{k}-\boldsymbol{q}|/k$，$v = q/k$ に変えた．また，$x = k\eta$，$\bar{x} = k\bar{\eta}$，$T'(x) = dT(x)/dx$ である．

遷移関数 (3.97) から分かるように，放射優勢期には重力ポテンシャル Φ は地平線に入った後減少していくので重力波生成は揺らぎのピークの波長が地平線に入ってしばらくすると実質上起きなくなる．その後は重力波のエネルギー密度は放射のように変化するので放射優勢期では重力波の密度パラメータは一定になる．重力波生成が効かなくなる時刻 η_c とすると，η_c における重力波の密度パラメータは

$$\begin{aligned}\Omega_{\rm GW}(\eta_c,k) &= \frac{8}{243}\int_0^\infty dv\int_{|1-v|}^{1+v} du\left[\frac{4v^2-(1-u^2+v^2)^2}{4vu}\right]^2\\&\quad\times\mathcal{P}_\zeta(kv)\mathcal{P}_\zeta(ku)\overline{I^2(v,u,k\eta_c)}\end{aligned} \tag{3.105}$$

で与えられる．ここで，放射優勢期に成り立つ $a = a_0\eta/\eta_0$，$aH = \eta^{-1}$ を用いた．この表式を用いて最終的に現在における重力波の密度は

$$\Omega_{\mathrm{GW}}(\eta_0, k) = \Omega_{r,0}\Omega_{\mathrm{GW}}(\eta_c, k) \tag{3.106}$$

となる．$\Omega_{r,0}$ は現在での放射の密度パラメータである．

例として，曲率揺らぎがデルタ関数で表せるようなピークを持つパワースペクトル

$$\mathcal{P}_\zeta = A_\zeta \delta(\log(k/k_p)) \tag{3.107}$$

で与えられる場合は解析的な表式 [16]

$$\begin{aligned}\Omega_{\mathrm{GW}}(\eta_c, q = k/k_p) = &\frac{3A_\zeta^2}{64} q^2 \left(3q^2 - 2\right)^2 \left(\frac{4 - q^2}{4}\right)^2 \\ &\times \left[\pi^2 \left(3q^2 - 2\right)^2 \theta\left(2\sqrt{3} - 3q\right) + \left(4 + \left(3q^2 - 2\right)\log\left|1 - \frac{4}{3q^2}\right|\right)^2\right] \\ &\times \theta\left(2 - q\right)\end{aligned} \tag{3.108}$$

が得られる．結果を図 3.5 のようになり，波数 k_p 付近にピークを持つスペクトルになる．一方，スケール不変な曲率揺らぎ

$$\mathcal{P}_\zeta = A_\zeta \tag{3.109}$$

の場合には，数値計算によって

$$\Omega_{\mathrm{GW}}(\eta_c, k) \simeq 0.822 A_\zeta^2 \tag{3.110}$$

が得られる．

2 次的に生成される重力波のピーク振動数とエネルギー密度は，曲率揺らぎのパワースペクトルのピークに対応する原始ブラックホールの質量とパワースペクトルの振幅から近似的に

$$f_{\mathrm{GW}} \sim 2 \times 10^{-9}\,\mathrm{Hz} \left(\frac{\gamma}{0.2}\right)^{1/2} \left(\frac{M}{M_\odot}\right)^{-1/2} \tag{3.111}$$

$$\Omega_{\mathrm{GW}} h^2 \sim 10^{-8} \left(\frac{\mathcal{P}_\zeta}{10^{-2}}\right)^2 \tag{3.112}$$

と与えられる．

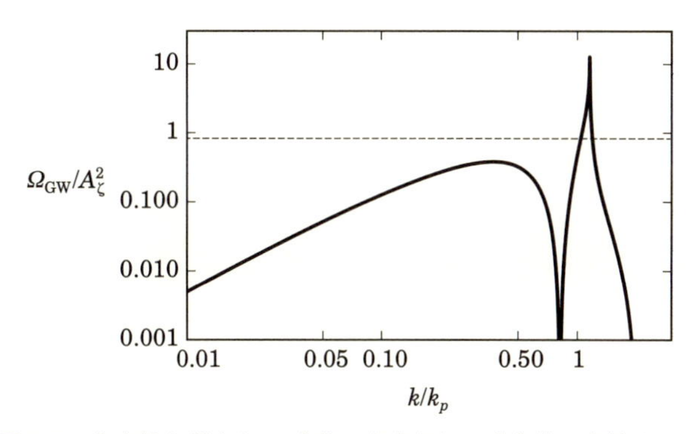

図3.5 曲率揺らぎから 2 次的に生成される重力波．実線はデルタ関数的曲率揺らぎ，破線はスケール不変な曲率揺らぎの場合．

パルサー・タイミング・アレイ観測からの制限

ミリ秒のオーダーの周期で回転しているパルサーからは，パルス状の電磁波が観測され，その周期は非常に精度の良い時計になっていることが知られている．曲率揺らぎから生成された背景重力波は，パルサーから放出される電波の周期（振動数）に対して影響を与え，電磁波の到達時刻のずれ（パルサー・タイミングのずれ）を生じる［17, 18］．

重力波が電磁波の振動数に与える影響を見るために，重力波が存在する場合の時空の計量を

$$ds^2 = dt^2 - \left(\delta_{ij} + \frac{1}{2}h_{ij}\right) dx_i dx_j \tag{3.113}$$

とする．簡単のため宇宙膨張は無視してミンコフスキー時空で議論する．重力波 h_{ij} は transverse-traceless 条件 $(\partial_j h^i_j = h^i_i = 0)$ を満たすとする．簡単のため重力波は z 軸方向に進む平面波とすると

$$h_{\mu\nu} = A_{\mu\nu} e^{i\boldsymbol{k}_g \cdot \boldsymbol{x} - i\omega_g t} \tag{3.114}$$

とかける．$A_{\mu\nu}$ は振幅を表す．

次に，電磁波の伝播を考える．光子が伝播する経路 X^μ_p は測地線の方程式

$$\begin{aligned} &\frac{d^2 X^\mu_p}{d\lambda^2} = \Gamma^\mu_{\alpha\beta} \frac{dX^\alpha_p}{d\lambda} \frac{dX^\beta_p}{d\lambda} \\ \Rightarrow \quad &\frac{dk^\mu_p}{d\lambda} = \Gamma^\mu_{\alpha\beta} k^\alpha_p k^\beta_p \end{aligned} \tag{3.115}$$

を満たす．ここで λ は光子の測地線を記述するアファイン・パラメータで光子の 4 元運動量 k_p^μ は $k_p^\mu = dX_p^\mu/d\lambda$ で与えられる．計量（3.113）に対して

$$\Gamma^0_{ij} = \frac{1}{4}\partial_t h_{ij} \qquad \Gamma^0_{00} = \Gamma^0_{0j} = 0 \tag{3.116}$$

であることより，測地線の方程式の時間成分から

$$\frac{dk_p^0}{d\lambda} = \frac{1}{4}\partial_t h_{ij} k_p^i k_p^j \tag{3.117}$$

が得られる．重力波がない場合の経路に対する 4 元運動量を $\bar{k}_p^\mu = (\bar{\omega}_p, \bar{k}_p^i)$ とすると

$$k_p^i = \bar{k}_p^i + \delta k_p^i \tag{3.118}$$

$$k_p^0 = \bar{\omega}_p + \delta\omega_p \tag{3.119}$$

と表すことができ，$\delta\omega_p$ は 2 次の微小量を無視して

$$\frac{d\delta\omega_p}{d\lambda} = \frac{1}{4}\partial_t h_{ij} \bar{k}_p^i \bar{k}_p^j \tag{3.120}$$

を満たす．式（3.114）から

$$\frac{d\delta\omega_p}{d\lambda} = \frac{1}{4}\left[-i\omega \bar{k}_p^i \bar{k}_p^j A_{ij} e^{-ik_{g\mu}x^\mu(\lambda)}\right] \tag{3.121}$$

ここで，$x^\mu(\lambda)$ は光子の経路で重力波による摂動を無視すれば

$$x^\mu(\lambda) = \bar{k}_p^\mu(\lambda - \lambda_e) + x_e^\mu \tag{3.122}$$

で与えられる．x_e^μ は光源つまりパルサーの時間と位置を表し，λ_e は光源のアファイン・パラメータである．式（3.122）を用いて，式（3.121）は積分できて

$$\delta\omega_r - \delta\omega_e = \frac{1}{4}\left[-i\omega \bar{k}_p^i \bar{k}_p^j A_{ij}\left(\frac{e^{-ik_{g\mu}x_r^\mu} - e^{-ik_{g\mu}x_e^\mu}}{-ik_{g\mu}\bar{k}_p^\mu}\right)\right] \tag{3.123}$$

となる．ここで，$k_{g\mu} = (\omega_g, \boldsymbol{k}_g)$ であり，$\delta\omega_{r(e)} = \delta\omega_p(\lambda_{r(e)})$ で，x_r^μ は観測者の座標を表し，λ_r は対応するアファイン・パラメータである．

光子の到達時間を $D = x_r^0 - x_e^0$ とすると，$x_r^\mu - x_e^\mu = \bar{k}_p^\mu(\lambda_r - \lambda_e)$ であることから

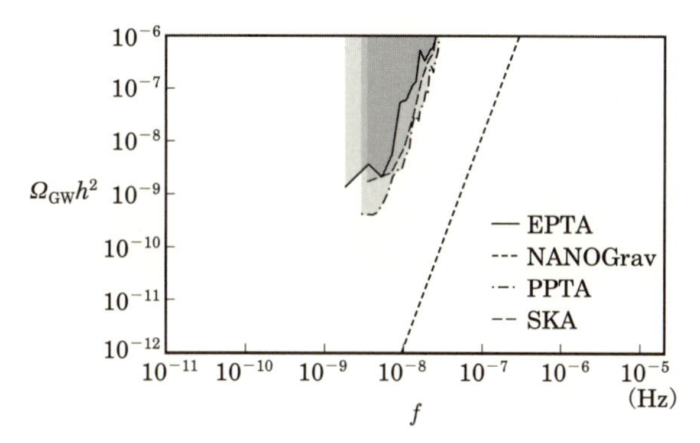

図3.6 パルサー・タイミング・アレイ実験［EPTA（実線），NANOGrav（破線），PPTA（1点破線）］からの観測的制限（影のついた領域が禁止される）．点線は将来実験 SKA の感度．

$$x_r^\mu - x_e^\mu = \frac{D}{\bar{\omega}_e}\bar{k}_p^\mu \tag{3.124}$$

となる．また，観測者の位置を原点にとり，重力波の進行方向とパルサーの方向とのなす角を θ とすると $k_{g\mu}\bar{k}_p^\mu = -\bar{\omega}_e\omega_g(1-\cos\theta)$ となることから，式 (3.123) は

$$\begin{aligned}\frac{\delta\omega_r - \delta\omega_e}{\bar{\omega}_e} &= \frac{1}{4}\left[\frac{\bar{k}_p^i\bar{k}_p^j}{\bar{\omega}_e^2}A_{ij}e^{-i\omega t}\left(\frac{1-e^{i\omega_g D(1-\cos\theta)}}{1-\cos\theta}\right)\right] \\ &= \frac{1}{4}\left[\hat{k}_p^i\hat{k}_p^j A_{ij}e^{-i\omega_g t}\left(\frac{1-e^{i\omega_g D(1-\cos\theta)}}{1-\cos\theta}\right)\right]\end{aligned} \tag{3.125}$$

と書ける．ここで，$\hat{k}_p^i$ はパルサーの方向を表す単位ベクトルである．時刻 t での電磁波のパルスの到達予想時間と実際の到達時間とのずれはタイミング残差と呼ばれ，上式を時間積分することによって求められ，タイミング残差の表式は

$$\begin{aligned}R(t) &= \int_0^t \frac{\delta\omega_r(t') - \delta\omega_e}{\bar{\omega}_e}dt' \\ &= \frac{1}{4}\left[\frac{\hat{k}_p^i\hat{k}_p^j A_{ij}}{\omega_g}(e^{-i\omega_g t}-1)\left(\frac{1-e^{i\omega_g D(1-\cos\theta)}}{1-\cos\theta}\right)\right]\end{aligned} \tag{3.126}$$

で与えられる．

このタイミング残差を複数のミリ秒パルサーに対して観測することによって背景重力波を検出することができる．これがパルサー・タイミング・アレイ（PTA）実験である．パルサー・タイミングによる観測は，周期が数週間から数年の長周

期の背景重力波に対して感度を持っている．現在，複数の国際的なパルサー・タイミング・アレイ実験が行われており，図 3.6 に示したような厳しい制限が得られている*4．この制限が原始ブラックホールの生成に必要な曲率揺らぎの振幅 $\mathcal{P}_\zeta \sim 10^{-2}$ に対して強い制限を与え，ブラックホールの質量範囲

$$0.1\,M_\odot \lesssim M \lesssim 10\,M_\odot \tag{3.127}$$

が禁止される．ただし，この制限は通常インフレーションが生成するガウス統計に従う揺らぎに対して成り立つものであり，非ガウス性が大きな揺らぎによって原始ブラックホールが生成される場合には上記の制限を回避できる．

*4 2023 年にパルサー・タイミング・アレイ実験グループ（NANOGrav［19］, EPTA［20］, PPTA［21］, CPTA［22］）から背景重力波のシグナルが発見されたとの報告があった．観測された背景重力波のスペクトルから超巨大ブラックホールの合体による重力波ではないかという説が有力だが，他の可能性もあり，ここで議論した 2 次的な重力波もその 1 つである．

第4章 素粒子論とダークマター

4.1 素粒子モデルの概観

現在ダークマター候補として有力なものの多くは標準理論を超えた素粒子の理論で予言されている未知の粒子である．この章では素粒子論的ダークマターの一般的な性質を議論し，次章から具体的な候補について述べる．

4.1.1 素粒子の標準模型

まず，現在の素粒子の標準模型について簡単に説明しよう．素粒子の標準模型では，素粒子は物質とゲージ・ボソンとヒッグスの3つに分類され，それぞれスピン 1/2，1，0 をもつ．物質はクォーク（quark）とレプトン（lepton）で構成され，ともにスピン 1/2 のフェルミオンである．クォークにはアップ（up）タイプとダウン（down）タイプがあり，陽子や中性子といった核子，そして中間子を構成して，バリオン数 1/3 をもつ．レプトンにはマイナスの電荷をもった荷電レプトンと中性のニュートリノがあり，レプトン数 +1 をもつ．私たちに比較的身近な電子はレプトンに属している．さらに，クォーク・レプトンには同じ量子数（電荷，スピン，バリオン数，レプトン数）をもつが質量の違う粒子の組（これを世代と呼ぶ）が存在する．表 4.1 に 3 世代のクォーク・レプトンの名前，質量，電荷を示した．これらのクォーク・レプトンにはすべて質量が同じで，電荷，バリオン数，レプトン数が正反対の反粒子（反クォーク・反レプトン）が存在する．たとえば，電子の反粒子は正の電荷をもち陽電子と呼ばれる．

表4.1 クォーク・レプトン

	レプトン			クォーク		
	粒子	質量（GeV）	電荷	粒子	質量（GeV）	電荷
第1	ν_e（電子ニュートリノ）	$< 10^{-8}$	0	u（アップ）	0.003	2/3
世代	e（電子）	5.11×10^{-4}	-1	d（ダウン）	0.006	$-1/3$
第2	ν_μ（ミュー・ニュートリノ）	$< 2 \times 10^{-4}$	0	c（チャーム）	1.3	2/3
世代	μ（ミューオン）	0.106	-1	s（ストレンジ）	0.1	$-1/3$
第3	ν_τ（タウ・ニュートリノ）	< 0.02	0	t（トップ）	175	2/3
世代	τ（タウ）	1.7	-1	b（ボトム）	4.3	$-1/3$

表4.2 ゲージボソンとヒッグス粒子

強い相互作用		
粒子	質量（GeV）	電荷
g（グルーオン）	0	0
弱い相互作用		
粒子	質量（GeV）	電荷
$W^{\pm}$（W ボソン）	80.4	± 1
Z^0（Z ボソン）	91.2	0
電磁作用		
粒子	質量（GeV）	電荷
γ（光子）	0	0
ヒッグス		
粒子	質量（GeV）	電荷
H^0（ヒッグス・ボソン）	125	0

これらクォーク・レプトンの間に働く力には重力，電磁気力，弱い相互作用，強い相互作用の 4 つが存在するが，このうち電磁気力と弱い相互作用はワインバーグとサラムによって電弱相互作用として統一された．重力を除く 3 つの相互作用は $SU(3)_C \times SU(2)_L \times U(1)_Y$ という対称性をもったゲージ理論で記述されることが知られている．$SU(3)_C$ はカラー（color）をもつクォーク間に働く強い

表4.3 ウィーク・アイソスピン（T, T_3）とハイパーチャージ（Y）

レプトン				クォーク			
粒子	T	T_3	Y	粒子	T	T_3	Y
ν_L	1/2	1/2	−1	u_L	1/2	1/2	1/3
e_L	1/2	−1/2	−1	d_L	1/2	−1/2	1/3
				u_R	0	0	4/3
e_R	0	0	−2	d_R	0	0	−2/3

相互作用の対称性を表す．$SU(2)_L \times U(1)_Y$ は電弱相互作用のもつ対称性を表す．ここで，$SU(2)_L$ は左巻きのクォーク・レプトンが持つウィーク・アイソスピン（weak isospin）に働く相互作用を表し，$U(1)_Y$ はクォーク・レプトンのハイパーチャージ（hypercharge）に働く相互作用を表す．表 4.3 にクォーク・レプトンのウィーク・アイソスピン T とその z 成分 T_3，およびハイパーチャージ Y を示した．添字 $L(R)$ は左巻き（右巻き）の粒子であることを表している（標準模型ではニュートリノは左巻きしかないので ν_R は空欄となっていることに注意）．このように電弱相互作用は粒子が左巻きか右巻きかによって相互作用の仕方が異なるという特徴を持っている．電弱相互作用の対称性 $SU(2)_L \times U(1)_Y$ は約 100 GeV 以下の低エネルギーでは自発的な対称性の破れによって破れており，電磁相互作用の対称性 $U(1)_{\rm em}$ が残る．素粒子の電荷 Q_e はハイパーチャージ Y とウィーク・アイソスピンの z 成分 T_3 と

$$Q_e = T_3 + \frac{Y}{2} \tag{4.1}$$

という関係がある．

クォーク・レプトンの間に働くこれらのゲージ相互作用にはそれを媒介するゲージボソンが存在する．ゲージボソンはスピン 1 の粒子で，強い相互作用を媒介するグルーオン（g），電弱相互作用を媒介するウィークボソン（$SU(2)_L$ に対応する W^+，W^-，W^0 と $U(1)_Y$ に対応する B）があり，ゲージ対称性が成り立つときはすべて質量ゼロの粒子である．しかし，$SU(2)_L \times U(1)_Y$ の対称性の破れによって，W^+，W^-，W^0，B のほとんどが質量を獲得し，重い W ボソン（$W^\pm$）と Z ボソン（Z^0）になり，弱い相互作用を媒介し，W^0 と B の混合状態

である光子（γ）が質量ゼロのゲージボソンとして，$U(1)_{\rm em}$ の電磁相互作用を媒介する．表 4.2 にゲージボソンの名前，質量，電荷を示した．

4.1.2 標準模型におけるダークマター候補

素粒子の標準模型に含まれる粒子でダークマターの候補となり得るものがあるだろうか？ まず，2.2 節で述べたように，ダークマターになるためには電気的に中性で，カラーを持たない粒子である必要がある．表 4.1 と表 4.2 を見てこの条件に当てはまるのはニュートリノと光子と Z ボソンとヒッグス・ボソンだけである．このうち寿命が宇宙年齢より長いものはニュートリノと光子だけである．光子は質量がゼロでダークマターにはなり得ない．したがって，ニュートリノだけがダークマター候補として残ることになる．

しかし，後の章で議論するようにニュートリノはダークマターになるには質量が小さすぎることと大きな速度を持って運動する「熱い」粒子であることから現在ではダークマターの主要な構成要素であるとは考えられない．つまり，ダークマターを説明するためには素粒子の標準模型を超えた理論が必要である可能性が高く，ダークマター問題は素粒子の新理論と密接な関係があると期待される．これが，ダークマター問題が宇宙物理のみならず素粒子物理で注目される理由である．

4.2 宇宙におけるダークマターの熱的生成

まず，典型的なダークマター粒子として弱い相互作用しかない質量をもった粒子である WIMP（Weakly Interacting Massive Particle）を考えよう．WIMP は弱い相互作用しかしないが，密度と温度の高い宇宙初期には他の粒子との相互作用を通じて以下のような生成・消滅反応を起こし，熱平衡状態にあったと考えられる．

$$X + \bar{X} \longleftrightarrow f + \bar{f} \tag{4.2}$$

ここで，X はダークマター粒子，f はダークマター粒子と相互作用している標準モデルの粒子（たとえばクォーク）を表し，バー ($\bar{\ }$) をつけた粒子は反粒子を表す．ダークマター粒子が対消滅（右向きの反応）する断面積 σ と相対速度 v の積を粒子の熱平衡分布で平均したものを $\langle\sigma v\rangle$ と書くと，ダークマター粒子の数密

度 n_X の時間変化はボルツマン方程式

$$\frac{dn_X}{dt} + 3Hn_X = -\langle\sigma v\rangle n_X^2 + \Sigma \tag{4.3}$$

で記述される．$H\ (= \dot{a}/a)$ はハッブルパラメータである．左辺は宇宙膨張でダークマター粒子が薄められることを表している．このことは左辺 $= 0$ の場合の解が $n_X \propto a^{-3}$ で与えられることから分かる．また，右辺の第 1 項は X 粒子の対消滅を表し，第 2 項は標準モデル粒子からの対生成を表している．標準モデル粒子は熱平衡状態にあるとすると Σ は宇宙の温度だけの関数で，さらに，X 粒子が熱平衡状態にある場合には対消滅と対生成が釣り合っていることから

$$\Sigma = \langle\sigma v\rangle\, n_{X,\mathrm{eq}}^2 \tag{4.4}$$

となる．$n_{X,\mathrm{eq}}$ は熱平衡での X 粒子の数密度である．したがって，ボルツマン方程式（4.3）は

$$\frac{dn_X}{dt} + 3Hn_X = -\langle\sigma v\rangle \left(n_X^2 - n_{X,\mathrm{eq}}^2\right) \tag{4.5}$$

と書ける．ここで，ダークマター粒子の反応率が $\langle\sigma v\rangle n_X$ で与えられ，宇宙の膨張率が H で与えられることに注意すると，反応が宇宙膨張に比べて盛んに起こっている状況，つまり，$\langle\sigma v\rangle n_X \gg H$ では，式（4.5）の右辺で $\langle\sigma v\rangle$ が非常に大きくなる．したがって，左辺と釣り合うためには，右辺の括弧がはほぼゼロである必要があり，$n_X = n_{X,\mathrm{eq}}$ つまり，ダークマター粒子の数密度が熱平衡値に等しくなることが分かる．

一方，宇宙の膨張率が反応率に比べて大きい場合（$\langle\sigma v\rangle n_X \ll H$）は，$\langle\sigma v\rangle \simeq 0$ とみなせて，式（4.5）の左辺がゼロとなり，$n_X \propto a^{-3}$，つまり，X 粒子が宇宙膨張によって薄められるだけになる．このことから，ダークマター粒子は反応率と宇宙の膨張率が同じくらいになった時期を境に，熱浴から離脱し他の粒子と相互作用しなくなり，数密度は宇宙膨張で薄められるだけとなることが分かる．最終的なダークマター粒子の宇宙における存在量は，熱浴からの離脱（decoupling）が起こったときダークマター粒子が相対論的であったか，非相対論的であったかによって異なるのでそれぞれの場合に分けて考える．

4.2.1 相対論的粒子として離脱した場合

ダークマター粒子 X が熱浴から離脱するときの温度を離脱温度 T_{d} としよう．離脱温度は

$$\langle\sigma v\rangle n_X(T_{\mathrm{d}}) \simeq H(T_{\mathrm{d}}) \tag{4.6}$$

から決められる．もし，ダークマター粒子の質量 m_X が離脱温度 T_{d} より小さく，相対論的粒子として振る舞っている場合には，離脱時での X 粒子の数密度は

$$n_X(T_{\mathrm{d}}) = g_X F_X \frac{\zeta(3)}{\pi^2} T_{\mathrm{d}}^3 \tag{4.7}$$

で与えられる．ここで，$\zeta(3)$ $(= 1.20206)$ はツェータ関数である．また，g_X は X 粒子のスピン自由度で F_X は X 粒子がフェルミオンとボソンの場合にそれぞれ

$$F_X = \begin{cases} \dfrac{3}{4} & (\text{フェルミオン}) \\ 1 & (\text{ボソン}) \end{cases} \tag{4.8}$$

となる．離脱以後は宇宙膨張で薄められるだけなので，数密度は a^{-3} に比例して $n_{X,0} = n_X(T_{\mathrm{d}})(a(T_{\mathrm{d}})/a(T_0))^3$ で与えられる．一方，宇宙におけるエントロピー S は

$$S(T) \equiv a(T)^3 s(T) = \frac{2\pi^2}{45} g_{*s}(T) T^3 a(T)^3 \tag{4.9}$$

であたえられ（s はエントロピー密度，$g_{*s}(T)$ は温度 T におけるエントロピーに対する相対論的自由度)，宇宙膨張によらず一定である．つまり，エントロピー密度 s は X 粒子と同様に a^{-3} に比例して減少するので，X 粒子の数密度とエントロピー密度の比は離脱以降現在まで一定となる．したがって，現在の X 粒子の数密度 n_{X0} は現在のエントロピー密度 s_0 を用いて

$$n_{X0} = \frac{n_X(T_{\mathrm{d}})}{s(T_{\mathrm{d}})} s_0 = \frac{45\zeta(3) g_X F_X}{2\pi^4 g_{*s}(T_{\mathrm{d}})} s_0 \tag{4.10}$$

で与えられる．さらに，現在の臨界密度とエントロピー密度の関係

$$\frac{\rho_{c0}}{s_0} = 3.6445 \times 10^{-9} h^2\,\mathrm{GeV} \tag{4.11}$$

を用いれば，ダークマター粒子の存在量は反粒子の寄与も含めて

$$\Omega_X h^2 = \frac{2m_X n_{X0}}{\rho_{c0}} = 0.1524\,\frac{g_X F_X}{g_{*s}}\left(\frac{m_X}{\mathrm{eV}}\right) \qquad (m_X \ll T_\mathrm{d}) \tag{4.12}$$

で与えられる．式（4.12）において，離脱時に相対論的であったダークマター粒子が宇宙膨張による運動量の減少によって現在では非相対論的になっているとした[*1]．

4.2.2 非相対論的粒子として離脱した場合

ダークマター粒子が熱浴から離脱したときの温度 T_d が粒子の質量より低い場合，つまり，非相対論的粒子として離脱した場合には，その直前の熱平衡分布が $\exp(-m_X/T)$ に比例して減少するため数密度は小さくなる．ダークマター粒子の正確な数密度を求めるためにはボルツマン方程式（4.5）を数値的に解く必要があるが，ここでは近似解を解析的に求める．

X 粒子の数密度と宇宙の温度を次のように定義される無次元量を用いて表す．

$$f \equiv \frac{n_X}{T^3}, \qquad y \equiv \frac{m_X}{T} \tag{4.13}$$

また，離脱の前後でエントロピーに対する相対論的自由度 g_{*s} が変わらないとすると宇宙の温度はスケールファクターに反比例する（$a \propto 1/T$）．このことから，放射優勢期の宇宙膨張を記述するフリードマン方程式

$$\left(\frac{\dot{a}}{a}\right)^2 = H^2 = \frac{g_*\pi^2}{90M_\mathrm{pl}^2}T^4 \tag{4.14}$$

を f, y を用いて書き直すと

$$\frac{dy}{dt} = \sqrt{\frac{\pi^2 g_*}{90}}\,\frac{m_X^2}{M_\mathrm{pl}y} \tag{4.15}$$

となる．ここで，g_* は相対論的自由度で，M_pl $(= 2.4354 \times 10^{18}\,\mathrm{GeV})$ はプランク質量である．これからボルツマン方程式（4.5）を y, f を使って表すと

$$\frac{df}{dy} = -\sqrt{\frac{90}{\pi^2 g_*}}\,m_X M_\mathrm{pl}\langle\sigma v\rangle\frac{1}{y^2}(f^2 - f_\mathrm{eq}^2) \tag{4.16}$$

[*1] 膨張宇宙で自由に運動している粒子の運動量 p はスケール・ファクター a に反比例して減少する．したがって，離脱時の運動量の大きさとスケール・ファクターを p_d, a_d とすると現在の運動量は $p_0 = p_\mathrm{d}\,(a_\mathrm{d}/a_0)$ となり，宇宙の十分初期に離脱すれば $p_0 \ll m_X$ となる．

$$f_{\rm eq} = \frac{g_X}{\sqrt{8\pi^3}} y^{3/2} \exp(-y) \tag{4.17}$$

となる．X 粒子が熱浴から離脱する直前まで熱平衡分布に従っていた ($f \simeq f_{\rm eq}$) とすると，近似的に

$$\frac{df_{\rm eq}}{dy} \simeq -\sqrt{\frac{90}{\pi^2 g_*}} m_X M_{\rm pl} \langle\sigma v\rangle y_{\rm d}^{-2} f_{\rm eq}^2 \Big|_{y=y_{\rm d}} \tag{4.18}$$

が成り立つ．$y_{\rm d} = m_X/T_{\rm d}$ である．左辺に (4.17) を代入して，$y_{\rm d} \gg 1$ であることに注意すると，$df_{\rm eq}/dy \simeq -f_{\rm eq}$ であるので

$$e^{y_{\rm d}} y_{\rm d}^{1/2} \simeq \sqrt{\frac{45}{4\pi^5 g_*}} g_X m_X M_{\rm pl} \langle\sigma v\rangle \tag{4.19}$$

という関係が得られ，$y_{\rm d}$ について逐次的に解くと最終的に熱浴からの離脱温度が

$$y_{\rm d} \simeq A_X - \frac{1}{2} \ln A_X \tag{4.20}$$

$$A_X = \ln\left(\sqrt{\frac{45}{4\pi^5 g_*}} g_X m_X M_{\rm pl} \langle\sigma v\rangle\right) \tag{4.21}$$

で与えられる．

ダークマター粒子の数密度に関しては，熱浴からの離脱後 ($y > y_{\rm d}$) は $f \gg f_{\rm eq}$ であるので，ボルツマン方程式

$$\frac{df}{dy} = -\sqrt{\frac{90}{\pi^2 g_*}} m_X M_{\rm pl} \langle\sigma v\rangle y^{-2} f^2 \tag{4.22}$$

を $y_{\rm d}$ から $y \gg y_{\rm d}$ まで積分して，

$$\begin{aligned} f(y) &\simeq \left[f_{\rm eq}(y_{\rm d})^{-1} + \sqrt{\frac{90}{\pi^2 g_*}} m_X M_{\rm pl} \langle\sigma v\rangle \frac{1}{y_{\rm d}} \right]^{-1} \\ &\simeq \left[\sqrt{\frac{90}{\pi^2 g_*}} m_X M_{\rm pl} \langle\sigma v\rangle \frac{1}{y_{\rm d}} \right]^{-1} \end{aligned} \tag{4.23}$$

となる．これから X 粒子の存在量 $\Omega_X = m_X n_{X0}/\rho_{c0}$ は

$$\Omega_X h^2 = \sqrt{\frac{45}{8\pi^2}} \frac{g_*^{1/2} y_{\rm d}}{g_{*s} M_{\rm pl} \langle\sigma v\rangle} \frac{s_0 h^2}{\rho_{c0}}$$

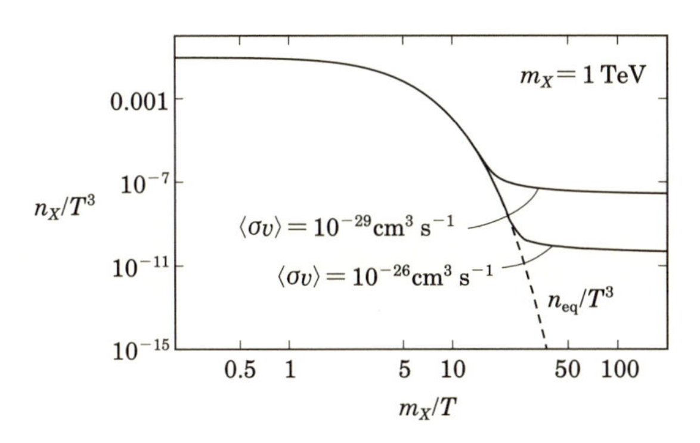

図4.1 ダークマターの熱浴からの離脱

$$\simeq \frac{g_*^{1/2} y_{\rm d}}{g_{*s}} \left(\frac{\langle\sigma v\rangle}{10^{-27}\text{cm}^3\text{s}^{-1}}\right)^{-1} \tag{4.24}$$

となる（反粒子の寄与を含めるとこの 2 倍になる）．また，(4.21) の A_X は

$$A_X \simeq 24.4 + \ln(g_*^{-1/2} g_X) + \ln\left(\frac{m_X}{\text{TeV}}\right) + \ln\left(\frac{\langle\sigma v\rangle}{10^{-27}\text{cm}^3\text{s}^{-1}}\right) \tag{4.25}$$

で与えられる．したがって，典型的には $y_{\rm d} = m_X/T_{\rm d} \simeq A_X = (20\text{–}30)$ となり，離脱温度は $T_{\rm d} \simeq m_X/20\text{–}m_X/30$ 程度となる．

より正確には，ボルツマン方程式 (4.16) を数値的に解けばよく，結果は図 4.1 のようになる．図から粒子が非相対論的になって数密度が小さくなると反応が起きにくくなって熱浴から離脱し，その後数密度が宇宙膨張によって薄められるだけ ($n_X/T^3 \propto n_X a^3$ が一定) になることが分かる．また，最終的な数密度は式 (4.24) からも分かるように対消滅の断面積に反比例している．

具体的な例として，弱い相互作用と同程度の相互作用で対消滅・対生成をおこす WIMP を考えよう．この場合対消滅の断面積は

$$\langle\sigma v\rangle \sim \frac{\alpha_W^2}{m_X^2} \sim 10^{-26}\ \text{cm}^3/\text{s} \left(\frac{m_X}{\text{TeV}}\right)^{-2} \left(\frac{\alpha_W}{0.03}\right)^2 \tag{4.26}$$

と評価される．ここで $\alpha_W = g_W^2/(4\pi)$ (g_W は弱い相互作用の結合定数) である．したがって，弱い相互作用のスケール (~ 1 TeV) の質量をもつ WIMP の宇宙における存在量は式 (4.24) から $\Omega h^2 \sim O(0.1)$ となり，宇宙のダークマターの密度 $\Omega_{\rm dm} h^2 \simeq 0.12$ を比較的自然に説明できる．このように弱い相互作用のスケール

で決まる WIMP がダークマターを説明するのにちょうど良い対消滅断面積をもつことは，「WIMP の奇跡（WIMP miracle）」と呼ばれることがある．

4.3 非対称性ダークマター

前節で述べたダークマターの熱的生成ではダークマター粒子とその反粒子が対消滅によって存在量が決定された．その際，暗黙の了解としてダークマター粒子とその反粒子が同じだけ存在する，つまり，粒子と反粒子は対称的だとして存在量を計算した．しかし，素粒子の中には粒子とその反粒子が対称的に存在しないものもある．その典型的な例が核子である．我々の宇宙にはバリオン数非対称性が存在することが知られており，バリオン数 1 を持つ陽子・中性子はバリオン数 -1 を持つ反陽子・反中性子に比べて多く存在する．その非対称性は宇宙のエントロピー密度 s との比で

$$\frac{n_b}{s} \simeq 10^{-10} \tag{4.27}$$

である．ここで，n_b はバリオン数密度（$= n_p + n_n$）である．

仮に，宇宙にバリオン対称性があって核子と反核子が同数存在すれば，前節と同じように核子と反核子の対消滅が終わった後のバリオンと反バリオンの密度は式（4.24）から計算できる．核子の対消滅の断面積を $\langle \sigma v \rangle \sim 1/m_\pi \simeq 6 \times 10^{-16}\,\mathrm{cm^3 s^{-1}}$（$m_\pi = 135\,\mathrm{MeV}$ はパイ中間子の質量），離脱温度を $T_\mathrm{d} \sim 30\,\mathrm{MeV}$ $(y_\mathrm{d} \sim 30)$，$g_* = g_{*s} = 10.75$ として，

$$\Omega_b h^2 = \Omega_{\bar{b}} h^2 \sim 10^{-11} \tag{4.28}$$

と評価でき，式（4.11）を使ってバリオンと反バリオンのそれぞれの数密度 n_b と $n_{\bar{b}}$ は

$$\frac{n_b}{s} = \frac{n_{\bar{b}}}{s} \simeq 3 \times 10^{-20} \tag{4.29}$$

となる．したがって，宇宙にバリオン数非対称性がなければ現在の宇宙はほぼ核子のない宇宙になってしまう．このように，核子が宇宙の密度にある程度重要な寄与を与えているのはバリオン数非対称性があるおかげである．

核子のように粒子と反粒子の間に非対称性があれば，対消滅によって反粒子（または粒子）がほぼゼロになって粒子だけ（反粒子だけ）が宇宙に安定に存在し

ダークマターになる可能性があり，その存在量は非対称性によって決定される．このようなダークマターは非対称性ダークマターと呼ばれる．

単純な（かつ魅力的な）例として，ダークマター粒子とその反粒子の非対称性がバリオン数と関係しており，ダークマターとバリオンの非対称性が同程度とする．この場合，ダークマター粒子の数密度がバリオン数密度と同程度になり，ダークマターとバリオンの密度の比は

$$\frac{\Omega_{\rm dm}}{\Omega_b} \simeq \frac{m\,n_{\rm dm}}{m_b n_b} \simeq \frac{m}{m_b} \simeq \frac{m}{1\,{\rm GeV}} \tag{4.30}$$

となって，ダークマター粒子の質量が $m \simeq 5\,{\rm GeV}$ であればダークマターとバリオン密度の比の観測値 $\Omega_{\rm dm}/\Omega_b \simeq 5$ を説明できる．

4.4 熱いダークマター・冷たいダークマター

ダークマターの重要な性質として，ダークマター粒子が生成されたとき，または，熱浴から離脱したときの粒子の速度の大きさがある．大きな速度を持つダークマターは「熱い」と呼ばれ，一方，小さな速度しか持たないダークマターは「冷たい」ダークマターと呼ばれる．ダークマターが熱いか冷たいかは，ダークマター粒子の自由行程長（free streaming length）によって決まる．いま，時刻 $t_{\rm d}$ で，質量 m，運動量 $p_{\rm d}$ を持ったダークマター粒子が膨張する宇宙で自由運動（散乱されることなく直進する運動）を始めたとすると，運動量はスケール・ファクターに反比例して減少することから現在におけるダークマター粒子の運動量と速度は

$$p_0 = p_{\rm d}\frac{a(t_{\rm d})}{a_0} \equiv p_{\rm d}\frac{a_{\rm d}}{a_0} \tag{4.31}$$

$$v_0 = \frac{p_0}{m} \tag{4.32}$$

となり，任意の時刻 t での，粒子の速さ $v(t)$ は

$$v(t) = \frac{p_0(a_0/a(t))}{\sqrt{p_0^2(a_0/a(t))^2 + m^2}} \tag{4.33}$$

で与えられる．FLRW 計量で粒子の速さが $v = a(t)dr/dt$ で与えられることから自由粒子が進む座標距離である共動自由行程長は

$$\lambda_{\rm FS} \simeq \int_{t_{\rm d}}^{t_{\rm eq}} dt \frac{v(t)}{a(t)} \tag{4.34}$$

で与えられる．ここで，$t_{\rm eq}$ は放射と物質の密度が等しくなる時刻で，宇宙が物質優勢になると $v/a \propto t^{-4/3}$ で上の積分の寄与が無視できるので，積分の上限を $t_{\rm eq}$ とした．放射優勢の宇宙で $d\ln a/dt = H = H_{\rm eq}(a_{\rm eq}/a(t))^2$ であることを使うと

$$\lambda_{\rm FS} \simeq \frac{a_0^2}{a_{\rm eq}^2 H_{\rm eq}} \int_{a_{\rm d}/a_0}^{a_{\rm eq}/a_0} \frac{d(a/a_0)}{\sqrt{1+\left(\dfrac{ma}{p_0 a_0}\right)^2}} \tag{4.35}$$

$$= \frac{a_0^2\ v_0}{a_{\rm eq}^2 H_{\rm eq}} \int_{a_{\rm d}/(a_0 v_0)}^{a_{\rm eq}/(a_0 v_0)} \frac{dx}{\sqrt{1+x^2}} \tag{4.36}$$

$$= \frac{a_0^2\ v_0}{a_{\rm eq}^2 H_{\rm eq}} \ln \left[\frac{1+\sqrt{1+\left(\dfrac{v_0 a_0}{a_{\rm eq}}\right)^2}}{1+\sqrt{1+\left(\dfrac{v_0 a_0}{a_{\rm d}}\right)^2}} \frac{a_{\rm eq}}{a_{\rm d}} \right] \tag{4.37}$$

$$= 2 v_0 t_{\rm eq} (1+z_{\rm eq})^2 \ln \left[\frac{1+\sqrt{1+v_0^2(1+z_{\rm eq})^2)}}{1+\sqrt{1+v_0^2(1+z_{\rm d})^2}} \frac{1+z_{\rm d}}{1+z_{\rm eq}} \right] \tag{4.38}$$

となる．最後の行で，$H_{\rm eq} \simeq 1/2t_{\rm eq}$ を使った．さらに，$v_0(1+z_{\rm d}) \gg 1$ の場合には

$$\lambda_{\rm FS} = 2 v_0 t_{\rm eq} (1+z_{\rm eq})^2 \ln \left[\frac{1}{v_0(1+z_{\rm eq})} + \sqrt{1+\frac{1}{v_0(1+z_{\rm eq})}} \right] \tag{4.39}$$

と書け，$t_{\rm eq} \simeq 2.2 \times 10^{12}\,{\rm s}$，$z_{\rm eq} \simeq 3.6 \times 10^3$ を代入すると，

$$\lambda_{\rm FS} = 5.5 \times 10^5\ v_0\,{\rm Mpc}\ \ln \left[\frac{2.8 \times 10^{-4}}{v_0} + \sqrt{1+\frac{2.8 \times 10^{-4}}{v_0}} \right] \tag{4.40}$$

となる．

自由行程長が 1 Mpc よりもずっと短い場合，ダークマターは冷たいダークマター（CDM; cold dark matter）と呼ばれ，1 Mpc よりもずっと長い場合は熱いダークマター（HDM; hot dark matter）と呼ばれる．それらの中間で，自由行程長が 1 Mpc 程度の場合は温かいダークマター（WDM; warm dark matter）と呼

ばれる．自由行程長の大きさ，つまり，ダークマターが熱いか冷たいかは宇宙の構造形成において極めて重要である．銀河や銀河団といった宇宙の大規模構造は宇宙初期に存在した密度揺らぎが重力不安定性によって成長した結果できたと考えられる．しかし，ダークマターの持つ揺らぎはダークマター粒子の自由な運動によって均され，自由行程長以下のスケールの揺らぎは抑制される．このため，熱いダークマターでは銀河スケール（$\lesssim 1\,\mathrm{Mpc}$）の構造ができず現実の宇宙と矛盾するため好ましくない．したがって，ダークマターが満たすべき性質として冷たいことが要求される．なお，温かいダークマターの場合は自由行程長が銀河スケールに近ければ，熱いダークマター同様に銀河スケールの構造が十分にできないので，自由行程長が銀河スケールよりもかなり小さいことが要求されるなど，制限が強く，現状では冷たいダークマターが圧倒的に支持されている[*2]．

歴史的には，最初ダークマター候補として，質量を持ったニュートリノが有力だったが，ニュートリノは熱いダークマターだったために構造形成の観点により良い候補から外れてしまった．現在では，このニュートリノの特性からその質量に宇宙論から強い制限が得られている．

4.5 冷たいダークマターの問題

宇宙の構造形成の立場からダークマターは冷たいことが要求されるということを述べた．実際，宇宙項（Λ）入りの冷たいダークマターのシナリオ（ΛCDM と呼ばれる）は宇宙の大規模構造の観測や宇宙マイクロ波背景放射の観測をよく説明し宇宙論の標準的枠組みと見做されている．しかし，ダークマターの揺らぎが重力的に成長し，宇宙の構造を作っていく様子を大規模な N 体シミュレーションによって調べていくと小スケールの揺らぎに関係した 3 つの問題が明らかになってきた．それらは（1）Missing Satellite 問題，（2）コア・カスプ問題，（3）Too-Big-to-Fail 問題である．

（1）Missing Satellite 問題

ΛCDM に基づく高解像度の構造形成シミュレーション結果からは，我々の銀河と同程度のサイズの銀河には，数多くのダークマターの塊（サブハロー）の存在

[*2] ただし，次節で述べるように冷たいダークマターには小スケールの揺らぎに関係した問題が指摘されており，その解決策の一つとして温かいダークマターの存在も議論されている．

が予言される．具体的には，数千個ものバリオンの冷却が有効に働いて星を形成できると考えられる $10^7\,M_\odot$ 程度以上の質量を持つダークマター・サブハローがシミュレーションで予言される．一方，我々の銀河には星の質量にして $300\,M_\odot$ 程度以上の衛星銀河（satellite galaxy）が 50 程度しか見つかっていない．このように，ΛCDM が理論的に予言するサブハローに比べて圧倒的に少ない数の衛星銀河しか観測されていないというのが Missing Satellite 問題である．

(2)　コア・カスプ（Core-Cusp）問題

ΛCDM のシミュレーションから銀河のダークマターは NFW（Navarro–Frenk–White）プロファイルと呼ばれる普遍的な分布をしていることが明らかになった．NFW プロファイルでは中心から距離 r でのダークマターの密度 $\rho(r)$ が

$$\rho(r) = \frac{4\rho_{\rm s}}{(r/r_s)(1+r/r_s)^2} \tag{4.41}$$

で与えられる．r_s はスケールパラメータで $\rho_s = \rho(r_s)$ である．このプロファイルに従えば中心付近での密度は $\sim 1/r$ のようにカスプになっている．しかし，ダークマターが質量の大部分を占める小質量銀河の多くでは回転曲線の観測から中心付近の密度プロファイルがそれほどカスプになっておらず，むしろ密度一定のコアのプロファイルに近いこと（$\rho \sim 1/r^\gamma$, $\gamma \simeq 0$–0.5）が知られている．このシミュレーションの予言と観測された銀河の中心付近のプロファイルの不一致がコア・カスプ問題である．

(3)　Too-Big-to-Fail 問題

我々の銀河にあるサテライト銀河の回転曲線から求められる中心質量はシミュレーションで予測される質量に比べて小さいことが分かっている．大きな質量を持つサブハローが銀河にならないことは考えにくく，なぜシミュレーションから期待されるような中心質量の大きなサテライト銀河が観測されないのかが Too-Big-to-Fail 問題である．

これらは冷たいダークマターによる宇宙の構造形成のシナリオが銀河のサブハローのような小さなスケールにおいて正しくない可能性を示唆している．しかし，これがダークマターの性質の問題なのか，あるいは宇宙物理・天文学的な問題，つまり，バリオン物理や星形成によるフィードバックの理解が十分でないことによる問題なのかは明確ではない．

ここで，素粒子物理学的にこの問題を解決するアイデアをいくつか挙げる．前述したように，熱いダークマターの場合は自由行程長が長いために銀河スケールより小さい揺らぎが消されことが問題であった．そこで，冷たいダークマターと熱いダークマターの中間的なダークマター，つまり，自由行程長が銀河スケールよりも小さいが冷たいダークマターよりも大きい温かいダークマターを考えると小スケールの揺らぎが抑圧され，上述の問題が解決する可能性がある．自己相互作用するダークマターは相互作用によってダークマター粒子間に圧力が生じ，小さなスケールの揺らぎが成長しないので温かいダークマターと同様の効果が期待できる．また，非常に質量の軽い（$\sim 10^{-22}\,\mathrm{eV}$）ダークマターの場合，量子圧力によってやはり小スケールの揺らぎが抑圧され，小スケールの問題を解決できる可能性がある．

しかし，繰り返しになるが，冷たいダークマターの小スケールの問題は本当に問題なのかは不明だというべきである．今後の研究によって明らかにすべき重要な課題ではあるものの，現状では冷たいダークマター以外の候補を積極的に考えるほどの根拠はないと考えられる．

4.6 位相空間密度からの制限

ダークマター粒子がフェルミオン粒子の場合，ダークマター粒子が位相空間に占める密度からその質量に関して制限が与えられることが知られている [23, 24]．もし，ダークマター粒子 X が熱平衡にあれば，その位相空間 $(\boldsymbol{x}, \boldsymbol{p})$ における密度は

$$f_X(\boldsymbol{x}, \boldsymbol{p}) = \frac{g_X}{(2\pi)^3} \frac{1}{\exp[(p-\mu)/T] + 1} \tag{4.42}$$

で与えられる．ここで，g_X はスピン自由度で，μ は化学ポテンシャルである．これから，X 粒子の位相空間密度の上限は

$$f_X^{\max} = \frac{g_X}{(2\pi)^3} \tag{4.43}$$

となる．この上限は，フェルミオン粒子に対するパウリの排他律に起因するもので，熱平衡分布に限らずに適用でき，一般的にフェルミオン粒子 X の位相空間における密度の上限値は（4.43）で与えられる．

銀河の中心付近にあるダークマター粒子の位相密度を評価してみよう．銀河中心領域の観測から

$$Q \equiv \frac{\rho_c}{\langle v_{/\!/}^2 \rangle^{3/2}} \tag{4.44}$$

という量を評価することができる．ここで，$\langle v_{/\!/}^2 \rangle$ は視線方向の速度の 2 乗の平均値で，ρ_c は中心付近の密度である．ダークマターの速度分散が球対称であれば

$$\langle v_{/\!/}^2 \rangle = \frac{\langle \boldsymbol{v}^2 \rangle}{3} = \frac{\langle \boldsymbol{p}^2 \rangle}{3m_X^2} \tag{4.45}$$

が成り立つ．ここで $\langle \boldsymbol{p}^2 \rangle$ は運動量の 2 乗平均である．したがって，粒子の数密度 n と式（4.45）を使うと Q は

$$Q = 3^{3/2} m_X^3 \frac{m_X n}{\langle \boldsymbol{p}^2 \rangle^{3/2}} = 3^{3/2} m_X^4 \tilde{f}_X \tag{4.46}$$

と表される．ここで，$\tilde{f}_X$ は f_X を位相空間の適当な領域で均した平均的な位相密度に対応し，$\tilde{f}_X < f_X^{\max}$ であるので，結局，ダークマター質量に対して

$$m_X > \left(\frac{Q}{3^{3/2} f_X^{\max}} \right)^{1/4} \tag{4.47}$$

という制限が得られる．

式（4.47）から Q の値が大きいほど制限が強いことが分かる．銀河系の中では矮小楕円体銀河（dwarf spheroidal galaxy）と呼ばれる暗く小さな銀河が最も大きな Q の値をもち，観測値は

$$Q = (2 \times 10^{-4} - 2 \times 10^{-2}) \, \frac{M_\odot/\mathrm{pc}^3}{(\mathrm{km/s})^3} \tag{4.48}$$

である［25］．これと，式（4.43）を用いると，ダークマター粒子の質量として

$$m_X \gtrsim 1.4\,\mathrm{keV} \, \left(\frac{g_X}{2} \right)^{-1/4} \left(\frac{q}{0.02} \right)^{-1/4}, \qquad q \equiv \frac{Q}{\dfrac{M_\odot/\mathrm{pc}^3}{(\mathrm{km/s})^3}} \tag{4.49}$$

という制限が得られる．したがって，フェルミオン・ダークマターの質量は 1 keV 程度以上であることが分かる．

さらに厳しい制限は，ダークマターの位相分布が熱平衡分布に比例している場合に得られる．化学ポテンシャルをゼロとして，この場合の位相密度は

$$f_X(\boldsymbol{x},\boldsymbol{p}) = \frac{g_X}{(2\pi)^3}\frac{\beta}{\exp(p/T)+1} \tag{4.50}$$

で与えられ，$\beta\ (\leqq 1)$ は，熱平衡の場合に $\beta = 1$ となる．また，X 粒子がその質量 m_X より高い温度 $T_{\rm d}$ で熱平衡から離脱したとする．式（4.12）を求めたのと同じようにして，

$$\Omega_X h^2 = 0.114\,\beta\frac{g_X}{g_{*S}(T_{\rm d})}\left(\frac{m_X}{\rm eV}\right) \tag{4.51}$$

となる．また，位相密度の最大値は（4.50）より

$$f_X^{\rm max} = \frac{g_X}{2(2\pi)^3}\beta \tag{4.52}$$

で与えられる．ここで，リウビルの定理から位相空間密度は位相空間における粒子の軌道に沿って一定であり，構造形成の後も平均した位相密度は位相密度の最大値よりも小さいという事実を使うと，上の最大値を式（4.47）に適用することができ，さらに式（4.51）を用いると

$$m_X \gtrsim 9.3\,{\rm keV}\left(\frac{\Omega_X h^2}{0.2}\right)^{-1/3}\left(\frac{q}{0.02}\right)^{1/3}\left(\frac{g_{*S}}{43/4}\right)^{-1/3} \tag{4.53}$$

という制限が得られる．

4.7 ド・ブロイ波長からの制限

ダークマター粒子がボソンの場合，量子的な考察からその質量に下限がつく．量子力学の不確定性関係からダークマター粒子の運動量 p とそのダークマター粒子が束縛される空間のサイズ L は

$$pL \gtrsim 1 \tag{4.54}$$

という関係がある．つまり，ダークマター粒子のド・ブロイ波長 $\lambda_{\rm d} = 2\pi/p$ は空間のサイズ L より小さくなければならない．ダークマター粒子の質量を m，速度分散を $\langle v^2\rangle$ とするとド・ブロイ波長は

$$\lambda_{\mathrm{d}} = 2\pi \left(m\sqrt{\langle v^2 \rangle}\right)^{-1} = 12\,\mathrm{kpc}\left(\frac{\sqrt{\langle v^2 \rangle}}{10\,\mathrm{km/s}}\right)^{-1}\left(\frac{m}{10^{-22}\,\mathrm{eV}}\right)^{-1} \tag{4.55}$$

で与えられる．ダークマター粒子のド・ブロイ波長 λ_{d} が束縛される領域のサイズ $L/2\pi$ より小さいことを要請して

$$m \gtrsim 1.9 \times 10^{-22}\,\mathrm{eV}\left(\frac{\sqrt{\langle v^2 \rangle}}{10\,\mathrm{km/s}}\right)^{-1}\left(\frac{L}{1\,\mathrm{kpc}}\right)^{-1} \tag{4.56}$$

矮小銀河のコアのサイズが 1 kpc 程度で速度分散が $\langle v^2 \rangle \sim 10\,\mathrm{km/s}$ であることからボソン・ダークマターの質量に対して

$$m \gtrsim 10^{-22}\,\mathrm{eV} \tag{4.57}$$

という制限が得られる．

第5章 アクシオン

現在の宇宙論の最大の謎はダークマターの正体は何かということである．今までの述べたことからダークマターが素粒子的なものだとすると，ダークマター粒子は他の物質と弱い相互作用しかしないと考えられる．その有力な候補として，古くから注目されている粒子がアクシオンと超対称性粒子である．この章ではまず，ダークマター候補としてのアクシオンについて述べ，6 章では超対称性粒子，7 章ではその他の素粒子的ダークマター候補を紹介する．

5.1 アクシオン

アクシオンは量子色力学（Quantum Chromodynamics 略して QCD）におけるストロング CP 問題と呼ばれる CP 対称性の破れに関する問題を解決するペッチャイ–クイン（Peccei–Quinn）機構に現れる粒子である．ここで，対称性を表す C は荷電共役と呼ばれ粒子を反粒子に変える対称性で，P は空間反転の対称性を表す．QCD はクォークやグルーオン間に働く強い相互作用を記述する理論で，現在の素粒子の標準理論の一部をなしている．この理論では，ラグランジアンに次のような CP を破るような項を加えることが許される．

$$\mathcal{L} = \mathcal{L}_{\theta=0} + \theta \frac{g^2}{32\pi^2} F^a_{\mu\nu} \tilde{F}^{a\mu\nu} \tag{5.1}$$

ここで，g はゲージ結合定数，$F^a_{\mu\nu}$ はグルーオン場の強さ（$\mu, \nu = 0, 1, 2, 3$，a は $SU(3)$ の指数）を表し，$\tilde{F}^{a\mu\nu} = \varepsilon^{\mu\nu\alpha\beta} F^a_{\alpha\beta}$ である．CP の破れの大きさは任意の

パラメータ θ で決まる．しかし，この CP の破れのパラメータ θ は中性子の電気双極子の測定の実験から

$$|\theta| < 0.7 \times 10^{-11} \tag{5.2}$$

と制限され，θ はほとんどゼロに近いことが分かっている．つまり，実験的には QCD が CP を保存する理論であるということが強く示唆されているのである．しかし，QCD 自体には上のラグランジアンに現れる CP を破るような項を禁止する理由がまったくないのである．素粒子理論では禁止する理由のない項はすべて現れるのが自然だと考えるので，QCD で CP が保存していることは逆に QCD が不自然な理論であるということになる．これが QCD におけるストロング CP 問題である．

ペッチャイ（R.D. Peccei）とクイン（H.R. Quinn）がペッチャイ–クイン機構と呼ばれるこの問題の解決方法を提案した．彼らは新たにペッチャイ–クイン（PQ）対称性とよばれる $U(1)_{\rm PQ}$ 対称性とその対称性を持つスカラー場（PQ スカラー場）を導入し，θ を PQ スカラー場の位相と見なした．θ を理論のパラメータではなく力学的変数としたのである．これによって，$\theta = 0$ がポテンシャル最小の解として力学的に得られ，CP が保存することを示した．

ペッチャイ–クイン機構における $U(1)_{\rm PQ}$ 対称性はあるエネルギー・スケール η で自発的に破れ，その際に現れる南部–ゴールドストーン粒子がアクシオンである．具体的には，アクシオン場 $\mathcal{A}$ は PQ スカラー場の位相方向に対応するスカラー場になっていて

$$\mathcal{A} = \eta\theta \tag{5.3}$$

という関係がある．さらに，$U(1)_{\rm PQ}$ 対称性が QCD の非摂動的な効果によって破れることによって，アクシオンは質量を獲得し，その大きさは

$$m_a \simeq 5.8 \times 10^{-6}\,{\rm eV}\left(\frac{10^{12}{\rm GeV}}{f_a}\right) \tag{5.4}$$

で与えられる．f_a はアクシオン崩壊定数と呼ばれ $U(1)_{\rm PQ}$ 対称性が自発的に破れるスケール η と $f_a = \eta/N_{\rm DW}$（$N_{\rm DW}$ はドメインウォール数でモデルによって決まる整数）という関係がある．このようにアクシオンの質量は非常に小さいが後で述べるように宇宙初期に場のコヒーレントな振動として大量にアクシオンが生成

され現在の宇宙の密度に大きく寄与するので，ダークマターの有力な候補となっている．

アクシオンはその他のダークマター候補となる粒子と異なり，その存在が予言される理論的背景や物理的性質を理解するのが簡単ではなく，難解なダークマター候補と見られる傾向がある．そこで，本書では理論的背景をなるべく丁寧に解説することにし，以下，アクシオンを理解するために，QCD の真空構造と CP の問題，アクシオン導入による CP 問題の解決とアクシオン・ポテンシャルについて順を追って説明していく．

5.1.1 QCD の真空

カラーを持ったクォーク間に働く力は量子色力学（QCD）で記述される．これは $SU(3)$ という非アーベル群で表される対称性を持つゲージ理論である．$SU(3)$ ゲージ理論はゲージ場であるグルーオン場 A^a_μ によって記述される．ここで，$\mu = 0,1,2,3$ は時空の添字で，$a = 1,2,\cdots,8$ は $SU(3)$ の添字である．グルーオン場の作用 S は

$$S = \int d^4x\mathcal{L} = \int d^4x\left[-\frac{1}{4}F^a_{\mu\nu}F^{a\,\mu\nu}\right] \tag{5.5}$$

で与えられる．$F^a_{\mu\nu}$ はグルーオン場の強さで

$$F^a_{\mu\nu} = \partial_\mu A^a_\nu - \partial_\nu A^a_\mu + gf^{abc}A^b_\mu A^c_\nu \tag{5.6}$$

で表される．g はグルーオン場の結合定数であり，f^{abc} は $SU(3)$ の構造定数で，$SU(3)$ の生成子 T^a を用いて

$$[T^a, T^b] = if^{abc}T^c, \qquad \mathrm{tr}(T^aT^b) = \frac{1}{2}\delta^{ab} \tag{5.7}$$

と定義される．この生成子を用いてグルーオン場を $A_\mu = A^a_\mu T^a$ と書くと，場の強さ $F_{\mu\nu} = F^a_{\mu\nu}T^a$ は

$$F_{\mu\nu} = \partial_\mu A_\nu - \partial_\nu A_\mu - ig[A_\mu, A_\nu] \tag{5.8}$$

と表される．また，作用は

$$S = \int d^4x\mathcal{L} = \int d^4x\left[-\frac{1}{2}\mathrm{tr}\left(F_{\mu\nu}F^{\mu\nu}\right)\right] \tag{5.9}$$

と書ける．

$SU(3)$ 対称性から A_μ, $F_{\mu\nu}$ は $SU(3)$ の行列 U を用いたゲージ変換によって

$$A_\mu \longrightarrow UA_\mu U^{-1} + \frac{i}{g}U\partial_\mu U^{-1} \tag{5.10}$$

$$F_{\mu\nu} \longrightarrow UF_{\mu\nu}U^{-1} \tag{5.11}$$

と変換される．これ以後，ゲージ条件として $A_0 = 0$（temporal gauge）を課すことにする．作用（5.5）から力学変数 $A_i^a (i = 1,2,3)$ に対する共役運動量 π_i^a は

$$\begin{aligned}\pi_i^a &= \frac{\partial}{\partial(\partial_0 A_i^a)}\left[-\frac{1}{4}F_{\mu\nu}^b F^{b\,\mu\nu}\right] \\ &= \frac{\partial}{\partial(\partial_0 A_i^a)}\left[-\frac{1}{2}F_{0j}^b F^{b\,0j}\right] = -F^{a\,0i} = F_{0i}^a = \dot{A}_i^a\end{aligned} \tag{5.12}$$

で与えられるので，グルーオン場のハミルトニアン $\mathcal{H}$ は

$$\mathcal{H} = \pi_i^a \partial_0 A_i^a - \mathcal{L} = \frac{1}{2}(\dot{A}_i^a)^2 + \frac{1}{4}(F_{ij}^a)^2 \tag{5.13}$$

となり，古典的な真空は

$$\dot{A}_i = 0, \qquad F_{ij} = 0 \tag{5.14}$$

で与えられる．これから一般に QCD の真空は次のような $A_i = 0$ の時間によらないゲージ変換で与えられることが分かる（ゲージ条件 $A_0 = 0$ は時間によらないゲージ変換で保たれることに注意）．

$$A_i(\boldsymbol{x}) = \frac{i}{g}U(\boldsymbol{x})\,\partial_i U^{-1}(\boldsymbol{x}) \tag{5.15}$$

これを pure ゲージ場と呼ぶ．

ここからしばらく $SU(2)$ のゲージ理論を考えることにする．$SU(2)$ の生成子は $T^a = \sigma^a/2$ $(a = 1,2,3)$ で与えられる．ここで，σ^a はパウリ行列

$$\sigma^1 = \begin{pmatrix} 0 & 1 \\ 1 & 0 \end{pmatrix}, \qquad \sigma^2 = \begin{pmatrix} 0 & -i \\ i & 0 \end{pmatrix}, \qquad \sigma^3 = \begin{pmatrix} 1 & 0 \\ 0 & -1 \end{pmatrix} \tag{5.16}$$

である．$SU(2)$ の pure ゲージ場を考えて，無限遠 $|\boldsymbol{x}| \to \infty$ で $A_i(\boldsymbol{x}) \to 0$ つまり，$U(\boldsymbol{x}) \to$ 一定とすると，無限遠を同一視して 3 次元空間を 3 次元球面 (S^3) とみなせる．また，$SU(2)$ の任意の行列はパウリ行列と単位行列 I を用いて

$$U = a_4 I + i\boldsymbol{a}\cdot\boldsymbol{\sigma}, \qquad a_4^2 + |\boldsymbol{a}|^2 = 1 \tag{5.17}$$

と書けるので，$SU(2)$ は S^3 と同相である．したがって，U は S^3 から $SU(2)$ への写像とみなすことができ，数学のホモトピー類の言葉で $\pi_3(SU(2)) = \mathbb{Z}$（$\mathbb{Z}$: 整数）であることから，QCD の真空は整数でラベル付けされることが分かる[*1]．実際，真空を特徴付ける整数 n は

$$n = \frac{1}{24\pi^2}\int d^3x \varepsilon^{ijk}\mathrm{tr}[U\partial_i U^{-1} U\partial_j U^{-1} U\partial_k U^{-1}] \tag{5.18}$$

で与えられる．n は巻きつき数（winding number）とも呼ばれる．付録 A.3 で示されるように，この n は微小なゲージ変換 $U \to U + \delta U$ では不変なことをすぐに示すことができる．また，n_1 を与える U_1 と n_2 を与える U_2 の積 U_1U_2 で与えられるゲージ変換に対応する真空は，巻きつき数 $n_1 + n_2$ を持つ．さらに，具体的に

$$U(\boldsymbol{x}) = \frac{x^4 + i\boldsymbol{\sigma}\cdot\boldsymbol{x}}{\sqrt{(x^4)^2 + |\boldsymbol{x}|^2}} \qquad (x^4 : \text{定数}) \tag{5.19}$$

が巻きつき数 1 を持つゲージ場の配位を与えることを示すことができる（付録 A.3）．

以上のように $SU(2)$ ゲージ理論で真空が整数値を持つ巻き付き数でラベルされることを見てきた．ここで数学の定理（R. Bott の定理）を使う．この定理は「ある群 G が部分群として $SU(2)$ を持っている場合，S^3 から G へのどのような連続写像も S^3 から部分群の $SU(2)$ への写像に変形できる」というものである．この定理からこれまで見てきた $SU(2)$ ゲージ理論での結果が QCD を記述する $SU(3)$ ゲージ理論でも使えることになる．したがって，QCD の真空も巻き付き数 n でラベルされることが分かる．

5.1.2 ポテンシャル障壁

QCD は巻きつき数でラベル付けされる複雑な真空構造を持つことを見てきた．次に，巻きつき数 n_+ と n_- を持つ真空の間にポテンシャル障壁があることを示す．いま，$t = \pm\infty$ の空間が巻きつき数 $n_\pm$ の真空になっている図 5.1 のような 4

[*1] $\pi_n(\mathcal{M})$ は n 次元球から多様体 $\mathcal{M}$ への写像の分類を表し，たとえば，$\pi_1(\mathcal{M}) = \mathbb{Z}$ は円周（$=1$ 次元球）から $\mathcal{M}$ への写像が円周を何回まわったかという整数で分類できることを表している．

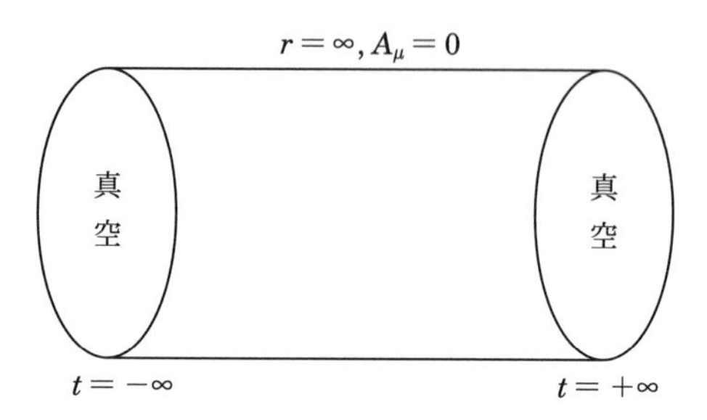

図5.1　4次元体積と表面でのゲージ場の配位

次元領域を考える．$F_{\mu\nu}$ の双対テンソル $\tilde{F}^{\mu\nu}=\varepsilon^{\mu\nu\alpha\beta}F_{\alpha\beta}/2$ を用いると，次の関係が成り立つ．

$$
\begin{aligned}
\mathrm{tr}\left(F_{\mu\nu}\tilde{F}^{\mu\nu}\right) &= \frac{1}{2}\varepsilon^{\mu\nu\alpha\beta}\mathrm{tr}\left(F_{\mu\nu}F_{\alpha\beta}\right) \\
&= 2\varepsilon^{\mu\nu\alpha\beta}\mathrm{tr}\left(\partial_\mu A_\nu\partial_\alpha A_\beta - 2ig\partial_\mu A_\nu A_\alpha A_\beta\right) \\
&= 2\partial_\mu\left[\varepsilon^{\mu\nu\alpha\beta}\mathrm{tr}\left(A_\nu\partial_\alpha A_\beta - ig\frac{2}{3}A_\nu A_\alpha A_\beta\right)\right] \\
&= \partial_\mu\left[\varepsilon^{\mu\nu\alpha\beta}\mathrm{tr}\left(A_\nu F_{\alpha\beta} + ig\frac{2}{3}A_\nu A_\alpha A_\beta\right)\right]
\end{aligned}
\tag{5.20}
$$

この関係を用いて4次元領域で $\mathrm{tr}(F_{\mu\nu}\tilde{F}^{\mu\nu})$ の積分を行うと

$$
\int d^4x\mathrm{tr}\left(F_{\mu\nu}\tilde{F}^{\mu\nu}\right) = \frac{2}{3}ig\left[\int_{S^3} d^3x\varepsilon^{ijk}A_iA_jA_k\right]_{t=-\infty}^{t=\infty} \tag{5.21}
$$

となる．ここで，$t=\pm\infty$ における4次元領域の表面 (= 3 次元空間) は真空なので $F_{\mu\nu}=0$ であることと，$r\to\infty$ で $A_i\to 0$ であることから $r\to\infty$ で表面積分がゼロになることを使った．さらに，$t=\pm\infty$ の真空ではゲージ場は

$$
A_{\pm i}(\boldsymbol{x}) = \frac{i}{g}U_\pm(\boldsymbol{x})\partial_i U_\pm^{-1}(\boldsymbol{x}) \tag{5.22}
$$

と書けることから

$$
\begin{aligned}
\int d^4x\mathrm{tr}\left(F_{\mu\nu}\tilde{F}^{\mu\nu}\right) &= \frac{2}{3g^2}\int_{t=\infty} d^3x\varepsilon^{ijk}\mathrm{tr}[U_+\partial_i U_+^{-1}U_+\partial_j U_+^{-1}U_+\partial_k U_+^{-1}] \\
&\quad - \frac{2}{3g^2}\int_{t=-\infty} d^3x\varepsilon^{ijk}\mathrm{tr}[U_-\partial_i U_-^{-1}U_-\partial_j U_-^{-1}U_-\partial_k U_-^{-1}] \\
&= \frac{16\pi^2}{g^2}(n_+ - n_-)
\end{aligned}
\tag{5.23}
$$

が得られる．これから，異なる真空（$n_+ \neq n_-$）の間では $F_{\mu\nu} \neq 0$，つまり，ポテンシャル障壁があることが分かる．

5.1.3 インスタントン*

異なる真空の間にはポテンシャル障壁があるので真空間の遷移は量子的なトンネル効果によって起こる．この遷移はインスタントン解を用いて記述できる．インスタントン解はユークリッド化した $(x_0 = -ix_4)$ 作用を最小にする解である（インスタントン解は単にインスタントンとも呼ばる．また，量子力学におけるインスタントンについては付録 A.4 を参照）．

ユークリッド化されたゲージ場 A^E は

$$A^i = -A_i^E, \quad A_0 = iA_4^E \tag{5.24}$$

で定義され，これから

$$F_{ij}^a = F_{ij}^{E\,a}, \quad F_{0i} = iF_{4i}^{E\,a} \tag{5.25}$$

となる．このとき作用は

$$\begin{aligned} iS &= i\int d^4x \left[-\frac{1}{4}F_{\mu\nu}^a F^{a\,\mu\nu}\right] \\ &= i\int d^4x \left[\frac{1}{4}F_{0i}^a F_{0i}^a + \frac{1}{4}F_{i0}^a F_{i0}^a - \frac{1}{4}F_{ij}^a F_{ij}^a\right] \\ &= -\int d^4x_E \left[\frac{1}{4}F_{\mu\nu}^{E\,a} F_{\mu\nu}^{E\,a}\right] \end{aligned} \tag{5.26}$$

と書ける．よって，ユークリッド化した作用を

$$S^E = \int d^4x_E \left[\frac{1}{4}F_{\mu\nu}^{E\,a} F_{\mu\nu}^{E\,a}\right] = \frac{1}{2}\int d^4x_E \mathrm{tr}\left[F_{\mu\nu}^E F_{\mu\nu}^E\right] \tag{5.27}$$

で定義する．この作用から運動方程式

$$D_\mu^E F_{\mu\nu}^E = \partial_\mu F_{\mu\nu}^E - ig[A_\mu^E, F_{\mu\nu}^E] = 0 \tag{5.28}$$

が導かれる．ここで D_μ^E は共変微分である[*2]．

ユークリッド化された作用が有限であるためには 4 次元ユークリッド空間の遠方で $F_{\mu\nu}^E$ が充分速くゼロになる必要がある．つまり，

$$F_{\mu\nu}^E \to \frac{1}{\rho^3} \quad (\rho \equiv (x_\mu x_\mu)^{1/2} \to \infty) \tag{5.29}$$

このため，ユークリッド空間の無限遠ではゲージ場は pure ゲージ場

$$A_\mu^E \ \to \ \frac{i}{g} U \partial_\mu U^{-1} \tag{5.30}$$

になる．この無限遠は 3 次元球面 S^3 の構造をしているとみなせるので，無限遠から $SU(3)$ への写像 U は ホモトピー類で$\pi_3(SU(3)) = \mathbb{Z}$ であることからトポロジカル・チャージ q が定義できる．具体的に q は

$$\begin{aligned} q &= \frac{1}{24\pi^2} \int_{S^3} d\sigma_\mu \varepsilon_{\mu\nu\alpha\beta} \mathrm{tr} \left(U \partial_\nu U^{-1} U \partial_\alpha U^1 U \partial_\beta U^{-1} \right) \\ &= \int_{S^3} d\sigma_\mu \mathrm{tr} \left(A_\nu^E A_\alpha^E A_\beta^E \right) \\ &= \frac{g^2}{16\pi^2} \int d^4 x_E \mathrm{tr} \left(F_{\mu\nu}^E \tilde{F}_{\mu\nu}^E \right) \end{aligned} \tag{5.31}$$

と書ける．$\int_{S^3} d\sigma_\mu$ は 3 次元球面における表面積分を表し，最後の行は式 (5.20) を使った．ここで，$(F_{\mu\nu}^E \mp \tilde{F}_{\mu\nu}^E)^2 \geqq 0$ から

$$\begin{aligned} &\int d^4 x_E \, \frac{1}{2} \mathrm{tr} \left((F_{\mu\nu}^E \mp \tilde{F}_{\mu\nu}^E)(F_{\mu\nu}^E \mp \tilde{F}_{\mu\nu}^E) \right) \\ &= 2S_E \mp \int d^4 x_E \, \mathrm{tr}(F_{\mu\nu}^E \tilde{F}_{\mu\nu}^E) \geqq 0 \end{aligned} \tag{5.32}$$

$$\Leftrightarrow \quad S_E \geqq \pm \frac{1}{2} \int d^4 x_E \, \mathrm{tr}(F_{\mu\nu}^E \tilde{F}_{\mu\nu}^E) = \pm \frac{8\pi^2}{g^2} q \tag{5.33}$$

という不等式が成り立つ．等号は $F_{\mu\nu}^E = \pm \tilde{F}_{\mu\nu}^E$ のとき成り立つ．$F_{\mu\nu}^E = \tilde{F}_{\mu\nu}^E$ の場合

$$\begin{aligned} q &= \frac{g^2}{16\pi^2} \int d^4 x_E \mathrm{tr} \left(F_{\mu\nu}^E \tilde{F}_{\mu\nu}^E \right) = \frac{g^2}{16\pi^2} \int d^4 x_E \mathrm{tr} \left(F_{\mu\nu}^E F_{\mu\nu}^E \right) \\ &= \frac{g^2}{8\pi^2} S_E \geqq 0 \end{aligned} \tag{5.34}$$

---

*2 （83 ページ）作用のゲージ場に対する変分は

$$\begin{aligned} \mathrm{tr} \left(\delta(F_{\mu\nu}^E F_{\mu\nu}^E) \right) &= \mathrm{tr} \left(F_{\mu\nu}^E (\partial_\mu \delta A_\nu^E - ig[A_\mu^E, \delta A_\nu^E]) \right) \\ &= -4 \mathrm{tr} \left(-F_{\mu\nu}^E \delta A_\nu^E - ig(A_\mu^E F_{\mu\nu}^E - F_{\mu\nu}^E A_\mu^E) \delta A_\nu^E \right) \end{aligned}$$

であることを用いる．

から $q > 0$ である．一方，$F^E_{\mu\nu} = -\tilde{F}^E_{\mu\nu}$ の場合は $q < 0$ となる．したがって，

$$S_E \geqq \frac{8\pi^2}{g^2}|q| \tag{5.35}$$

が得られる．さらに，ビアンキ恒等式

$$D_\mu \tilde{F}^E_{\mu\nu} = 0 \tag{5.36}$$

から $F^E_{\mu\nu} = \pm\tilde{F}^E_{\mu\nu}$ の場合に $F^E_{\mu\nu}$ が運動方程式（5.28）を満たすことが分かる．$F^E_{\mu\nu} = \tilde{F}^E_{\mu\nu}$ を満たす解は自己双対解（self-dual solution），$F^E_{\mu\nu} = -\tilde{F}^E_{\mu\nu}$ を満たす解は反自己双対解と呼ばれる．

以上のことから，

$$F^E_{\mu\nu} = \tilde{F}^E_{\mu\nu}, \qquad S_E = \frac{8\pi^2}{g^2}, \qquad q = 1 \tag{5.37}$$

を満たす解をインスタントン解と呼び，

$$F^E_{\mu\nu} = -\tilde{F}^E_{\mu\nu}, \qquad S_E = \frac{8\pi^2}{g^2}, \qquad q = -1 \tag{5.38}$$

を満たす解を反インスタントン解と呼ぶ．（反）インスタントンを通じて巻き数 k を持つ真空 $|k\rangle$ は巻き数 $k+1(k-1)$ を持つ真空 $|k+1\rangle(|k-1\rangle)$ に遷移し，その遷移確率は $\exp(-S_E)$ に比例する．正確な（反）インスタントン遷移振幅は

$$\langle k+1|e^{-HT}|k\rangle_{\text{one instanton}} = KTV\exp\left(-\frac{8\pi^2}{g^2}\right) \tag{5.39}$$

$$\langle k-1|e^{-HT}|k\rangle_{\text{one anti-instanton}} = KTV\exp\left(-\frac{8\pi^2}{g^2}\right) \tag{5.40}$$

で与えられる．T，V は考えている系の時間と体積で K は $\exp(-S_E)$ に対する補正である．

5.1.4 θ 真空*

これまで QCD では整数でラベル付けされる複数の真空が存在し，その間の遷移が可能であることを見てきた．ある巻きつき数 n を持つ真空は巻きつき数 k を持つようなゲージ変換 $\mathcal{U}_k$ によって

$$\mathcal{U}_k|n\rangle = |n+k\rangle \tag{5.41}$$

のように巻き付き数 $n+k$ を持つ真空へ変換される．したがって，真空 $|n\rangle$ はゲージ不変な真空ではない．真空がゲージ不変であることを要求すると，$|n\rangle$ は物理的な真空ではなく，その重ね合わせである

$$|\theta\rangle = \sum_{n=-\infty}^{\infty} e^{-in\theta}|n\rangle \tag{5.42}$$

がゲージ不変な物理的真空となる．実際，ゲージ変換 (5.41) で $|\theta\rangle$ が不変であることが分かる．ここで θ は理論のパラメータである．これを θ 真空と呼ぶ．

ここで，2つの真空 $|\theta\rangle$ と $|\theta'\rangle$ の間の遷移振幅を求めよう．遷移振幅は

$$\begin{aligned}
\langle\theta'|e^{-HT}|\theta\rangle &= \sum_{m'=-\infty}^{\infty}\sum_{m=-\infty}^{\infty} e^{i\theta' m'} e^{-i\theta m}\,\langle m'|e^{-HT}|m\rangle \\
&= \sum_{m=-\infty}^{\infty} e^{-im(\theta-\theta')} \sum_{k=-\infty}^{\infty} e^{ik\theta}\,\langle m+k|e^{-HT}|m\rangle \\
&= \sum_{m=-\infty}^{\infty} e^{-im(\theta-\theta')} \sum_{k=-\infty}^{\infty} e^{ik\theta}\,\langle k|e^{-HT}|0\rangle \\
&= \delta(\theta-\theta') \sum_{k=-\infty}^{\infty} e^{ik\theta}\langle k|e^{-HT}|0\rangle
\end{aligned} \tag{5.43}$$

となる．ここで，巻きつき数の異なる真空の遷移が巻きつき数の差だけによることを用いた．$|0\rangle$ から $|k\rangle$ は n 回のインスタントン遷移と $\bar{n}$ $(=n-k)$ 回の反インスタントン遷移によって移れるので

$$\langle k|e^{-HT}|0\rangle = \sum_{n-\bar{n}=k} \frac{(KTV)^{n+\bar{n}}}{n!\bar{n}!} \exp\left(-(n+\bar{n})\frac{8\pi^2}{g^2}\right) \tag{5.44}$$

と書けることを使うと

$$\begin{aligned}
\langle\theta'|e^{-HT}|\theta\rangle &= \delta(\theta-\theta') \sum_{n=-\infty}^{\infty}\sum_{\bar{n}=-\infty}^{\infty} e^{i(n-\bar{n})\theta} \frac{(KTV)^{n+\bar{n}}}{n!\bar{n}!} \exp\left(-(n+\bar{n})\frac{8\pi^2}{g^2}\right) \\
&= \delta(\theta-\theta') \exp\left(2TVKe^{\frac{8\pi^2}{g^2}}\cos\theta\right)
\end{aligned} \tag{5.45}$$

となる．まず，デルタ関数 $\delta(\theta-\theta')$ が現れることから θ 真空が安定であることが分かる．また，左辺は $\exp(-E(\theta)T)$ に比例すると考えられるので右辺の形から

$$\frac{E(\theta)}{V} \sim -2Ke^{-\frac{8\pi^2}{g^2}}\cos\theta \tag{5.46}$$

となることが分かる．

上記の遷移振幅を経路積分で表現すると

$$\begin{aligned}\langle\theta'|e^{-HT}|\theta\rangle &= \sum_n e^{i(\theta-\theta')n}\sum_k e^{ik\theta}\langle k|e^{-HT}|0\rangle \\ &= \delta(\theta-\theta')\sum_k e^{ik\theta}\int \mathcal{D}A_k e^{-S_E}\end{aligned} \tag{5.47}$$

と書ける．ここで，$\int \mathcal{D}A_k$ は経路積分が巻きつき数が k のゲージ場の配位に対して行われることを表している．さらに，巻きつき数 k が

$$k=\frac{g^2}{16\pi^2}\int d^4x_E \mathrm{tr}\left(F^E_{\mu\nu}\tilde{F}^E_{\mu\nu}\right) \tag{5.48}$$

で与えられることを使うと

$$\langle\theta'|e^{-HT}|\theta\rangle=\delta(\theta-\theta')\int \mathcal{D}A\exp\left[-\int d^4x_E\,\mathrm{tr}\left(\frac{1}{2}F^E_{\mu\nu}F^E_{\mu\nu}+i\theta\frac{g^2}{16\pi^2}F^E_{\mu\nu}\tilde{F}^E_{\mu\nu}\right)\right] \tag{5.49}$$

と書けることから，ラグランジアンに θ に依存する項が付け加えられたとみなすことができる．この表式で経路積分はすべてのゲージ場の配位に対して行われることに注意すること．ユークリッド空間から通常のミンコフスキー空間に戻ると，式 (5.49) からラグランジアンが

$$\mathcal{L}=\frac{1}{4}F^a_{\mu\nu}F^{a\,\mu\nu}+\theta\frac{g^2}{32\pi^2}F^a_{\mu\nu}\tilde{F}^{a\,\mu\nu} \tag{5.50}$$

と書けることが分かる．第2項を θ 項と呼び $\mathcal{L}_\theta$ と表す．つまり，

$$\mathcal{L}_\theta=\theta\frac{g^2}{32\pi^2}F^a_{\mu\nu}\tilde{F}^{a\,\mu\nu} \tag{5.51}$$

とする．

5.2 ストロングCP問題

θ 項 (5.51) が CP 対称性を破ることをみよう．ゲージ場 A_μ は空間反転 P に対して

$$PA_0(t,\boldsymbol{x})P^{-1}=A_0(t,-\boldsymbol{x}) \tag{5.52}$$

$$PA_i(t, \boldsymbol{x})P^{-1} = -A_i(t, -\boldsymbol{x}) \tag{5.53}$$

のように変換するので

$$PF_{0i}P^{-1} = -F_{0i} \tag{5.54}$$

$$PF_{ij}P^{-1} = F_{ij} \tag{5.55}$$

となり，θ 項は

$$P\mathcal{L}_\theta P^{-1} = -\mathcal{L}_\theta \tag{5.56}$$

と変換し，P を破ることが分かる．

同じように時間反転 T を考えると，ゲージ場は

$$TA_0(t, \boldsymbol{x})T^{-1} = A_0(-t, \boldsymbol{x}) \tag{5.57}$$

$$TA_i(t, \boldsymbol{x})T^{-1} = -A_i(-t, \boldsymbol{x}) \tag{5.58}$$

のように変換する．ここで，T が反ユニタリー演算子で $T(i)T^{-1} = -i$（i は虚数を表す記号である）に注意すると，

$$TF_{0i}T^{-1} = F_{0i} \tag{5.59}$$

$$TF_{ij}T^{-1} = -F_{ij} \tag{5.60}$$

となり，

$$T\mathcal{L}_\theta T^{-1} = -\mathcal{L}_\theta \tag{5.61}$$

と θ 項が変換し，T も破ることが分かる．CPT の不変性からこのことは θ 項が CP を破ることを意味している．

ここまでの議論ではフェルミオン（クォーク）を無視してきたが，ここで $SU(3)$ ゲージ場と N 個のフレーバーのフェルミオン（$\Psi_i, i = 1, \cdots N$）の系を考える．ラグランジアンは

$$\mathcal{L} = -\frac{1}{4}F^a_{\mu\nu}F^{a\,\mu\nu} + \theta\frac{g^2}{32\pi^2}F^a_{\mu\nu}\tilde{F}^{a\,\mu\nu} + \bar{\Psi}_i(i\gamma^\mu D_\mu)\Psi_i - \bar{\Psi}_i M_{ij}\Psi_j + h.c. \tag{5.62}$$

で与えられる．ここで，$h.c.$ はエルミート共役を表し，Ψ はフェルミオン場，$\bar{\Psi}$ はその共役（$= \Psi^\dagger\gamma_0$），γ_μ はガンマ行列で

$$\gamma^0 = \begin{pmatrix} 0 & 1 \\ 1 & 0 \end{pmatrix} \qquad \gamma^i = \begin{pmatrix} 0 & \sigma^i \\ -\sigma^i & 0 \end{pmatrix} \tag{5.63}$$

である．また，M_{ij} は質量行列で複素数である．質量行列を実対角行列にすることを考える．まず，適切なユニタリー行列を使えば質量行列を対角化できるので上のラグランジアンの質量項はそれによって対角化されているとする．対角成分は複素位相を持っているのでそれをフェルミオン場の軸性 $U(1)$ 変換で取り除く．具体的には

$$\Psi_i = \exp\left(-i\mathrm{arg}(M_{ii})\gamma_5/2\right)\Psi_i \tag{5.64}$$

$$\bar{\Psi}_i = \bar{\Psi}_i \exp\left(-i\mathrm{arg}(M_{ii})\gamma_5/2\right) \tag{5.65}$$

という変換を行うことによって複素位相を取り除くことができる．ここで，$\gamma^5(= i\gamma^0\gamma^1\gamma^2\gamma^3)$ で

$$\gamma^5 = \begin{pmatrix} -1 & 0 \\ 0 & 1 \end{pmatrix} \tag{5.66}$$

である．しかし，この変換に対して経路積分の測度は

$$\mathcal{D}\Psi_i\mathcal{D}\bar{\Psi}_i \longrightarrow \mathcal{D}\Psi_i\mathcal{D}\bar{\Psi}_i \exp\left[-i\int d^4x \mathrm{arg}(M_{ii})\frac{g^2}{32\pi^2}F^a_{\mu\nu}\tilde{F}^{a\,\mu\nu}\right] \tag{5.67}$$

と変換されることが知られている．したがって，ラグランジアンは

$$\mathcal{L} = -\frac{1}{4}F^a_{\mu\nu}F^{a\,\mu\nu} + (\theta + \sum_i \mathrm{arg}(M_{ii}))\frac{g^2}{32\pi^2}F^a_{\mu\nu}\tilde{F}^{a\,\mu\nu} + \sum_i \bar{\Psi}_i(i\gamma^\mu D_\mu - \tilde{M}_{ii})\Psi_i \tag{5.68}$$

となる．ここで，$\tilde{M}$ は実対角行列である．これから θ は物理的なパラメータではなく質量行列の位相と合わせた

$$\bar{\theta} = \theta + \sum_i \mathrm{arg}(M_{ii}) = \theta + \mathrm{arg}(\det M) \tag{5.69}$$

が物理的なパラメータと考えられる．なお，式 (5.69) で行列式 $\det M$ を用いたのは，これによってユニタリー行列で対角化する前の質量行列 M に対しても表

式が成り立つからである.

ここまで，QCD の真空の構造からラグランジアンに CP を破る項（θ 項）が現れ，さらにフェルミオンを考慮するとその質量行列の位相の寄与と合わせた $\bar{\theta}$ が CP の破れの大きさを表す物理的パラメータとなることを見た．CP の破れの効果は中性子の双極子モーメントを生じ，理論計算から

$$d_n = 4.5 \times 10^{-15}\,\bar{\theta}\,e\,\mathrm{cm} \tag{5.70}$$

一方，実験から [26]

$$|d_n| < 1.8 \times 10^{-26} e\,\mathrm{cm} \tag{5.71}$$

という制限が得られており，これから $\bar{\theta}$ に対して

$$|\bar{\theta}| < 0.4 \times 10^{-11} \tag{5.72}$$

という制限がつけられる．つまり，特別の理由がなければ $\mathcal{O}(1)$ の値をとって良いはずの理論のパラメータである $\bar{\theta}$ が非常に高い精度でゼロに近いことが実験から要求されているのである．別の言い方をすると，強い相互作用を記述する QCD は CP を破ることが自然なのに，現実は CP が非常に良い精度で保存しているということである．これがストロング CP 問題と呼ばれるものである．

5.3 ペッチャイ–クイン（Peccei–Quinn）機構とアクシオン

QCD のストロング CP 問題はペッチャイとクイン [27] によって提案されたペッチャイ–クイン機構（PQ 機構）によって解決することができる．ペッチャイ–クイン機構のポイントは CP の破れを引き起こす $\bar{\theta}$ を力学変数にして，$\bar{\theta} = 0$ が $\bar{\theta}$ のポテンシャル $V(\bar{\theta})$ を最小にする値として実現されることである．

まず，$V(\bar{\theta})$ が $\bar{\theta} = 0$ で最小になることを見よう．そのためには以下のゲージ場と1つのフェルミオンからなる簡単な系を考えれば十分である．

$$\mathcal{L} = -\frac{1}{4}F^a_{\mu\nu}F^{a\,\mu\nu} + \bar{\theta}\frac{g^2}{32\pi^2}F^a_{\mu\nu}\tilde{F}^{a\,\mu\nu} + \bar{\Psi}(i\gamma^\mu D_\mu - m)\Psi \tag{5.73}$$

これからユークリッド化した作用は

$$S_E = \int d^4x_E \left[\frac{1}{4}F^{Ea}_{\mu\nu}F^{Ea}_{\mu\nu} + i\bar{\theta}\frac{g^2}{32\pi^2}F^{Ea}_{\mu\nu}\tilde{F}^{Ea}_{\mu\nu} + \bar{\Psi}_E(\gamma^E_\mu D^E_\mu + m)\Psi_E\right] \tag{5.74}$$

となる．ここで，$D^E_\mu = \partial_\mu - igA^E_\mu$ であり，ユークリッド化したガンマ行列は $\gamma^4_E = \gamma^0, \gamma^i_E = -i\gamma^i$ で与えられ，$\{\gamma^\mu_E, \gamma^\nu_E\} = 2\delta^{\mu\nu}, (\gamma^\mu_E)^\dagger = \gamma^\mu_E$ を満たす．これから有効ポテンシャル $V(\bar\theta)$ は

$$\begin{aligned}\exp\left[-\int V(\bar\theta)d^4x_E\right] &= \int \mathcal{D}A^{Ea}_\mu \mathcal{D}\Psi_E \mathcal{D}\bar\Psi_E \exp\left[-S_E\right] \\ &= \int \mathcal{D}A^{Ea}_\mu \det(\gamma^E_\mu D^E_\mu + m) \\ &\quad \times \exp\left[-\int d^4x_E \left(\frac{1}{4}F^{Ea}_{\mu\nu}F^{Ea}_{\mu\nu} + i\bar\theta\frac{g^2}{32\pi^2}F^{Ea}_{\mu\nu}\tilde{F}^{Ea}_{\mu\nu}\right)\right]\end{aligned} \tag{5.75}$$

で与えられる．ここで，2 番目の等号に移る際にフェルミオン場に関する積分を行った．$(\gamma^\mu_E)^\dagger = \gamma^\mu_E$，$(A^E_\mu)^\dagger = A^E_\mu$，$(\partial_\mu)^\dagger = -\partial_\mu$ であるので，$\gamma^E_\mu D^E_\mu = \gamma^E_\mu(\partial_\mu - igA^E_\mu)$ は反エルミート演算子であることが分かる．したがって，この演算子の固有関数 ψ_n の固有値は純虚数 $i\lambda_n$ で与えられる．

$$\gamma^E_\mu D^E_\mu \psi_n = i\lambda_n \psi_n \qquad (\lambda_n \in \mathbb{R}) \tag{5.76}$$

これから，$\{\gamma^E_\mu, \gamma^E_5\} = 0$ を使うと

$$\gamma^E_\mu D^E_\mu (\gamma^E_5 \psi_n) = -i\lambda_n (\gamma^E_5 \psi_n) \tag{5.77}$$

が成り立つので $-i\lambda_n$ も固有値であることが分かる．よって，

$$\det(\gamma^E_\mu D^E_\mu + m) = \prod_n (i\lambda_n + m)(-i\lambda_n + m) = \prod_n (\lambda_n^2 + m^2) > 0 \tag{5.78}$$

である．以上から

$$\begin{aligned}\exp\left[-\int V(\bar\theta)d^4x_E\right] &\leqq \int \mathcal{D}A^{Ea}_\mu \det(\gamma^E_\mu D^E_\mu + m)\exp\left[\int d^4x_E\left(-\frac{1}{4}F^{Ea}_{\mu\nu}F^{Ea}_{\mu\nu}\right)\right] \\ &= \exp\left[-\int V(0)d^4x_E\right]\end{aligned} \tag{5.79}$$

これは，ポテンシャル・エネルギーが $\bar\theta = 0$ で最小であることを示している．したがって，$\bar\theta$ が力学変数であれば $\bar\theta = 0$ が実現できストロング CP 問題が解決することになる．

具体的に $\bar\theta$ を力学変数にするために，$U(1)$ 対称性（今後，$U(1)_{\mathrm{PQ}}$ 対称性，ま

たはPQ対称性と呼ぶ）を持ったスカラー場φを導入する．このようなスカラーはPQスカラーと呼ばれる．簡単のため1つのフェルミオン場Ψだけを考える．この場合，ラグランジアンは

$$\mathcal{L} = \mathcal{L}_{\mathrm{QCD}} + \mathcal{L}_{\theta} + \mathcal{L}_{\mathrm{f}} + \mathcal{L}_{\mathrm{Yukawa}} + \partial_\mu \varphi \partial^\mu \varphi^* - V(\varphi) \tag{5.80}$$

$$V(\varphi) = \frac{1}{4}\left(|\varphi|^2 - \frac{v^2}{2}\right)^2 \tag{5.81}$$

$$\mathcal{L}_{\mathrm{Yukawa}} = y\bar{\Psi}(\varphi P_R + \varphi^* P_L)\Psi = y(\varphi^* \chi\xi + \varphi\xi^\dagger\chi^\dagger) \tag{5.82}$$

で与えられる．ここで，$\mathcal{L}_{\mathrm{f}}$はフェルミオン場の運動項で，P_L（P_R）は左巻き（右巻き）のフェルミオン場への射影演算子で$P_L = (1-\gamma^5)/2$，$P_R = (1+\gamma^5)/2$と書ける．また，湯川項$\mathcal{L}_{\mathrm{Yukawa}}$で4成分デイラック・フェルミオン場$\Psi$が2成分左巻きワイル・フェルミオン場$\chi$と右巻きワイル・フェルミオン場$\xi^\dagger$を用いて

$$\Psi = \begin{pmatrix} \chi \\ \xi^\dagger \end{pmatrix}, \qquad \bar{\Psi} = (\xi \ \ \chi^\dagger) \tag{5.83}$$

$$\Psi_L \equiv P_L\Psi = \begin{pmatrix} \chi \\ 0 \end{pmatrix}, \qquad \Psi_R \equiv P_R\Psi = \begin{pmatrix} 0 \\ \xi^\dagger \end{pmatrix} \tag{5.84}$$

と表せることを用いた．$U(1)_{\mathrm{PQ}}$変換（ペッチャイ–クイン変換またはPQ変換）によってフェルミオン場とスカラー場は

$$\chi \longrightarrow e^{i\alpha}\chi \tag{5.85}$$

$$\xi \longrightarrow e^{i\alpha}\xi \tag{5.86}$$

$$\varphi \longrightarrow e^{2i\alpha}\varphi \tag{5.87}$$

と変換する*3．つまり，χ，ξ，φはPQチャージ$+1$，$+1$，$+2$をそれぞれ持つ．このとき，ポテンシャル(5.81)と湯川項(5.82)が変換によって不変である．PQスカラー場のポテンシャル$V(\varphi)$は$|\varphi| = v/\sqrt{2}$で最小になるので，真空では$U(1)_{\mathrm{PQ}}$が自発的に破れ，φは

$$\varphi = \frac{v}{\sqrt{2}} e^{i\frac{\mathcal{A}}{v}} \tag{5.88}$$

*3 ディラック・フェルミオン場としては$\Psi \longrightarrow e^{-i\alpha\gamma^5}\Psi$のように変換する．

と書ける．ここで $\mathcal{A}$ は φ の位相方向の自由度に対応するスカラー場で自発的対称性の破れに伴って現れる南部–ゴールドストーン・ボソンである．PQ 機構に現れる南部–ゴールドストーン・ボソン $\mathcal{A}$ はアクシオンと呼ばれる．式（5.88）を $\mathcal{L}_{\text{Yukawa}}$ に代入すると

$$\mathcal{L}_{\text{Yukawa}} = y\frac{v}{\sqrt{2}}(e^{-i\frac{\mathcal{A}}{v}}\chi\xi + e^{i\frac{\mathcal{A}}{v}}\xi^\dagger\chi^\dagger) \tag{5.89}$$

となり，アクシオン場が湯川項の位相に入ってくるが，フェルミオン場を

$$\chi \longrightarrow e^{i\frac{\mathcal{A}}{2v}}\chi \tag{5.90}$$

$$\xi \longrightarrow e^{i\frac{\mathcal{A}}{2v}}\xi \tag{5.91}$$

と変換することによって $\mathcal{A}$ を $\mathcal{L}_{\text{Yukawa}}$ から消去できる．その代わり，式（5.67）で述べたように，$\bar{\theta}$ は

$$\bar{\theta} \longrightarrow \bar{\theta} - \frac{\mathcal{A}}{v} \tag{5.92}$$

と変わる（（5.90）と（5.91）の変換はディラック・フェルミオン場 Ψ としては $\Psi \to \exp(-i\mathcal{A}/2v)\Psi$ と変化することに注意）．$\bar{\theta}' = \bar{\theta} - \mathcal{A}/v$ とすると，アクシオン場はエネルギーが最小となる $\theta' = 0$ を満たすように真空期待値値を取る．つまり，アクシオン場が $\langle\mathcal{A}\rangle = \bar{\theta}v$ と真空期待値を取ることによって CP 不変な真空が力学的に選ばれるのである．

5.4 アクシオン模型

前節で簡単な模型でストロング CP 問題が PQ 機構によって解決されその際に導入された $U(1)_{\text{PQ}}$ 対称性の自発的破れに伴ってアクシオンが現れることを見た．ここでは現在よく議論されている現実的なアクシオン模型として典型的な 2 つのモデル，KSVZ（Kim–Shifman–Vainstein–Zakharov）アクシオン模型 [28, 29] と DFSZ（Dine–Fischler–Srednicki–Zhitnitsky）アクシオン模型 [30, 31] を紹介する．

5.4.1 KSVZ 模型

KSVZ 模型では，標準模型の粒子に加えて，複素スカラー場（PQ スカラー場）Φ と N_Q 個の（標準模型のクォークとは異なる）重いクォーク $Q_i (i = 1, \cdots N_Q)$ を導入する．PQ スカラー場は標準模型の $SU_C(3) \times SU(2)_L \times U(1)_Y$ ゲージ相互

作用をしない粒子とする．湯川相互作用とPQスカラーのポテンシャルは

$$\mathcal{L}_{\text{Yukawa}} = -y_{ij}\bar{Q}_{Li}\Phi Q_{Rj} - y_{ij}^{*}\bar{Q}_{Ri}\Phi^{*}Q_{Lj} \tag{5.93}$$

$$V(\Phi) = -\mu_{\Phi}^2|\Phi|^2 + \frac{1}{4}\lambda_{\Phi}|\Phi|^4 \tag{5.94}$$

で与えられる．ここで $Q_L = P_L Q$，$Q_R = P_R Q$ である．Φ，Q_L，Q_R は $U(1)_{\text{PQ}}$ チャージ $2q$，q，$-q$ をそれぞれ持つとすると，$U(1)_{\text{PQ}}$ に対してペッチャイ–クイン（PQ）変換は

$$Q_{Li} \longrightarrow e^{iq\alpha}Q_{Li} \tag{5.95}$$

$$Q_{Ri} \longrightarrow e^{-iq\alpha}Q_{Ri} \tag{5.96}$$

$$\Phi \longrightarrow e^{2iq\alpha}\Phi \tag{5.97}$$

で与えられ，$\mathcal{L}_{\text{Yukawa}}$ と $V(\Phi)$ が変換に対して不変になる．

$V(\Phi)$ は $|\Phi| = \sqrt{2}\mu_{\Phi}/\sqrt{\lambda_{\Phi}} \equiv \eta/\sqrt{2}$ で最小になるので，$U(1)_{\text{PQ}}$ は自発的に破れ

$$\Phi = \frac{\eta}{\sqrt{2}}\exp\left(i\frac{\mathcal{A}}{\eta}\right) \tag{5.98}$$

と書け，前節のように Q_L と Q_R を適切に変換することによってアクシオンと $SU(3)$ ゲージ場との相互作用が

$$\mathcal{L}_{agg} = -\frac{g^2}{32\pi^2}N_Q\frac{\mathcal{A}}{\eta}F_{\mu\nu}^{a}\tilde{F}^{a\,\mu\nu} = -\frac{g^2}{32\pi^2}\frac{\mathcal{A}}{f_a}F_{\mu\nu}^{a}\tilde{F}^{a\,\mu\nu} \tag{5.99}$$

と書ける．ここで，f_a はアクシオン崩壊定数と呼ばれ，KSVZ模型では

$$f_a = \frac{\eta}{N_Q} \tag{5.100}$$

で与えられる．式（5.99）で，重いクォークの数 N_Q が現れるのは，湯川項にPQ場（5.98）を代入したときに現れるアクシオンを含む位相を消去するために，N 個の重いクォークすべてに変換 $Q_i \to e^{-i\gamma_5\mathcal{A}/\eta}Q_i$ を行うためである．

5.4.2 DFSZ模型

DFSZ模型は重いクォークを導入せずに，PQスカラー場 Φ と2つのヒッグス場 H_u, H_d を導入する．ヒッグス場は $SU(2)_L$ 二重項と呼ばれる2つの場が組になった構造を持ち，$H_u = (H_u^0, H_u^-)$，$H_d = (H_d^+, H_d^0)$ と書ける．湯川相互作用は

$$\mathcal{L}_{\text{Yukawa}} = -y^u_{ij}\bar{q}_{Li}H_u u_{Rj} - y^d_{ij}\bar{q}_{Li}H_d d_{Rj} + h.c. \tag{5.101}$$

と書ける．ここで，$u_{R(L)}$ は右（左）巻きのアップタイプのクォーク，$d_{R(L)}$ は右（左）巻きのダウンタイプのクォーク，$q_L = (u_L, d_L)$ は左巻きのクォークで $SU(2)_L$ 二重項である．i は世代の添字で，y_{ij} は湯川結合定数である．スカラー場のポテンシャルは

$$\begin{aligned} V(H_u, H_d, \Phi) = &\lambda_u \left(H_u^\dagger H_u - \frac{v_u^2}{2}\right)^2 + \lambda_d \left(H_d^\dagger H_d - \frac{v_d^2}{2}\right)^2 \\ &+ \lambda_\Phi \left(|\Phi|^2 - \frac{v_\Phi^2}{2}\right)^2 \\ &+ (aH_u^\dagger H_u + bH_d^\dagger H_d)|\Phi|^2 - c(H_u \cdot H_d \Phi^2 + h.c.) \\ &+ d|H_u \cdot H_d|^2 + e|H_u^* \cdot H_d|^2 \end{aligned} \tag{5.102}$$

で与えられる（$\lambda_u, \lambda_d, \lambda_\Phi, a, b, c, d, e$ は結合定数）．ここで，$H_u \cdot H_d = \varepsilon^{ij} H_{ui} H_{dj}$ は $SU(2)_L$ 不変な積である．$U(1)_{\text{PQ}}$ に対する PQ 変換を

$$H_u \longrightarrow \exp(iX_u\alpha)H_u \tag{5.103}$$

$$H_d \longrightarrow \exp(iX_d\alpha)H_d \tag{5.104}$$

$$\Phi \longrightarrow \exp(iX_\Phi\alpha)\Phi \tag{5.105}$$

$$q_L \longrightarrow q_L \tag{5.106}$$

$$u_R \longrightarrow \exp(-iX_u\alpha)u_R \tag{5.107}$$

$$d_R \longrightarrow \exp(-iX_d\alpha)d_R \tag{5.108}$$

とすると $\mathcal{L}_{\text{Yukawa}}$ はこの変換に対して不変であり，さらに，$X_u + X_d = -2X_\Phi$ とすれば $V(H_u, H_d, \Phi)$ も不変である．さらに，ポテンシャル（5.102）を最小にするようにスカラー場は次のような真空期待値をとる．

$$\langle H_u \rangle = \frac{v_u}{\sqrt{2}} \exp\left(i\frac{\phi_u}{v_u}\right) \begin{pmatrix} 1 \\ 0 \end{pmatrix} \tag{5.109}$$

$$\langle H_d \rangle = \frac{v_d}{\sqrt{2}} \exp\left(i\frac{\phi_d}{v_d}\right) \begin{pmatrix} 0 \\ 1 \end{pmatrix} \tag{5.110}$$

$$\langle \Phi \rangle = \frac{v_\Phi}{\sqrt{2}} \exp\left(i \frac{\phi_\Phi}{v_\Phi} \right) \tag{5.111}$$

ここで現れる3つの位相 ϕ_u, ϕ_d, ϕ_Φ の線型結合が Z ボソンの質量項に吸収される h, 重い質量を持つ H, アクシオン $\mathcal{A}$ の3つの物理的場になる．それらの関係は

$$\phi_u = -\frac{v_u}{v} h + \frac{v_d v_\Phi}{v\eta} H - \frac{v_d}{\eta} \frac{2x}{1+x^2} \mathcal{A} \tag{5.112}$$

$$\phi_d = \frac{v_d}{v} h + \frac{v_u v_\Phi}{v\eta} H - \frac{v_u}{\eta} \frac{2x}{1+x^2} \mathcal{A} \tag{5.113}$$

$$\phi_\Phi = \frac{v}{\eta} \frac{2x}{1+x^2} H + \frac{v_\Phi}{\eta} \mathcal{A} \tag{5.114}$$

となる．ここで，$v = \sqrt{v_u^2 + v_d^2}$, $x = v_d/v_u$ であり，η は

$$\eta^2 = v_\Phi^2 + \frac{4 v_u^2 v_d^2}{v^2} = v_\Phi^2 + 4\left(x + \frac{1}{x} \right)^{-2} v^2 \tag{5.115}$$

で与えられる．上の式から明らかなように $\eta \gg v \sim v_d \sim v_u$ の場合には $\phi_\Phi \simeq \mathcal{A}$ となる．今注目しているアクシオンの自由度だけを考えると湯川相互作用は

$$\begin{aligned} \mathcal{L}_{\text{Yukawa}} = &\frac{y_{ij}^u}{\sqrt{2}} v_u \bar{u}_{Li} \exp\left(-i \frac{2x^2}{1+x^2} \frac{\mathcal{A}}{\eta} \right) u_{Rj} \\ &- \frac{y_{ij}^d}{\sqrt{2}} v_d \bar{d}_{Li} \exp\left(-i \frac{2}{1+x^2} \frac{\mathcal{A}}{\eta} \right) d_{Rj} \end{aligned} \tag{5.116}$$

これから，クォークの変換によってアクシオン–グルーオン結合が

$$\begin{aligned} \mathcal{L} &= \frac{g^3}{32\pi^2} \frac{\mathcal{A}}{\eta} 2N_g F_{\mu\nu}^a \tilde{F}^{a\,\mu\nu} \\ &= \frac{g^3}{32\pi^2} \frac{\mathcal{A}}{f_a} F_{\mu\nu}^a \tilde{F}^{a\,\mu\nu} \end{aligned} \tag{5.117}$$

となり，アクシオン崩壊定数が

$$f_a = \frac{\eta}{2N_g} \tag{5.118}$$

で与えられる．N_g は世代数である．

式 (5.100) と式 (5.118) を見ると KSVZ 模型でも DFS 模型でもアクシオン崩壊定数と自発的破れのスケール η の間の関係に整数が現れる．この整数の存在が

後に宇宙における PQ スカラー場・アクシオン場の進化を考えるときにドメイン・ウォールが生成され，宇宙論的な問題（ドメイン・ウォール問題）を引き起こす原因になる．

5.5 アクシオンの質量

この節ではカイラル・ラグランジアンを用いてアクシオンの質量を計算する．

5.5.1 カイラル・ラグランジアン*

エネルギーが 1 GeV 以下の低エネルギーでのハドロン物理を考えるとき，重いクォークを無視して u クォークと d クォークを考えれば良い．まず，u と d の質量を無視して 2 フレーバーのクォーク場

$$\Psi_i = \begin{pmatrix} \chi_i \\ \xi_i^\dagger \end{pmatrix} \qquad (i=1,2) \tag{5.119}$$

を考える．$i=1\,(2)$ は $u\,(d)$ クォークのフレーバーを表す．u クォーク，d クォーク，グルーオンからなる系のラグランジアンは

$$\mathcal{L} = i\bar{\Psi}_i^\dagger \gamma^\mu D_\mu \Psi_i - \frac{1}{4} F^{a\,\mu\nu} F^a_{\mu\nu} \tag{5.120}$$

$$= i\chi_i^\dagger \bar{\sigma}^\mu D_\mu \chi_i + i\xi_i^\dagger \bar{\sigma}^\mu D_\mu \xi_i - \frac{1}{4} F^{a\,\mu\nu} F^a_{\mu\nu} \tag{5.121}$$

で与えられる．ここで，$\bar{\sigma}^\mu = (1, -\boldsymbol{\sigma})$ である．このラグランジアンは次のような $U(2) \times U(2)$ のフレーバー対称性を持っている．

$$\chi_i \longrightarrow L_i^j \chi_j \tag{5.122}$$

$$\xi^i \longrightarrow R_j^{*i} \xi^j \tag{5.123}$$

L と R は 2×2 のユニタリー行列である．

$U(2) \times U(2)$ 対称性は $U(1)_V \times U(1)_A \times SU(2)_V \times SU(2)_A$ に分解できる（A は軸性，V はベクトルを表す）．まず，$U(1)_V$ 対称性での変換は $L = R = e^\alpha I$ に対応し，バリオン数の保存に関係づけられる．$U(1)_A$ 変換は $L = R^* = e^\alpha I$ に対応し，アノマリー[*4]によって対称性が破れていることが知られている．$SU(2)_V$

*4 古典的には成り立っている保存則が量子的な効果で破れることを量子異常（アノマリー）と呼ぶ．

変換は $L=R$ に対応し，現実の世界ではアイソスピンの対称性として実現されている．$SU(2)_A$ 変換は $L=R^\dagger$ に対応し，これに対応する対称性は実現されていない．したがって，$SU(2)_A$ 対称性は自発的に破れていて，その南部–ゴールドストーン粒子がパイ中間子 (π) だと考えられる．具体的には，$SU(2)_A$ 対称性は $\chi_i\xi^j$ が以下のように真空期待値を持つことによって壊れる．

$$\langle 0|\chi_i\xi^j|0\rangle = -v^3\delta_i^j \tag{5.124}$$

これに式（5.122）と（5.123）の変換を施すと

$$\langle 0|\chi_i\xi^j|0\rangle \;\longrightarrow\; L_i^k R_m^{*j}\langle 0|\chi_k\xi^m|0\rangle = -(LR^\dagger)_i^j v^3 \tag{5.125}$$

となり，$SU(2)_V(L=R)$ に対しては不変であるが $SU(2)_A$ は自発的に破れていることが分かる．

次に南部–ゴールドストーン・ボソンであるパイ中間子のラグランジアンを求める．そのために $\chi_i\xi^j$ のフレーバー空間の向きが空間的に変化するとして

$$\langle 0|\chi_i\xi^j|0\rangle = -v^3 U(x)_i^j \tag{5.126}$$

$$U(x) = \exp(2i\pi^a(x)T^a/f_\pi) \tag{5.127}$$

と書く．ここで，$\pi^a(x)$ $(a=1,2,3)$ はパイ中間子の場，f_π はパイ中間子崩壊定数，$T^a=\sigma^a/2$ は $SU(2)$ の生成子である．$U(x)$ が $SU(2)\times SU(2)$ に対して $U(x)\to LU(x)R^\dagger$ と変換することから，背後にある $SU(2)\times SU(2)$ 対称性を持つラグランジアンとして

$$\mathcal{L} = \frac{1}{4}f_\pi^2 \mathrm{tr}[\partial_\mu U^\dagger \partial^\mu U] \tag{5.128}$$

を採用する．

ここで，これまで無視してきたクォークの質量を考慮する．クォークの質量項が

$$\mathcal{L}_{\mathrm{mass}} = -M_j^i\xi^j\chi_i + h.c. \tag{5.129}$$

$$M = \begin{pmatrix} m_u & 0 \\ 0 & m_d \end{pmatrix} \tag{5.130}$$

と書けることから，パイ中間子の質量項は

$$\mathcal{L}_{\rm mass} = v^3\left(\mathrm{tr}MU + h.c.\right) \tag{5.131}$$

とすれば良いことが分かる．したがって，(5.128) と (5.129) からパイ中間子のラグランジアンとして

$$\mathcal{L}_{\rm chiral} = \frac{1}{4}f_\pi^2\mathrm{tr}[\partial_\mu U^\dagger\partial^\mu U] + v^3\left(\mathrm{tr}MU + h.c.\right) \tag{5.132}$$

を考えれば良い．これをカイラル・ラグランジアンと呼ぶ．

5.5.2 アクシオン質量の計算*

カイラル・ラグランジアンを用いてアクシオンの質量を求めよう．アクシオンとグルーオンの相互作用も含めて考えるべきラグランジアンは (5.99) (5.117) より

$$\mathcal{L} = \mathcal{L}_{\rm chiral} + \frac{g^3}{32\pi^2}\frac{\mathcal{A}}{f_a}F^a_{\mu\nu}\tilde{F}^{a\,\mu\nu} \tag{5.133}$$

となる．まず，ラグランジアンのグルーオンとアクシオンの結合を次の変換によって除去する．

$$\chi_i = \exp\left(i\frac{\mathcal{A}}{4f_a}\right)\chi_i \tag{5.134}$$

$$\xi_i = \exp\left(i\frac{\mathcal{A}}{4f_a}\right)\xi_i \tag{5.135}$$

これによって，カイラル・ラグランジアンは

$$\begin{aligned}\mathcal{L}_{\rm chiral} = &\frac{1}{4}f_\pi^2\mathrm{tr}\left(\partial_\mu U^\dagger\partial^\mu U\right) \\ &+ v^3\mathrm{tr}\left[U\exp\left(-i\frac{\mathcal{A}}{2f_a}\right)M + M^\dagger\exp\left(-i\frac{\mathcal{A}}{2f_a}\right)U^\dagger\right]\end{aligned} \tag{5.136}$$

と書ける．ここで，$U(x)$ が

$$U(x) = \cos\left(\frac{|\pi|}{f_\pi}\right) + i\frac{\pi^a\sigma^a}{|\pi|}\sin\left(\frac{|\pi|}{f_\pi}\right) \tag{5.137}$$

$$|\pi|^2 = \pi^a\pi^a = (\pi^0)^2 + 2\pi^+\pi^- \tag{5.138}$$

であることを使うと ($\pi^\pm = (\pi^1 \pm i\pi^2)/\sqrt{2}$)，質量項は

$$\mathcal{L}_{\text{mass}} = v^3 \exp\left(i\frac{\mathcal{A}}{2f_a}\right) \text{tr}\left[\begin{pmatrix} m_u & 0 \\ 0 & m_d \end{pmatrix}\right.$$
$$\left.\times \begin{pmatrix} \cos\left(\frac{|\pi|}{f_\pi}\right) + i\frac{\pi^0}{|\pi|}\sin\left(\frac{|\pi|}{f_\pi}\right) & \frac{i\sqrt{2}\pi^-}{|\pi|}\sin\left(\frac{|\pi|}{f_\pi}\right) \\ \frac{i\sqrt{2}\pi^+}{|\pi|}\sin\left(\frac{|\pi|}{f_\pi}\right) & \cos\left(\frac{|\pi|}{f_\pi}\right) - i\frac{\pi^0}{|\pi|}\sin\left(\frac{|\pi|}{f_\pi}\right) \end{pmatrix} + h.c.\right]$$
$$= 2v^3\left[(m_u + m_d)\cos\left(\frac{|\pi|}{f_\pi}\right)\cos\left(\frac{\mathcal{A}}{2f_a}\right)\right.$$
$$\left. + (m_u - m_d)\frac{\pi^0}{|\pi|}\sin\left(\frac{|\pi|}{f_\pi}\right)\sin\left(\frac{\mathcal{A}}{2f_a}\right)\right] \tag{5.139}$$

となる．これから，荷電パイ中間子 $(\pi^\pm)$ の質量項は $\cos(|\pi|/f_\pi) \simeq 1 - \frac{1}{2}|\pi|^2/f_\pi^2 + \cdots$ から

$$\mathcal{L}_{\text{mass}}(\text{charged}) = -2v^3(m_u + m_d)\frac{\pi^+\pi^-}{f_\pi^2} \equiv m_\pi^2\pi^+\pi^-. \tag{5.140}$$

m_π は π 中間子の質量である．したがって，パイ中間子の質量と v の間に

$$v^3 = \frac{m_\pi^2 f_\pi^2}{2(m_u + m_d)} \tag{5.141}$$

の関係がある．中性のパイ中間子 π^0 とアクシオン $\mathcal{A}$ の質量項は

$$\mathcal{L}_{\text{mass}}(\text{neutral}) = 2v^3(m_u + m_d)\left[1 - \frac{1}{2}\left(\frac{\mathcal{A}}{2f_a}\right)^2 - \frac{1}{2}\left(\frac{\pi^0}{f_\pi}\right)^2\right]$$
$$+ 2v^3(m_u - m_d)\frac{\pi^0}{f_\pi}\frac{\mathcal{A}}{2f_a}$$
$$= -\frac{1}{2}\frac{2v^3(m_u + m_d)}{f_\pi^2}$$
$$\times (\pi^0 \ \ \mathcal{A})\begin{pmatrix} 1 & -\frac{f_\pi}{2f_a}\frac{m_u - m_d}{m_u + m_d} \\ -\frac{f_\pi}{2f_a}\frac{m_u - m_d}{m_u + m_d} & \frac{f_\pi^2}{4f_a^2} \end{pmatrix}\begin{pmatrix} \pi^0 \\ \mathcal{A} \end{pmatrix} \tag{5.142}$$

となり，質量2乗の固有値は

$$m_{\rm eigen}^2 = \begin{cases} \dfrac{2v^3(m_u+m_d)}{f_\pi^2} \\ \dfrac{2v^3(m_u+m_d)}{f_\pi^2}\dfrac{m_u/m_d}{(1+m_u/m_d)^2}\dfrac{f_\pi^2}{f_a^2} \end{cases} \tag{5.143}$$

と求められる．このうち前者が π^0 質量，後者がアクシオンの質量になる．したがって，アクシオンの質量は，$f_\pi = 93\,\mathrm{MeV}$，$m_\pi = 135\,\mathrm{MeV}$，$m_u/m_d = 0.46$ [32] として

$$m_a = m_\pi \frac{\sqrt{m_u/m_d}}{1+m_u/m_d}\frac{f_\pi}{f_a} \tag{5.144}$$

$$= 5.8\times 10^{-6}\,\mathrm{eV}\left(\frac{10^{12}\,\mathrm{GeV}}{f_a}\right) \tag{5.145}$$

で与えられることが分かる．

5.5.3 有限温度におけるアクシオン質量

宇宙初期におけるアクシオンの生成を考える場合には有限温度の効果が重要になる．QCD スケール（$T_{\rm QCD}\sim 1\,\mathrm{GeV}$）以上の高温ではアクシオンの質量は温度依存性を持つことが知られている．詳しい計算 [33] によるとアクシオンの質量は

$$m_a(T) = \begin{cases} 3.07\times 10^{-9}\,\mathrm{eV}\left(\dfrac{f_a}{10^{12}\,\mathrm{GeV}}\right)^{-1}\left(\dfrac{T}{\mathrm{GeV}}\right)^{-3.34} & (T > 0.104\,\mathrm{GeV}) \\ 5.8\times 10^{-6}\,\mathrm{eV}\left(\dfrac{f_a}{10^{12}\,\mathrm{GeV}}\right)^{-1} & (T < 0.104\,\mathrm{GeV}) \end{cases} \tag{5.146}$$

となる．したがって，温度が 100 MeV 程度以上では有限温度の効果を考慮する必要がある．

5.6 アクシオンと標準模型粒子との相互作用

アクシオンは素粒子の標準模型の粒子と相互作用する．たとえば，DFSZ アクシオン模型では標準模型のクォークと荷電レプトンは PQ チャージを持っているのでアクシオンと直接相互作用する．また，KSVZ アクシオン模型では PQ チャージを持つ重いクォークのループ効果でアクシオンは標準模型のクォークと相互作用する．また，アクシオンは擬スカラーの南部–ゴールドストーン・ボソン

なのでフェルミオンの軸性カレントと微分結合する．したがって，アクシオンと核子（陽子・中性子），アクシオンと電子との相互作用のラグランジアンは

$$\mathcal{L}_{aNN} = \frac{g_{aNN}}{2m_N} \partial_\mu \mathcal{A} \, (\bar{N} \gamma^\mu \gamma_5 N) \tag{5.147}$$

$$\mathcal{L}_{aee} = \frac{g_{aee}}{2m_e} \partial_\mu \mathcal{A} \, (\bar{e} \gamma^\mu \gamma_5 e) \tag{5.148}$$

と書ける．ここで，N は核子（$= p, n$）を表し，m_N は核子の質量を表す．g_{aNN}，g_{aee} はアクシオンと核子，アクシオンと電子の結合定数でいずれも $1/f_a$ に比例しており，その数係数はアクシオン模型に依存する．特に，KSVZ アクシオン模型ではアクシオンは電子と直接結合しないので g_{aee} は無視できるほど小さい．

前節で見たようにアクシオンは中性のパイ中間子 π^0 と混合しているので，混合を通じて光子と結合する．さらに，DFSZ 模型のように PQ チャージを持つクォークが電荷を持つ場合にはそのループ効果で光子と結合する．一般に，アクシオンと光子の相互作用は

$$\mathcal{L}_{a\gamma\gamma} = -\frac{1}{4} g_{a\gamma\gamma} \mathcal{A} \, F_{\mu\nu} \tilde{F}^{\mu\nu} \tag{5.149}$$

と書け，結合定数 $g_{a\gamma\gamma}$ はさらに

$$g_{a\gamma\gamma} = \frac{\alpha C}{2\pi f_a} \tag{5.150}$$

と書ける．ここで α は微細構造定数，C は模型に含まれる PQ チャージを持ったフェルミオンが寄与する電磁アノマリー係数と呼ばれる $\mathcal{E}$ を用いて

$$C = \frac{\mathcal{E}}{\mathcal{N}} - \frac{2(4 + m_u/m_d)}{3(1 + m_u/m_d)} \tag{5.151}$$

で与えられる．また，$\mathcal{N}(= \eta/f_a)$ はカラーアノマリー係数と呼ばれる（(5.100) と (5.118) 参照）[*5]．$\mathcal{E}$ は KSVZ アクシオン模型ではゼロなので $m_u/m_d = 0.46$ [32] とすると

$$C \, (\mathrm{KSVZ}) = -2.04 \tag{5.152}$$

となる．また，DFSZ 模型ではクォーク・レプトンが $\mathcal{E}$ に寄与し

$$C \, (\mathrm{DFSZ}) = 0.63 \tag{5.153}$$

である．

---

*5 本書では $\mathcal{N}$ をのちにドメイン・ウォール数 N_{DW} と呼ぶ．

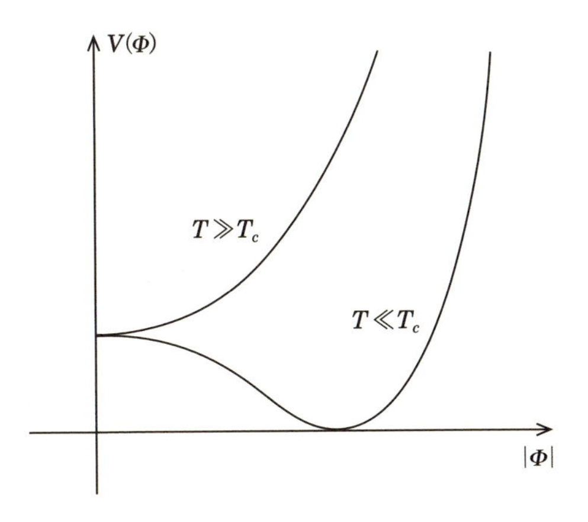

図 5.2 PQ スカラー場のポテンシャル

5.7 初期宇宙におけるアクシオンの生成

5.7.1 アクシオンのコヒーレント振動

アクシオンは初期宇宙において非熱的に場のコーレントな振動として生成される．アクシオンをその位相として含む PQ スカラー場 Φ のポテンシャルは

$$V(\Phi) = \frac{\lambda}{4}\left(|\Phi|^2 - \eta^2\right)^2 + \frac{\lambda}{12}T^2|\Phi|^2 \tag{5.154}$$

と書ける．第 1 項は，温度ゼロのポテンシャルで，第 2 項が有限温度の効果によるものである．PQ スカラー場は PQ チャージ 1 を持ち，$U(1)_{\mathrm{PQ}}$ に対して

$$\Phi \longrightarrow e^{i\alpha}\Phi \tag{5.155}$$

と変換する（α は変換のパラメータ）．

ポテンシャルから $\Phi = 0$ 付近の有効質量の 2 乗は

$$m_\Phi^2 = -\frac{\lambda}{2}\eta^2 + \frac{\lambda}{12}T^2 \tag{5.156}$$

で与えられる．これから PQ スカラー場の有効質量の 2 乗は $T = T_c \equiv \sqrt{6}\eta$ を境に，高温では正になり，低温では負になる．したがって，ポテンシャルの概形は図 5.2 に示したように温度に依存し，宇宙の温度が十分高いとき（$T \gg T_c$）では，ポテンシャルは $\Phi = 0$ で最小になり，真空は $U(1)_{\mathrm{PQ}}$ 対称性を持つ．ここで，場の理論で真空とはエネルギーが最低になる場の配位を意味していることに注意し

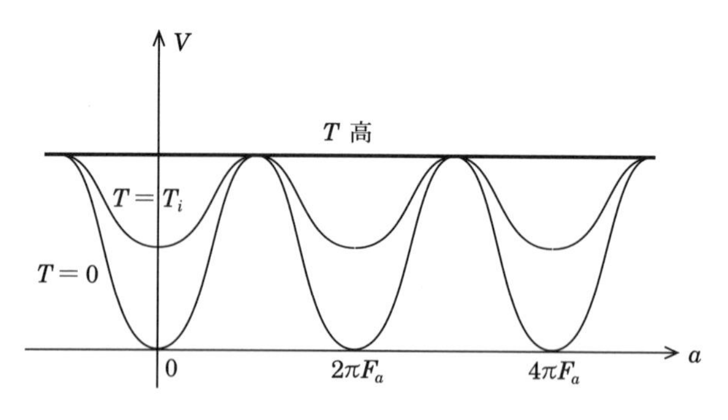

図5.3 アクシオン場のポテンシャル

てほしい．しかし，宇宙の温度が下がって $T < T_c$ になると $\Phi = 0$ の真空は不安定になり，PQスカラー場は $|\Phi| = \eta$ という期待値を持つ．いま，スカラー場の位相を θ とすると $\Phi = \eta e^{i\theta}$ の真空は，$\Phi \to e^{i\alpha}\Phi$ という $U(1)_{\rm PQ}$ 変換に対して不変ではない．つまり，PQスカラー場が真空期待値を持つことによって $U(1)_{\rm PQ}$ は自発的に破れる．前述したように，位相 θ の自由度がアクシオン場で

$$\Phi = |\Phi| e^{i\mathcal{A}/\eta} \tag{5.157}$$

と表せる．

さらに，宇宙の温度が下がって QCD スケール ($T_{\rm QCD} \sim 1\,{\rm GeV}$) になると，QCDの非摂動的効果（インスタントン効果［式 (5.46) 参照］）によってアクシオン場は次のようなポテンシャルを持つ（図5.3）．

$$V(a) = \frac{m_a^2 \eta^2}{N_{\rm DW}^2} \left(1 - \cos \frac{N_{\rm DW}\mathcal{A}}{\eta}\right) \tag{5.158}$$

ここで，$N_{\rm DW}$ はドメイン・ウォール数で，KSVZ模型では $N_{\rm DW} = N_Q$，DFSZ模型では $N_{\rm DW} = N_g$ である．また，アクシオン崩壊定数 f_a と η は $f_a = \eta/N_{\rm DW}$ の関係がある．ポテンシャル (5.158) は最小値（$\mathcal{A} = 0, 2\pi\eta/N_{\rm DW}, \cdots, 2\pi\eta(N_{\rm DW} - 1)/N_{\rm DW}$）でエネルギー最小となる．アクシオン場はポテンシャルを獲得する前は $(0, 2\pi\eta)$ の任意の値をとるが，ポテンシャルを感じるとポテンシャルの最小値に向かって転がり，その周りで振動を始める．

アクシオン場が振動を開始するのはアクシオンの質量（m_a）が宇宙の膨張率，

つまり，ハッブル・パラメータ（H）と同程度になったときである．このことは，アクシオンの振動の時間スケール（$\sim$ 周期）が m_a^{-1} で与えられるので，宇宙年齢（$\sim H^{-1}$）がそれより短いときには振動が実質起きないことから理解できる．現在のアクシオンの質量は式（5.4）で与えられるが，宇宙の温度が 0.1 GeV より高いときにはポテンシャルは温度に依存し（図 5.3），アクシオンの質量は 5.5.3 節で述べたように

$$m_a(T) = 3.07\times10^{-9}\,\mathrm{eV}\left(\frac{f_a}{10^{12}\,\mathrm{GeV}}\right)^{-1}\left(\frac{T}{\mathrm{GeV}}\right)^{-3.34} \qquad (T > 0.104\,\mathrm{GeV}) \quad (5.159)$$

で与えられる．宇宙の膨張率は宇宙の温度の関数として

$$H = \sqrt{\frac{\pi g_*}{90}}\frac{T^2}{M_{\mathrm{pl}}} \qquad (5.160)$$

となる．したがって，アクシオン場が振動を開始するのは，$m_a(T) = 3H(T)$ から宇宙の温度が

$$T_1 = 0.97\,\mathrm{GeV}\left(\frac{g_*(T_1)}{80}\right)^{-0.094}\left(\frac{f_a}{10^{12}\,\mathrm{GeV}}\right)^{-0.19} \qquad (5.161)$$

のときと見積もることができる．

このようにアクシオンは宇宙初期のある時期に宇宙全体で振動を開始する．これをアクシオン場のコヒーレント振動と呼ぶ．アクシオン場のコヒーレント振動は，運動方程式

$$\ddot{\mathcal{A}} + 3\frac{\dot{a}}{a}\dot{\mathcal{A}} + m^2(T)\mathcal{A} = 0 \qquad (5.162)$$

に従う．運動方程式の両辺に $\dot{\mathcal{A}}$ をかけて少し変形すると

$$\frac{d}{dt}\left(\frac{1}{2}\dot{\mathcal{A}}^2 + \frac{1}{2}m_a^2\mathcal{A}^2\right) = -3\frac{\dot{a}}{a}\dot{\mathcal{A}}^2 + \dot{m}_a m_a \mathcal{A}^2 \qquad (5.163)$$

となる．左辺の括弧の中はアクシオンの振動のエネルギー ρ_a となっている．ここで，$m_a \gg H$（これを断熱条件と呼ぶ）が成り立っているときには，アクシオン場の振動の周期は，宇宙膨張（$\dot{a}/a$）やアクシオンの質量の変化（$\dot{m}_a/m_a$）の時間スケールに比較して小さいことから，上式を振動の 1 周期平均で評価することにする．宇宙膨張を無視すれば運動方程式の解は

$$\mathcal{A} = B\sin(m_a t + \delta) \tag{5.164}$$

B, δ は定数）とおけることから $\mathcal{A}^2$, $\dot{\mathcal{A}}^2$ の1周期平均はそれぞれ

$$\langle \mathcal{A}^2 \rangle = \langle B^2 \sin^2(m_a t + \delta) \rangle = \frac{1}{2}B^2 = \frac{\rho_a}{m_a^2} \tag{5.165}$$

$$\langle \dot{\mathcal{A}}^2 \rangle = \langle m_a^2 B^2 \cos^2(m_a t + \delta) \rangle = \frac{1}{2}m_a^2 B^2 = \rho_a \tag{5.166}$$

となり，式（5.163）は

$$\dot{\rho}_a = -3\frac{\dot{a}}{a}\rho_a + \frac{\dot{m}_a}{m_a}\rho_a \quad \Rightarrow \quad \frac{d}{dt}\left(\frac{\rho_a a^3}{m_a}\right) = 0 \tag{5.167}$$

と表せる．これからアクシオンの数密度 $n_a = \rho_a/m_a$ は宇宙膨張とともに a^{-3} で変化することが分かる．したがって，アクシオン数密度とエントロピー密度の比 Y_a は

$$Y_a = \frac{n_a}{s} = \frac{\frac{1}{2}\beta m_a(T_1)\mathcal{A}_i^2}{\frac{2}{45}\pi^2 T_1^3 g_*} \simeq 5.3 \times 10^4 \beta\theta_i^2 \left(\frac{f_a}{10^{12}\,\mathrm{GeV}}\right)^{2.19} \tag{5.168}$$

で与えられ，エントロピー密度も a^{-3} に比例して減少するので，Y_a は振動以降は一定となる．ここで，$\mathcal{A}_i$ はアクシオン場の初期値で，さらに $\theta_i = \mathcal{A}_i/f_a$ と定義される misalighnment angle（ミスアライメント角）を導入した．また，β は，アクシオンが振動を始めたときには断熱条件 $m_a \gg H$ があまり良くないことからくる補正のファクターで $\beta = 1.85$ 程度である．さらに，現在の臨界密度とエントロピーの比（$\rho_{c0}/s_0 = 3.64 \times 10^{-9} h^2\,\mathrm{GeV}$）を使って，現在のアクシオンの存在量が

$$\begin{aligned} \Omega_a h^2 &= \frac{m_a n_{a0}}{\rho_{c0}} = m_a Y_a \left(\frac{\rho_{c0}}{s_0}\right)^{-1} \\ &= 0.18\ \theta_i^2 \left(\frac{f_a}{10^{12}\,\mathrm{GeV}}\right)^{1.19} \end{aligned} \tag{5.169}$$

となる．

5.7.2 インフレーション後に PQ 対称性が破れる場合

式（5.169）には misalighnment angle の依存性が残っているので，最終的なアクシオンの密度を見積もるために，misalighnment angle θ_i について考える．θ_i の扱いは $U(1)_{\mathrm{PQ}}$ 対称性がインフレーションの後に壊れるか，あるいはインフレー

ション中かそれ以前に壊れるかによって大きく異なる．インフレーション後に対称性が壊れる場合は，宇宙の場所ごとに θ_i はランダムな値をとるので，最終的なアクシオンの振動のエネルギーは θ_i^2 の空間平均によって決まる．さらに，この場合には後で述べるように宇宙にストリングやドメイン・ウォールといった位相欠陥が生成される．一方，インフレーション中かそれ以前に対称性が壊れる場合には，インフレーションによって空間の小さな領域が現在の宇宙全体まで引き伸ばされるので，θ_i は宇宙全体で同じ値をとることになるので，θ_i は理論では決まらないパラメータと見なさなければならない．

まず，$U(1)_{\mathrm{PQ}}$ 対称性がインフレーションの後に壊れる場合を考えよう．この場合，θ_i^2 に対する空間平均は単純には

$$\langle\theta_i^2\rangle = \frac{1}{2\pi}\int_{-\pi}^{\pi}\theta_i^2 d\theta_i = \frac{\pi^2}{3}. \tag{5.170}$$

しかし，これまでの話は暗黙的にアクシオンのポテンシャルが近似的に $\mathcal{A}^2$ に比例すると仮定してきた．これは θ_i が小さいときは良いが $\theta_i = \pi$ 近くでは成り立たない．アクシオンが振動を始める時期を考えると，アクシオン場がアクシオンのポテンシャル (5.158) の頂上付近にいる時にはアクシオンのポテンシャルがより平坦になっていて振動の開始が遅れる．そのためエネルギー密度に大きな寄与をするといった効果があり，上の単純な評価に対して補正をする必要があるので，補正のファクター c_{anh} を入れて平均値を

$$\langle\theta_i^2\rangle = c_{\mathrm{anh}}\frac{\pi^2}{3} \tag{5.171}$$

とかく．c_{anh} は 1.2–2.4 と数値計算で求められているので，ここでは典型的な値として $c_{\mathrm{anh}} = 2$ を採用すると，最終的にアクシオンの存在量は

$$\Omega_a h^2 = 1.1\left(\frac{f_a}{10^{12}\,\mathrm{GeV}}\right)^{1.19} \tag{5.172}$$

となり，アクシオン崩壊定数 f_a が

$$f_a \simeq 1.4\times 10^{11}\,\mathrm{GeV} \tag{5.173}$$

であれば，宇宙のダークマターを説明することができる．しかし，$U(1)_{\mathrm{PQ}}$ 対称性

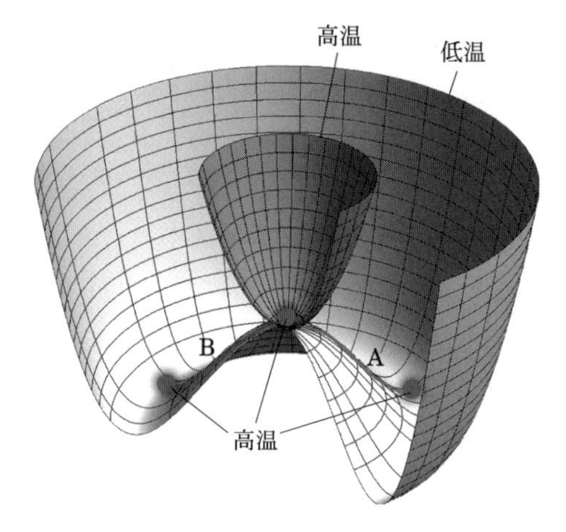

図5.4　高温と低温での PQ スカラー場のポテンシャル

がインフレーションの後に壊れる場合には話は少し複雑である．ここまで議論してきたアクシオンのコヒーレントな振動の他に位相欠陥からのアクシオン生成があり，それが重要な寄与をする可能性があることが分かっている．そこで次節ではアクシオンに関係した位相欠陥とそれからのアクシオン生成について述べる．

5.7.3　位相欠陥からのアクシオンの生成

ストリングからのアクシオンの生成

前述したように，宇宙の温度が T_c $(\sim \eta \sim f_a N_{\rm DW})$ より低くなると，PQ スカラー場が有限の期待値を持ち，$U(1)_{\rm PQ}$ 対称性が自発的に壊れる．このとき，コスミック・ストリングと呼ばれる 1 次元的な位相欠陥が生成される．コスミック・ストリングが生成される様子をもう少し詳しく見るために，PQ スカラー場 Φ のポテンシャルを位相方向も含めて図 5.4 に示した．図から分かるように温度が高いときには $\Phi = 0$ でポテンシャルが最小であるが，温度が下がるとポテンシャルは $|\phi| = \eta$ で最小になる．したがって，温度 T_c で PQ スカラーの期待値が $\Phi = 0$ から $|\Phi| = \eta$ へ変化する真空の相転移が起こる．図から分かるように，相転移後の真空はワインボトルのような形のポテンシャルの底に相当する円周上になり，円周上ではどこもポテンシャルエネルギーは同じなので，PQ スカラー場は宇宙の場所ごとに円周上の勝手な値をとる．ワインボトルの円周方向はスカラー場の

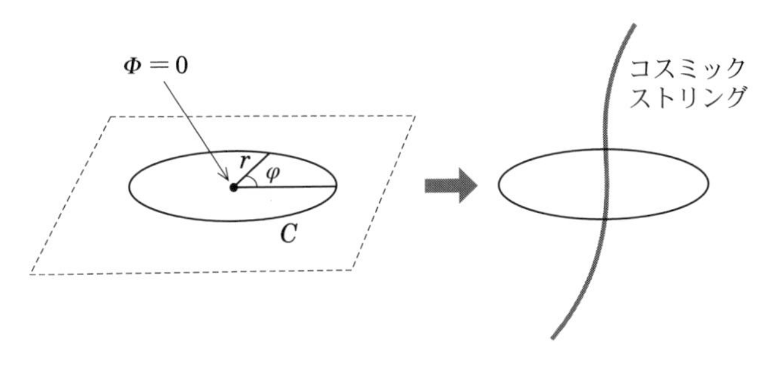

図 5.5　コスミック・ストリングの生成

言葉では場の位相に対応しているので，相転移後は PQ スカラー場の位相は宇宙の場所ごとに勝手な値をとると言い換えることができる．

このとき，図 5.5 に示したように空間で仮想的に 2 次元面を想像して，その面上の閉曲線 C を考える．閉曲線 C は 2 次元極座標を用いて $C(r(\varphi),\varphi)\,(0\leqq\varphi\leqq 2\pi)$ のように表せるとする．この閉曲線に沿って次のようにスカラー場の位相 θ の変化を計算してみると

$$\Delta\theta=\int_C\partial_i\theta dx^i=\int_C d\theta=\theta(\varphi=2\pi)-\theta(\varphi=0) \tag{5.174}$$

となる．$\theta(\varphi=2\pi)$ と $\theta(\varphi=0)$ は閉曲線の同じ点での位相を表しているので，閉曲線を 1 周したときに位相の変化は $2\pi\times$（整数）でなければならない．いま，位相の変化が 2π だったとすると，この値は連続的には変化しないので，値を変えずに考えている閉曲線をある 1 点まで縮めていくことができる．その点ではスカラー場の位相が定義できない，つまり，$\Phi=0$ となっていなければならない．$\Phi=0$ ではポテンシャルエネルギーが大きいので，大きなポテンシャルエネルギーを持つ点が仮想的面に存在することになる．この仮想 2 次元面をそれと直交する方向に動かしてみれば容易に想像できるように，ポテンシャルの大きな点が線状に連なる，つまり，大きなポテンシャルを持った 1 次元的なオブジェクトが存在することになる．これが，1 次元的な位相欠陥のコスミック・ストリングである．

$U(1)_{\rm PQ}$ 対称性が自発的に壊れてできたコスミック・ストリングはアクシオン・ストリングと呼ばれる．アクシオン・ストリングは，作られたときには数多く存在するが，その後自分自身や他のストリングと衝突して組み替えを起こし，小さ

なループ状のストリングを作るため，地平線を超えるような長いストリングはその数を減らしていく．ストリングからはその運動（振動）とともにアクシオンが放出され，また，小さなストリング・ループはアクシオンを放出しながらその大きさが小さくなり最終的に消滅する．このようにアクシオン・ストリングはアクシオンを放出することによってそのエネルギーを失っていき，その密度は最終的にはスケーリング解と呼ばれる

$$\rho_{\rm str} = \xi \frac{\mu}{t^2} \tag{5.175}$$

に落ち着く．ここで ξ は $\mathcal{O}(1)$ の長さパラメータ，μ はストリングの線密度で

$$\mu = \pi \eta^2 \ln\left(\frac{t}{\delta_s \sqrt{\xi}}\right) \tag{5.176}$$

で与えられる．$\delta_s (= 1/\sqrt{\lambda}\eta)$ はストリングの太さを表す．スケーリング解 (5.175) は地平線内の体積 $\sim t^3$ に長さ $\sim t$ のストリングが $\mathcal{O}(1)$ 個存在するすることを意味している．

一方，ストリングのエネルギー密度の時間変化は

$$\frac{d\rho_{\rm str}}{dt} = -2H\rho_{\rm str} - \left.\frac{d\rho_{\rm str}}{dt}\right|_{\rm emission} \tag{5.177}$$

で記述される．ここで，右辺の第1項は宇宙膨張によってストリングの密度が薄まる効果を表し，第2項はアクシオンの放出によるエネルギーの減少率を表す．この式に，式 (5.175) を代入することによって，ストリングからのエネルギー放出率が

$$\left.\frac{d\rho_{\rm str}}{dt}\right|_{\rm emission} = \frac{\pi \eta^2 \xi}{t^3}\left[\ln\left(\frac{t}{\delta_s\sqrt{\xi}}\right) - 1\right] \tag{5.178}$$

で与えられることが分かる．ストリングから放出されたアクシオンの密度 $\rho_{a,{\rm str}}$ の時間発展は

$$\frac{d\rho_{a,{\rm str}}}{dt} = -4H\rho_{\rm str} + \left.\frac{d\rho_{\rm str}}{dt}\right|_{\rm emission} \tag{5.179}$$

に従い，これが，

$$\frac{d(a(t)^4 \rho_{a,{\rm str}})}{dt} = a(t)^4 \left.\frac{d\rho_{\rm str}}{dt}\right|_{\rm emission} \tag{5.180}$$

と書けることに気づけば，放出されるアクシオンの平均エネルギーを $\bar{\omega}_a$ として，アクシオンの数密度 $n_{a,\mathrm{str}}$ が次の積分で表されることが分かる．

$$
\begin{aligned}
n_{a,\mathrm{str}} &= \frac{1}{a(t)^3}\int_{t_c}^{t} dt' \frac{1}{a(t')\bar{\omega}_a}\left[\frac{d(a(t')^4\rho_{a,\mathrm{str}})}{dt}\right] \\
&= \frac{1}{a(t)^3}\int_{t_c}^{t} dt' \frac{a(t')^3}{\bar{\omega}_a}\frac{\pi\eta^2\xi}{t'^3}\left[\ln\left(\frac{t'}{\delta_s\sqrt{\xi}}\right)-1\right] \qquad (5.181)
\end{aligned}
$$

数値シミュレーション [34] からアクシオンの平均エネルギーを

$$
\bar{\omega}_a = \frac{2\pi}{t}\varepsilon_{\mathrm{str}} \qquad (5.182)
$$

と表すと，$\varepsilon_{\mathrm{str}} \simeq 4$ となる．これは，典型的なアクシオンのエネルギーがハッブル・パラメータ（$H \sim 1/t$）程度であることを意味している．アクシオンの放出はアクシオンが質量を獲得する時期まで続く．アクシオンが質量を獲得すると，後で詳しく述べるようにドメイン・ウォールが形成され，新たにストリング・ウォール系が形成されるためそのダイナミックスは大きく変化する．アクシオンの質量が，放出された典型的なアクシオンのエネルギー（$\sim H$）と同じ程度になるとアクシオンの放出は止まり，その時間は式 (5.161) で与えられる温度に対応する時刻 t_1 である．したがって，ストリング起源のアクシオンの密度の現在値は

$$
\rho_{a0,\mathrm{str}} = m_a n_{a0,\mathrm{str}} \simeq \left(\frac{a(t_1)}{a(t_0)}\right)^3 \frac{m_a\eta^2\xi}{t_1\varepsilon_{\mathrm{str}}}\left[\ln\left(\frac{t_1}{\delta_s\sqrt{\xi}}\right)-1\right] \qquad (5.183)
$$

となる．これから，ストリング起源のアクシオンの存在量は

$$
\Omega_{a0,\mathrm{str}}h^2 = (1.75 \pm 0.94)\ N_{\mathrm{DW}}^2 \left(\frac{f_a}{10^{12}\,\mathrm{GeV}}\right)^{1.19} \qquad (5.184)
$$

で与えられる．ここで，数値シミュレーションから得られた結果 $\xi = 1.0 \pm 0.5$, $\varepsilon_{\mathrm{str}} = 4.02 \pm 0.70$ を用いた．この結果と式 (5.172) を比べるとストリングからの寄与が重要であることが分かる．

ストリング–ウォール系からのアクシオンの生成

宇宙の温度が下がって，QCD のスケールに近い 1 GeV ぐらいになると，QCD の非摂動効果（インスタントン効果）によってアクシオンは質量を獲得する．こ

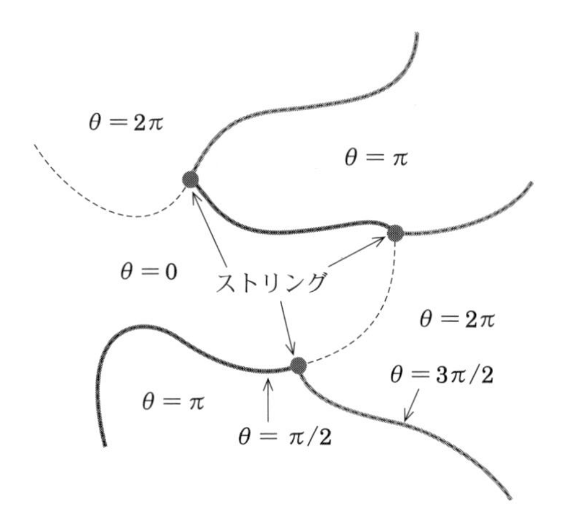

図5.6　ドメイン・ウォールの生成

の結果，アクシオン場のポテンシャルは図5.3に見られるようにドメイン・ウォール数と呼ばれる $N_{\rm DW}$ 個の値でポテンシャルの最小値をとる．つまり，アクシオン・ポテンシャルは $N_{\rm DW}$ 個の真空を持つ．アクシオン場はポテンシャルが生じるとどこか一つの真空に向かって転がる．このときに生じる振動のエネルギーが5.7.1節で考えたコヒーレント振動によるアクシオン生成になる．さらに，アクシオンが真空に落ち着く過程において，ドメイン・ウォールと呼ばれる位相欠陥が生成される．図5.3のようなポテンシャルでドメイン・ウォールができるのは以下のような理由による．

まず，簡単のために $N_{\rm DW}=2$ の場合を考えよう．このとき，アクシオン場は $\mathcal{A}/\eta=\theta=0,\pi,2\pi$ で真空になる（ただし，$\mathcal{A}/\eta=0$ と $\mathcal{A}/\eta=2\pi$ は同一の真空である）．宇宙の温度が高い状況では，アクシオンはポテンシャルを持たないのでアクシオンの場の値は宇宙の場所ごとに勝手な値をとっているので，どの真空をとるかは宇宙の場所によって異なり，図5.6に示したように，ある領域では $\mathcal{A}/\eta=\theta=0$，別の領域では $\mathcal{A}/\eta=\pi$ をとる．$\mathcal{A}/\eta=0$ の領域と $\mathcal{A}/\eta=\pi$ の領域の境界を考えると，場の値は連続でなければならないので境界を横切ると $\mathcal{A}/\eta$ は0から π まで変化することになり，境界で $\mathcal{A}/\eta=\pi/2$ という値をとる場所が必ず存在することになる．$\mathcal{A}/\eta=\pi/2$ ではポテンシャルエネルギーは最大値を持ち，2つの領域の境界には大きなポテンシャルエネルギーを持つウォールができることが分

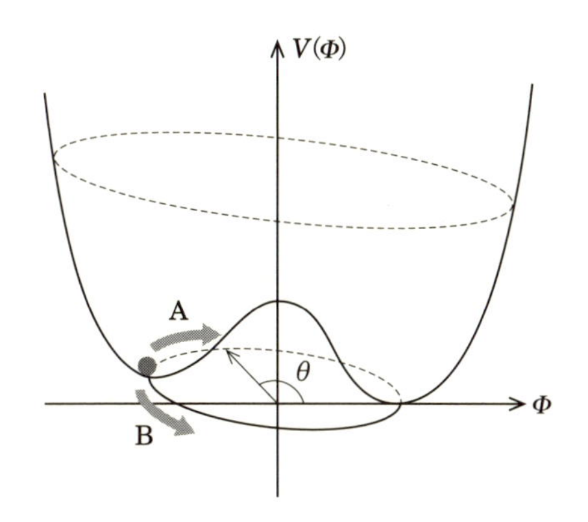

図 5.7 $N_{\rm DW}=1$ の場合のドメイン・ウォールの生成

かる．また，ドメイン・ウォールの端はそれ以前に生成したストリングになっており，1 本のストリングから $N_{\rm DW}$ 枚のウォールが広がっている．これは，ストリングの周りを一周すると PQ スカラー場の位相が 2π 変化し，それに対応してアクシオン場が $\mathcal{A}=0$ から $\mathcal{A}=2\pi\eta$ まで変わりその間にドメイン・ウォールとなる真空が $N_{\rm DW}$ 存在することから理解できる．

ドメイン・ウォール数 $N_{\rm DW}$ が 1 の場合には，真空は $\mathcal{A}/\eta=0$ の 1 つしかないのでドメイン・ウォールはできないように見えるが，実際にはドメイン・ウォールが生成される．$N_{\rm DW}=1$ の場合には，PQ スカラー場のポテンシャルは図 5.7 のようにワインボトルを傾けたような形をしていて，ワインボトルの底がアクシオン場に対応しており，$\mathcal{A}/\eta=\theta=0\,(\pi)$ がアクシオン・ポテンシャルの最小（最大）に対応している．したがって，アクシオン場のポテンシャルは $\mathcal{A}/\eta=\theta=0$ のみで最小になる．前述したように，アクシオンのポテンシャルが生まれる前はアクシオン場は場所ごとに勝手な値を取り，ポテンシャルが生成されると $\mathcal{A}/\eta=\theta=0$ に向かってアクシオン場が転がっていく．このとき，$\mathcal{A}/\eta=\theta<\pi$ 領域は図の A のようにアクシオン場（位相）が減少するように転がって $\mathcal{A}/\eta=0$ に到達する．一方，$\mathcal{A}/\eta=\theta>\pi$ 領域は図の B のようにアクシオン場（位相）が増大するように転がって $\mathcal{A}/\eta=0$ に到達する．すると，アクシオン場の連続性から A と B どちらの方向にも転がることができない $\mathcal{A}/\eta=\theta\simeq\pi$ を持った領域が残ってしまい，この領域がドメイン・ウォールになる．

ドメイン・ウォールが生成されるとその後の宇宙論的発展はドメイン・ウォー

ル数 $N_{\rm DW}$ によって異なる．$N_{\rm DW} \geqq 2$ の場合には，ドメイン・ウォールとストリングのネットワークは複雑な構造をして，宇宙の進化において安定に存在し，すぐに宇宙のエネルギー密度を支配するようになり，現実の宇宙とはまったく異なったものになり観測と矛盾する．したがって，このようなドメイン・ウォールの存在はドメイン・ウォール問題と呼ばれる宇宙論的な困難を引き起こす．一方，$N_{\rm DW} = 1$ の場合，ドメイン・ウォールは端がストリングのディスク状になっており，形成されるとストリングとウォールの張力によってすぐに潰れて宇宙から消えてしまう．したがって，まず，宇宙論的に明らかに深刻な問題を引き起こさない $N_{\rm DW} = 1$ の場合を考える．この場合，ストリング・ウォール系が崩壊する際にアクシオンが生成され宇宙のアクシオンの存在量に重要な寄与をする可能性がある．

ストリング・ウォール系からのアクシオン放出量を計算しよう．ドメイン・ウォールの張力は

$$\sigma_{\rm wall} \simeq 9.23 m_a f_a^2 \tag{5.185}$$

で与えられる．ウォールが形成されたとき，最初はストリングの張力が優っているが，次第にウォールの張力が支配するようになる．ウォールの張力が支配する時刻 t_2 は

$$\sigma_{\rm wall}(t_2) \simeq \frac{\mu(t_2)}{t_2} \tag{5.186}$$

によって与えられる．時刻 t_2 における温度 T_2 は

$$T_2 = 0.11\,{\rm GeV}\left(\frac{g_*(T_2)}{75}\right)^{-0.094}\left(\frac{f_a}{10^{12}\,{\rm GeV}}\right)^{-0.19} \tag{5.187}$$

で与えられる．ドメイン・ウォールが生成されて崩壊するまで，そのエネルギー密度は，ウォールが地平線内に $O(1)$ 枚存在すると考えると，地平線の体積 $\sim t^3$ に面積 $\sim t^2$ のドメイン・ウォールがあって面密度が $\sigma_{\rm wall}$ であることから

$$\rho_{\rm wall} = \frac{\kappa \sigma_{\rm wall}}{t} \tag{5.188}$$

で与えられる．ここで，κ は面積パラメータと呼ばれ，シミュレーションから決められる係数である．ストリングからの寄与（5.175）も含めて，ストリング・

ウォール系が崩壊する直前のエネルギー密度は

$$\rho_{\text{str-wall}} \simeq \frac{\kappa\sigma_{\text{wall}}(t_2)}{t_2} + \frac{\xi\mu_{\text{str}}(t_2)}{t_2^2} \tag{5.189}$$

となる．ストリング・ウォール系が崩壊したときに放出されるエネルギーはほとんどすべてアクシオンが担っているので，このとき生成されるアクシオンの平均エネルギー $\bar{\omega}_a$ を用いて，時刻 $t > t_2$ におけるアクシオン数密度は

$$n_{a,\text{wall}} = \frac{\rho_{\text{str-wall}}(t_2)}{\bar{\omega}_a}\left(\frac{a(t_2)}{a(t)}\right)^3 \tag{5.190}$$

で与えられれる．したがって，アクシオンの現在の質量密度は

$$\rho_{a0,\text{wall}} = \frac{m_a}{\bar{\varepsilon}_w m_a(T_2)}\left[\frac{\kappa\sigma_{\text{wall}}(t_2)}{t_2} + \frac{\xi\mu_{\text{str}}(t_2)}{t_2^2}\right]\left(\frac{a(t_2)}{a(t_0)}\right)^3 \tag{5.191}$$

で与えられる．ここで $\bar{\varepsilon}_w = \bar{\omega}_a/m_a(T_2)$ である．シミュレーションから求められた $\kappa \simeq 0.50 \pm 0.25$，$\xi \simeq 1.0 \pm 0.5$，$\bar{\varepsilon}_w \simeq 3.23 \pm 0.18$ と式（5.187）を用いて［34］，ストリング・ウォール系からのアクシオンの現在の密度パラメータは

$$\Omega_{a,\text{wall}}h^2 = (0.87 \pm 0.33)\left(\frac{f_a}{10^{12}\,\text{GeV}}\right)^{1.19} \tag{5.192}$$

と見積もることができる．

これまで見てきたように，位相欠陥からのアクシオン放出は，現在のアクシオンの存在量に重要な寄与をする．コヒーレント振動（5.172），ストリングからの寄与（5.184），ストリング・ウォール系からの寄与（5.192）をすべて合わせた現在のアクシオンの密度パラメータは $N_{\text{DW}} = 1$ の場合

$$\Omega_{a,\text{tot}}h^2 = (3.8 \pm 0.9)\left(\frac{f_a}{10^{12}\,\text{GeV}}\right)^{1.19} \tag{5.193}$$

となり，アクシオンの崩壊定数が

$$f_a = (4.6 \pm 7.2) \times 10^{10}\,\text{GeV} \tag{5.194}$$

あるいは，アクシオンの質量が

$$m_a \simeq (0.8\text{–}1.3) \times 10^{-4}\,\text{eV} \tag{5.195}$$

のときに $\Omega_{a,\mathrm{tot}}h^2 \simeq 0.12$ となり，ダークマターを説明できる．

$N_{\mathrm{DW}} \geqq 2$ の場合には，前に述べたように，ストリング・ウォールのネットワークは宇宙に安定に存在し，すぐに宇宙の密度を支配し，深刻なドメイン・ウォール問題を引き起こす．これを回避するためには，アクシオン・ポテンシャルの N_{DW} 個の真空の縮退を破るような項をポテンシャルに加えれば良い．そうすると，ポテンシャル・エネルギーが最小になる真空がユニークに決まり，生成したドメイン・ウォールは不安定になって崩壊する．ただし，縮退を破るために入れる項は一般に真空を $\theta = 0$ からずらすため CP の破れが生じ，そもそもアクシオンを導入した目的である CP の破れの問題の解決ができなくなる．そのため，縮退を破るような項の大きさとその位相の微調整が必要となる．

この節では位相欠陥からのアクシオン放出がダークマターに重要な寄与をすることを見てきたが，正確に位相欠陥からの寄与を求めるには大規模な数値シミュレーションが必要となる．しかし，アクシオンの場合 PQ スケール（$\sim 10^{12}$ GeV），アクシオンの質量スケール（$\sim 10^{-6}$ eV），QCD 温度におけるハッブルパラメータ（$H \sim 10^{-9}$ eV）には大きな差がありシミュレーションで正確に再現することはできない．したがって，シミュレーション結果に基づく式（5.184）と式（5.192）は大きな不定性を含んでいる可能性があることを注意しておく．

5.7.4 インフレーション中（前）に PQ 対称性の破れる場合

ここまでの話は，PQ 対称性がインフレーション後に自発的に壊れ，それに伴って位相欠陥ができる場合を考えてきた．しかし，PQ 対称性がいつ破れるかは具体的な PQ スカラー場の理論模型やインフレーション宇宙模型によっており，インフレーション後に壊れるとは限らない．そこで，この節では PQ 対称性がインフレーション中またはその前に破れる場合を考えよう．この場合，もし，PQ 対称性の破れが起きた後に十分なインフレーションが起これば，ある値の PQ 場の位相（= アクシオン場）を持った領域がインフレーションによって現在観測可能な宇宙の領域の大きさより大きく引き伸ばされる．つまり，我々が観測可能な宇宙では，インフレーション後のアクシオン場の値が一様になっている．ストリングやウォールができるためには空間がさまざまなアクシオン場（θ）の値をとることが必要であったことを思い出すと，この場合，我々の宇宙にはストリングやドメイン・ウォールといった位相欠陥は存在しないことが分かる．したがって，$N_{\mathrm{DW}} \geqq 2$ であっても，ドメイン・ウォール問題が生じない．また，当然，位相欠陥からのアクシオン放出はなく，宇宙のアクシオン密度はコヒーレント振動のみによって決まる．

コヒレーント振動による現在のアクシオンの密度は式 (5.169) で与えられる．

$$\Omega_a h^2 = 0.18\,\theta_a^2 \left(\frac{f_a}{10^{12}\,\mathrm{GeV}}\right)^{1.19} \tag{5.196}$$

ここで，θ_i を θ_a と書き換えた．misalignment angle θ_a は宇宙全体で同じ値をとるパラメータとして扱われる．これが PQ 対称性がインフレーション後に壊れる場合と異なる点である．コヒーレント振動によって生成されるアクシオンがダークマターを説明するためにはアクシオン崩壊定数が

$$f_a \simeq 6.6 \times 10^{11}\,\theta_a^{-1.68}\,\mathrm{GeV} \tag{5.197}$$

を満たす必要がある．ここで注意すべきは，PQ 対称性がインフレーション後に壊れる場合と異なり，misalignment angle θ_a が理論のパラメータなのでこれを小さく取ることによって $f_a \gg 10^{11}\,\mathrm{GeV}$ のような大きな f_a の場合にもアクシオンがダークマターになる可能性があることである．特に，素粒子の超弦理論ではアクシオンの崩壊定数が $f_a \sim 10^{16}\,\mathrm{GeV}$ と予言されているので，θ_a の微調整を許せば超弦理論におけるアクシオンが宇宙のダークマターを説明することができる．

PQ 対称性がインフレーション中，またはその前に破れて，アクシオンがインフレーション中に存在する場合には重要な物理現象が新たに現れる．それは，アクシオン場がインフレーション中に揺らぎを獲得することである．これは，インフレーション中にインフレーションを起こすスカラー場（＝インフラトン場）が揺らぎを獲得しそれが宇宙の密度揺らぎを生成するのと同じメカニズムによって起こる．アクシオン場の揺らぎのパワースペクトラム $\mathcal{P}_{\delta\mathcal{A}}$ はアクシオン場の揺らぎのフーリエ成分 $\mathcal{A}_{\boldsymbol{k}}$ の相関として次のように与えられる．

$$\langle \delta\mathcal{A}_{\boldsymbol{k}}\,\delta\mathcal{A}_{\boldsymbol{k}'} \rangle = \delta(\boldsymbol{k}+\boldsymbol{k}')\frac{2\pi^2}{k^3}\mathcal{P}_{\delta\mathcal{A}} \tag{5.198}$$

ここで，$\langle\cdots\rangle$ はアンサンブル平均，$\boldsymbol{k}$ は波数ベクトルである．インフレーションで作られるスカラー場の揺らぎは

$$\mathcal{P}_{\delta\mathcal{A}}(k) = \frac{H_{\rm inf}^2}{4\pi^2} \tag{5.199}$$

という波数に依存しないスケール不変なパワースペクトルを持つ[*6]．ここで $H_{\rm inf}$ はインフレーション中のハッブルパラメータである．

このアクシオン場の揺らぎによる θ_a の揺らぎ $\delta\theta_a = \delta\mathcal{A}/f_a$ が misalignment angle θ_a より大きい場合はアクシオン場の振動の振幅は $\mathcal{A}$ $(= f_a\theta_a)$ ではなく $\delta\mathcal{A}(\boldsymbol{x})$ で決まるので，$\delta\mathcal{A}^2$ の空間平均 $\langle(\delta\mathcal{A}(\boldsymbol{x}))^2\rangle \simeq H_{\rm inf}^2/4\pi^2$ を用いて，揺らぎによるアクシオンのエネルギー密度は

$$\Omega_a h^2 = 0.18\,\left(\frac{H_{\rm inf}}{2\pi f_a}\right)^2 \left(\frac{f_a}{10^{12}\,{\rm GeV}}\right)^{1.19} \tag{5.200}$$

で与えられる．ここで $H_{\rm inf} < 2\pi f_a$ と仮定している．また，これ以降も $H_{\rm inf} < 2\pi f_a$ として議論を進める[*7]．このとき，$\Omega_{a0}h^2 < 0.12$ から

$$H_{\rm inf} < 5.0\times 10^{12}\,{\rm GeV}\left(\frac{f_a}{10^{12}\,{\rm GeV}}\right)^{0.41} \qquad \left(\, f_a < \frac{H_{\rm inf}}{2\pi\theta_a}\,\right) \tag{5.201}$$

という制限が得られる．また，2つの表式（5.196）と（5.200）は合わせて

$$\Omega_a h^2 = 0.18\,\left[\theta_a^2 + \left(\frac{H_{\rm inf}}{2\pi f_a}\right)^2\right]\left(\frac{f_a}{10^{12}\,{\rm GeV}}\right)^{1.19} \tag{5.202}$$

と表すことができる．

アクシオン場の揺らぎはアクシオン密度に影響するだけでなく，密度揺らぎを通じて宇宙論に深刻な影響を及ぼす．前に述べたように，アクシオンはQCDスケールで質量を獲得するのでアクシオン場の揺らぎは密度揺らぎとなる．このとき，アクシオン場はインフレーション中にインフラトン場とは独立に揺らぎを獲得するため，インフラトンが作る揺らぎ（曲率揺らぎと呼ばれる）と異なる等曲率揺らぎと呼ばれる性質の揺らぎを生成する．アクシオン場が生成する等曲率揺らぎ（より正確にはCDM等曲率揺らぎ）$S_a(\boldsymbol{x})$ は

[*6] この揺らぎのパワースペクトルの式は，インフレーション中に存在する質量が無視できるスカラー場一般に対して成り立つ．

[*7] $H_{\rm inf} > 2\pi f_a$ の場合にはアクシオン場は，インフレーション後も空間的にランダムな値を取ってPQ対称性がインフレーション後に破れる場合と同様になる．

$$S_{\rm CDM} = r\frac{\delta\rho_a(\boldsymbol{x})}{\rho_a} \simeq 2r\frac{f_a\theta_a\delta\mathcal{A}}{(f_a\theta_a)^2 + \langle\delta\mathcal{A}^2\rangle} + r\frac{\delta\mathcal{A}^2 - \langle\delta\mathcal{A}^2\rangle}{(f_a\theta_a)^2 + \langle\delta\mathcal{A}^2\rangle} \tag{5.203}$$

で与えられる．r はアクシオンの密度が現在の宇宙のダークマター密度に占める割合で

$$r = 1.6\left[\theta_a^2 + \left(\frac{H_{\rm inf}}{2\pi f_a}\right)^2\right]\left(\frac{f_a}{10^{12}\,{\rm GeV}}\right)^{1.19} \tag{5.204}$$

である．等曲率揺らぎのパワースペクトルを

$$\langle S_{{\rm CDM}\,\boldsymbol{k}}\, S_{{\rm CDM}\,\boldsymbol{k}'}\rangle = \delta(\boldsymbol{k} + \boldsymbol{k}')\frac{2\pi^2}{k^3}\mathcal{P}_{S_{\rm CDM}}(k) \tag{5.205}$$

と定義すると，$\mathcal{P}_{S_{\rm CDM}}(k)$ は式（5.199），(5.203）と（5.204）から

$$\begin{aligned}\mathcal{P}_{S_{\rm CDM}}(k) &= 4r^2\frac{(H_{\rm inf}/2\pi)^2}{(f_a\theta_a)^2 + (H_{\rm inf}/2\pi)^2} \\ &= 10.2\left[\theta_a^2 + \left(\frac{H_{\rm inf}}{2\pi f_a}\right)^2\right]\left(\frac{H_{\rm inf}}{2\pi f_a}\right)^2\left(\frac{f_a}{10^{12}\,{\rm GeV}}\right)^{2.38}\end{aligned} \tag{5.206}$$

で与えられる．

宇宙マイクロ波背景放射の非等方性の観測などから宇宙の密度揺らぎはインフラトンが作るような曲率揺らぎであることが分かっており，等曲率揺らぎは厳しく制限されている．2018 年に発表されたプランク衛星の観測結果［35］から等曲率揺らぎに対して

$$\beta_{\rm iso} \equiv \frac{\mathcal{P}_{\rm CDM}(k_0)}{\mathcal{P}_{\rm CDM}(k_0) + \mathcal{P}_\zeta(k_0)} < 0.038 \quad (95\%{\rm CL}) \tag{5.207}$$

という制限が得られている．ここで，$k_0 = 0.05\,{\rm Mpc}^{-1}$ で，$\mathcal{P}_\zeta$ は曲率揺らぎのパワースペクトルであり，$\mathcal{P}_\zeta(k_0) \simeq 2.1\times10^{-9}$ である．

図 5.8 はインフレーション前，またはインフレーション中に PQ 対称性が壊れる場合のアクシオンの misalignment angle θ_a とインフレーション中のハッブルパラメータ $H_{\rm inf}$ に対する制限を $f_a = 10^{12}$ GeV（上図）と $f_a = 10^{16}$ GeV（下図）の場合に表したものである．図から等曲率揺らぎに対する制限から広いパラメータ領域が排除されることが分かる．また，「$\Omega_a > \Omega_{\rm dm}$」とラベルされた領域はアクシオンの密度がダークマター密度を超えてしまう領域で，この領域の下限がちょうどアクシオンがダークマターになるパラメータに対応する．さらに，図 5.8 に

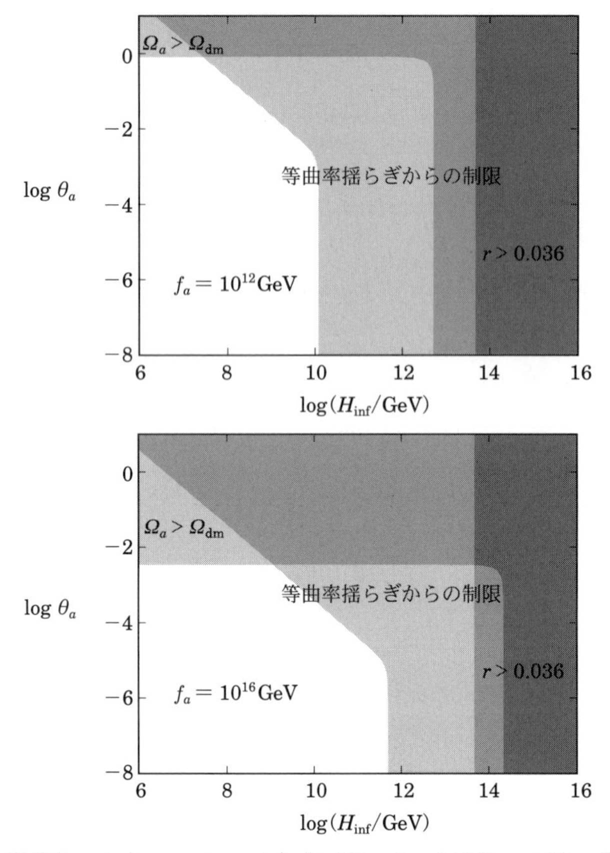

図5.8 misalignment angel とインフレーション中のハッブル・パラメータに対する制限．上の図は $f_a = 10^{12}$ GeV，下の図は $f_a = 10^{16}$ GeV の場合．「$\Omega_a > \Omega_{\rm dm}$」とラベルされた領域はアクシオン密度からの制限，「$r > 0.036$」とラベルされた領域はテンソル・スカラー比からの制限を表す．

はインフレション中に生成される重力波（テンソル・モード）と曲率揺らぎのパワースペクトルの振幅の比 r に対する CMB の観測（$r < 0.036$ [36]）から導かれる $H_{\rm inf}$ の制限も示され，「$r > 0.036$」とラベルされた領域が排除される．したがって，図の白色の領域が観測的に許される領域である．この図から分かるようにアクシオンがダークマターになるためにはインフレーション中のハッブルパラメータが小さくなくてはならない．具体的には

$$H_{\rm inf} < 2.2 \times 10^7\,{\rm GeV}\left(\frac{F_a}{10^{12}\,{\rm GeV}}\right)^{0.41} \tag{5.208}$$

という $H_{\rm inf}$ に対する上限が得られる．

5.7.5 エントロピー生成とアクシオン密度*

5.7.4 節で PQ 対称性の破れがインフレーション中（前）に起こる場合には，アクシオンは宇宙初期にコヒーレントな振動によって生成され，ダークマター密度と等曲率揺らぎの観測から misalignment angle θ_a とインフレーション中のハッブル・パラメータ $H_{\rm inf}$ が厳しく制限されることを示した．特に，超弦理論で予言されるような f_a が大きな場合（$f_a \sim 10^{16}\,{\rm GeV}$）には，アクシオンがダークマターになるためには，不自然に小さい θ_a が要求される．しかし，アクシオン場がコヒーレントな振動を始めた後にエントロピー生成が起これば生成されたアクシオンは薄められて制限が弱められる．エントロピー生成を起こすものとしては振動しているインフラトンのような初期宇宙において宇宙のエネルギー密度を支配している非相対論的な物質の崩壊が考えられる．この非相対論的な物質が標準模型粒子に崩壊すれば，崩壊によって生じた粒子はすぐに熱化され宇宙の再加熱が起き，エントロピーが生成される．アクシオンが振動を始めるのは宇宙の温度が 1 GeV 程度なので，アクシオンが十分薄められるためにはエントロピー生成後の再加熱温度は 1 GeV より十分低い必要がある．ただし，宇宙初期の元素合成がうまく行くために再加熱温度は $\mathcal{O}(1)$MeV 以上でなければならない．ここでは，そのような低い再加熱温度のエントロピー生成過程が起こった場合にアクシオンに対する制限がどうなるか見てみよう．

まず，エントロピー生成を引き起こす非相対論的物質のエネルギー密度を $\rho_{\rm NR}$ とする．アクシオンが振動を始めるのは，$m_a(T) \simeq 3H$ のときである．宇宙膨張は $\rho_{\rm NR}$ で決まることを考慮して，アクシオンと非相対論的物質のエネルギー密度の比は，振動開始時の宇宙の温度とハッブル・パラメータをそれぞれ $T_{\rm osc}$ と $H_{\rm osc}$ として

$$\frac{\rho_a}{\rho_{\rm NR}} = \frac{m_a m_a(T_{\rm osc}) f_a^2 \theta_a^2/2}{3H_{\rm osc}^2 M_{\rm pl}^2} = \frac{3}{2}\frac{f_a^2\theta_a^2}{M_{\rm pl}^2}\frac{m_a}{m_a(T_{\rm osc})} \tag{5.209}$$

となる．ここで，$m_a(T_{\rm osc})$ は振動開始のアクシオンの質量で，m_a は十分低温でのアクシオンの質量である（(5.146) 参照）．このエネルギー比は再加熱が起

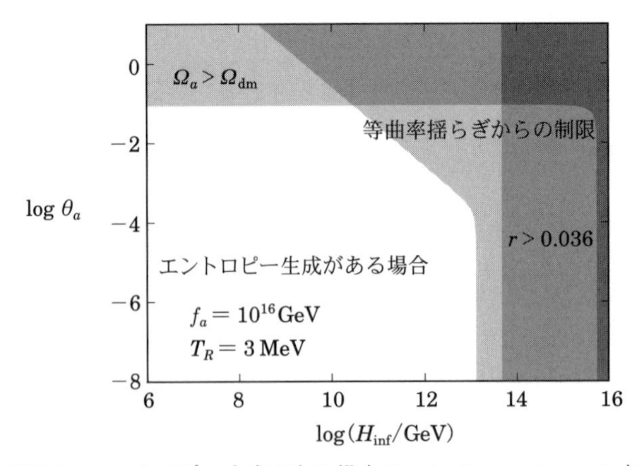

図5.9 エントロピー生成がある場合の misalignment angel とインフレーション中のハッブル・パラメータに対する制限（$f_a = 10^{16}$ GeV，$T_R = 3$ MeV）

こるまで一定である．いま，宇宙の密度は非相対論的物質が支配的であるため，振動開始の温度はエントロピー生成がない場合に比べて低くなる．したがって，$m_a(T_{\rm osc}) \simeq m_a$ と近似できる［37］．再加熱温度を T_R とすると再加熱直後のエントロピー密度は $s(T_R) = (4/3)\rho_{\rm NR}(T_R)/T_R$ と書けるので，現在でのアクシオンのエネルギー密度とエントロピーの比は

$$\frac{\rho_{a0}}{s_0} = \left.\frac{\rho_a}{s}\right|_{T_R} = \frac{3}{4}T_R \left.\frac{\rho_a}{\rho_{\rm NR}}\right|_{T_R} = \frac{9}{8}T_R\frac{f_a^2\theta_a^2}{M_{\rm pl}^2} \tag{5.210}$$

で与えられる．これから，臨界密度とエントロピー密度の比（4.11）を用いて，現在のアクシオンの密度パラメータが

$$\Omega_a h^2 = 5.3\left(\frac{T_R}{\rm MeV}\right)\left(\frac{f_a\theta_a}{10^{16}\,\rm GeV}\right)^2 \tag{5.211}$$

と評価できる．図 5.9 にこのアクシオン密度を用いた misalignment angel とインフレーション中のハッブル・パラメータに対する制限を $f_a = 10^{16}$ GeV，$T_R = 3$ MeV の場合に示した．図からアクシオンが薄められたことによって制限が弱められ，超弦理論で予言されるような $f_a = 10^{16}$ GeV の場合にも $\theta_a \sim 0.1$ 程度でダークマターを説明できることが分かる．

5.8 ALP

前節で述べたアクシオンは QCD における CP の問題（ストロング CP 問題）を解決するペッチャイ–クイン機構に関連して現れた粒子であるが，素粒子の超弦理論では空間のコンパクト化に伴って多くの軽いアクシオンのような粒子が予言される．これらのアクシオンは QCD の CP 問題とは一般には関係なくアクシオン・スケール f_a とアクシオンの質量 m_a は独立にさまざまな値を取ることが可能である．したがって，この節ではストロング CP に関係した通常のアクシオンを QCD アクシオンと呼び，超弦理論で予言されるようなアクシオンのような粒子を ALP（Axion-Like Particle）と呼んで区別することにする．

ここでは ALP は QCD アクシオンと違ってその質量は温度によらないと仮定する．超弦理論ではアクシオンは余剰次元がコンパクト化されたときに質量が決まると考えられるのでこの仮定は自然だと思われる．ALP のポテンシャルに関しては QCD アクシオンと同じく cos 型，つまり

$$V(a) = m_a^2 f_a^2 \left[1 - \cos\left(\frac{\mathcal{A}}{f_a}\right)\right] \tag{5.212}$$

だとする．インフレーション後の ALP の misalignment angle を $\theta_a = \mathcal{A}_i/f_a$（$\mathcal{A}_i$ はインフレーション後の ALP の値）とすると，ALP は $m_a \simeq 3H$ のときに振動を開始する．振動を開始したときの宇宙は放射優勢だとすると[*8]ALP とエントロピー密度の比は

$$\frac{\rho_a}{s} = \frac{\dfrac{1}{2}m_a^2\theta_a^2 f_a^2}{\dfrac{2\pi^2}{45}g_{*s}T_{\rm osc}^3} = \frac{45}{4\pi^2 g_{*s}}\frac{m_a^2\theta_a^2 f_a^2}{T_{\rm osc}^3} \tag{5.213}$$

で与えられる．ここで $T_{\rm osc}$ は振動開始時の宇宙の温度で，$m_a = 3H(T_{\rm osc})$ より

$$\begin{aligned} T_{\rm osc} &= (m_a f_a)^{1/2}\left(\frac{10}{\pi^2 g_*}\right)^{1/4} \\ &= 0.48\,{\rm MeV}\left(\frac{m_a}{10^{-16}\,{\rm eV}}\right)^{1/2}\left(\frac{g_*}{10.75}\right)^{-1/4} \end{aligned} \tag{5.214}$$

と書けるので，式 (5.213) は

---

*8　インフレーション後の再加熱温度 T_R が $T_R \gtrsim \sqrt{m_a M_{\rm pl}}$ を満たす場合．

$$\frac{\rho_a}{s} = \frac{45 g_*^{3/4}}{4(10)^{3/4} g_{*s} \pi^2} \sqrt{m_a M_{\rm pl}} \left(\frac{f_a}{M_{\rm pl}}\right)^2 \theta_a^2 \tag{5.215}$$

となる．したがって，現在の ALP の密度は

$$\Omega_a h^2 = 0.26\, \theta_a^2 \left(\frac{f_a}{10^{16}\,\mathrm{GeV}}\right)^2 \left(\frac{m_a}{10^{-16}\,\mathrm{eV}}\right)^{1/2} \left(\frac{g_*}{10.75}\right)^{3/4} \left(\frac{g_{*s}}{10.75}\right)^{-1} \tag{5.216}$$

となる．前述したように，ALP の質量 m_a とアクシオンスケール f_a は独立なので幅広い質量に対してダークマターになっている可能性がある．

ALP は一般的に光子と相互作用し，その相互作用は

$$\mathcal{L} = -\frac{c_{a\gamma\gamma}}{f_a} \mathcal{A}\, F_{\mu\nu} \tilde{F}^{\mu\nu} \tag{5.217}$$

のように記述される．ここで $c_{a\gamma\gamma}$ は結合定数である．現在この相互作用を通じて ALP を検出する試みが計画または行われている．

5.9 Fuzzy ダークマターとしてのアクシオン

これまで見て来たようにダークマターになる QCD アクシオンや ALP の密度はコヒーレントな振動で生じる．以後，QCD アクシオンと ALP を総称してアクシオンと呼ぶことにする．質量の軽いアクシオンは波の性質を持ち，それが重要になるのはアクシオンのド・ブロイ波長より小さなスケールである．たとえば銀河のダークマターがアクシオンであると考えると，銀河中心のド・ブロイ波長より小さなスケールではアクシオンは凝縮したコアを形成し，その外側では冷たいダークマターのように振る舞うと考えられる．

いま，銀河ハローの質量を M_h としてその半径を R_h とすると，銀河ハロー内のダークマターがビリアル平衡にあるとするとアクシオンのビリアル速度を v_h として

$$\frac{v_h^2}{R_h} \simeq \frac{G M_h}{R_h^2} \tag{5.218}$$

という関係が成り立つ．これから

$$v_h = 2.1 \times 10^2\,\mathrm{km/s} \left(\frac{M_h}{10^{12} M_\odot}\right)^{1/2} \left(\frac{R_h}{100\,\mathrm{kpc}}\right)^{-1/2} \tag{5.219}$$

が得られ，銀河ハローにあるアクシオンのド・ブロイ波長は

$$\lambda_{\rm dB} = \frac{2\pi}{m_a v_h} = 0.6\,{\rm kpc}\left(\frac{m_a}{10^{-22}{\rm eV}}\right)^{-1}\left(\frac{M_h}{10^{12}M_\odot}\right)^{-1/2}\left(\frac{R_h}{100\,{\rm kpc}}\right)^{1/2} \quad (5.220)$$

となる．アクシオンのド・ブロイ波長より小さなスケールでは不確定性から構造ができないことから（4.7 節参照），ド・ブロイ波長は銀河ハローのサイズ R_h より大きくなってはいけないので，アクシオンの質量は

$$m_a \gtrsim 10^{-25}\,{\rm eV} \quad (5.221)$$

を満たさなければならない．さらに，4.7 節で議論したように矮小銀河のダークマターを説明するために

$$m_a \gtrsim 10^{-22}\,{\rm eV} \quad (5.222)$$

という制限が得られる．

一方，質量が $10^{-22}\,$eV 程度の非常に軽いアクシオンがダークマターなっているとそのド・ブロイ波長は $\mathcal{O}(1)\,$kpc になり，銀河中心付近のダークマター分布は冷たいダークマターのようなカスプ的ではなくコア的になることが予想される．このことから，非常に軽いアクシオンは冷たいダークマターのコア・カスプ問題を解決する．さらに，ド・ブロイ波長より小さい揺らぎの成長は抑制されるために，その他の小スケールの問題も解決できる可能性がある．このように，質量の非常に軽い非相対論的なダークマターは大きなスケールでは冷たいダークマターと同じように振る舞うが，小スケールで波的に振る舞うことによって揺らぎが抑制される．この種のダークマターは Fuzzy ダークマターと呼ばれる．

5.10 アクシオン場の非相対論的定式化*

QCD アクシオンや ALP は非熱的に生成され非相対論的粒子のように振る舞う．そこで，一般的にアクシオン場の重力との相互作用を含めた非相対論的定式化を行う．これはアクシオン場による構造形成やソリトン（アクシオン星）を考える上で有用である．まず，ニュートン・ゲージでの計量を

$$ds^2 = (1+2\Phi)dt^2 - a^2(t)(1-2\Phi)\delta_{ij}dx^i dx^j \quad (5.223)$$

とする．ここで，非等方的圧力を無視し，式（A.14）で $\Psi = -\Phi$ という関係を用いた．また，テンソル・モードは考えないこととし，共形時間 η ではなく通常の時間 t を用いた（$dt = a\,d\eta$）．この計量の下，アクシオン場 $\mathcal{A}$ の作用は

$$
\begin{aligned}
S_{\mathcal{A}} &= \int d^4x\,\sqrt{-g}\,\left[\frac{1}{2}g^{\alpha\beta}\partial_\alpha\mathcal{A}\partial_\beta\mathcal{A} - V(\mathcal{A})\right] \\
&= \int d^4xa^3\left[\frac{1}{2}(1-4\Phi)(\partial_t\mathcal{A})^2 - \frac{1}{2a^2}(\partial_i\mathcal{A})^2 - (1-2\Phi)V(\mathcal{A})\right]
\end{aligned}
\tag{5.224}
$$

と書ける．ここで，$|\Phi|^2 \ll 1$，$|\partial_i\mathcal{A}| \ll |\partial_t\mathcal{A}|$ を仮定し，$\Phi(\partial_i\mathcal{A})^2$，$\Phi^2$ などの項は無視した．

ここで，アクシオン場が非相対論的であるとして

$$
\mathcal{A} = \frac{1}{\sqrt{2m_a}}\left(\psi e^{-im_at} + \psi^* e^{im_at}\right) \tag{5.225}
$$

とおく．このとき $\mathcal{A}^2$ は

$$
\mathcal{A}^2 = \frac{1}{2m_a}\left(2|\psi|^2 + \psi^2 e^{-2im_at} + \psi^{*2}e^{2im_at}\right). \tag{5.226}
$$

また，$(\partial_t\mathcal{A})^2/2$ は

$$
\begin{aligned}
\frac{1}{2}(\partial_t\mathcal{A})^2 = \frac{1}{2m_a}\Big[&|\dot{\psi}|^2 + m_a^2|\psi|^2 + im_a(\dot{\psi}\psi^* - \psi\dot{\psi}^*) \\
&+ \frac{1}{2}e^{-2im_at}(\dot{\psi}^2 - m_a^2\psi^2 - 2im_a\psi\dot{\psi}) \\
&+ \frac{1}{2}e^{-i2m_at}(\dot{\psi}^{*2} - m_a^2\psi^{*2} - 2im_a\psi^*\dot{\psi}^*)\Big].
\end{aligned}
\tag{5.227}
$$

さらに，ポテンシャルを近似的に

$$
V(\mathcal{A}) = \frac{1}{2}m_a^2\mathcal{A}^2 + \frac{g}{24}\mathcal{A}^4 \tag{5.228}
$$

とすると ($g = m_a^2/f_a^2$)，式（5.225）を代入にて

$$
\begin{aligned}
V(\psi) = \frac{1}{2m_a}\Big[&m_a^2|\psi|^2 + \frac{g}{8}|\psi|^4 \\
&+ e^{2im_a}(\cdots) + e^{-2im_a}(\cdots) + e^{4im_a}(\cdots) + e^{-4im_a}(\cdots)\Big]
\end{aligned}
\tag{5.229}
$$

となり，$V(\psi)$ の第１項は運動項の第２項と打ち消し合うことが分かる．つまり，表式（5.225）は非相対論的アクシオン場の質量を振動数とする振動部分とゆっくり変化する部分 ($= \psi$) を分離した形であることが分かる．したがって，$e^{\pm 2im_at}$

や $e^{\pm 4im_a t}$ の速く振動する項は ψ の時間変化のスケールで平均するとゼロになるので無視して，さらに，$|\dot{\psi}| \ll m_a|\psi|$ を使うと ψ の作用は

$$S_{\mathcal{A}} = \int d^4xa^3 \left[\frac{i}{2}(\dot{\psi}\psi^* - \psi\dot{\psi}^*) - \frac{1}{2m_a a^2}\partial_i\psi\partial_i\psi^* - \frac{g}{16m_a^2}|\psi|^4 - m_a|\psi|^2\Phi\right] \tag{5.230}$$

と書ける．また，アクシオン場のエネルギー密度 $\rho_{\mathcal{A}}$ は

$$\begin{aligned}\rho_{\mathcal{A}} &= \frac{1}{2}\dot{\mathcal{A}}^2 + \frac{1}{2}(\partial_i\mathcal{A})^2 + V(\mathcal{A}) \\ &\simeq \frac{1}{2}|\psi|^2 + \frac{i}{4}(\dot{\psi}\psi^* - \psi\dot{\psi}^*) + \frac{1}{2m_a a^2}|\partial_i\psi|^2 + \frac{1}{2}m_a^2|\psi|^2 + \cdots\end{aligned} \tag{5.231}$$

であるが，$|m\psi| \gg |\dot{\psi}|$，$|\partial_i\psi/a|$ であることから，

$$\rho_{\mathcal{A}} = m_a^2|\psi|^2 \tag{5.232}$$

と簡単になる．

ψ の運動方程式は作用（5.230）から

$$i\dot{\psi} + \frac{3}{2}H\psi + \frac{1}{2m_a a^2}\nabla^2\psi - \frac{g}{8m_a}|\psi|^2\psi - m_a\Phi\psi = 0 \tag{5.233}$$

と求められる．また，重力ポテンシャル Φ はポアソン方程式

$$\nabla^2\Phi = 4\pi G(\rho_{\mathcal{A}} - \bar{\rho}_{\mathcal{A}}) = 4\pi G(|\psi|^2 - \langle|\psi|^2\rangle) \tag{5.234}$$

を満たす．ここで，$\bar{\rho}_{\mathcal{A}}$ はアクシオンのエネルギー密度の空間平均値である．

さらに，上記の運動方程式から次の変数変換

$$\psi = \sqrt{\frac{\rho}{m_a}}e^{i\theta} \tag{5.235}$$

$$\boldsymbol{v} = \frac{1}{am_a}\nabla\theta \tag{5.236}$$

を行うことによって流体力学的な方程式を導くことができる．これによって，$\dot{\psi}$，$\nabla\psi$，$\nabla^2\psi$ は

$$\dot{\psi} = \left(\frac{\dot{\rho}}{2\rho} + i\dot{\theta}\right)\sqrt{\frac{\rho}{m_a}}e^{i\theta} \tag{5.237}$$

$$\nabla\psi = \left(\frac{\nabla\rho}{2\rho} + i\nabla\theta\right)\sqrt{\frac{\rho}{m_a}}e^{i\theta} \tag{5.238}$$

$$\nabla^2\psi = \left(-\frac{(\nabla\rho)^2}{4\rho^2} + \frac{\nabla^2\rho}{2\rho} - (\nabla\theta)^2 + i\frac{\nabla\rho\cdot\nabla\theta}{2\rho} + i\nabla^2\theta\right)\sqrt{\frac{\rho}{m_a}}e^{i\theta} \tag{5.239}$$

と計算できる．これらを運動方程式 (5.233) に代入して，両辺に $e^{-i\theta}$ を掛けてその虚数部分から

$$\dot{\rho} + 3H\rho + \frac{1}{ma^2}(\nabla\rho\cdot\nabla\theta + \rho\nabla^2\theta) = 0 \tag{5.240}$$

が得られ，$\boldsymbol{v}$ の定義を使うと

$$\dot{\rho} + 3H\rho + \frac{1}{a}\nabla\cdot(\rho\boldsymbol{v}) = 0 \tag{5.241}$$

となる．一方，実数部分から

$$\dot{\theta} - \frac{1}{2m_a a^2}\left(-\frac{(\nabla\rho)^2}{4\rho^2} + \frac{\nabla^2\rho}{\rho}\right) + \frac{1}{2}m_a\boldsymbol{v}\cdot\boldsymbol{v} + \frac{g}{8m_a^2}\rho + m_a\Phi = 0 \tag{5.242}$$

が得られる．第2項のカッコの中は $(\nabla^2\sqrt{\rho})/\sqrt{\rho}$ と書き換えられ，さらに，両辺の勾配を取ることによって

$$(\nabla\dot{\theta}) - \frac{1}{2m_a a^2}\nabla\left(\frac{\nabla^2\sqrt{\rho}}{\sqrt{\rho}}\right) + \frac{1}{2}m_a\nabla(\boldsymbol{v}\cdot\boldsymbol{v}) + \frac{g}{8m_a^2}\nabla\rho + m_a\nabla\Phi = 0 \tag{5.243}$$

となる．さらに，$\nabla\times\boldsymbol{v}\propto\nabla\times\nabla\theta = 0$ であることから $\nabla(\boldsymbol{v}\cdot\boldsymbol{v}) = 2(\boldsymbol{v}\cdot\nabla)\boldsymbol{v}$ と $\nabla\dot{\theta} = am_a(\dot{\boldsymbol{v}} + H\boldsymbol{v})$ であることを使うと最終的に

$$\begin{aligned}\dot{\boldsymbol{v}} + H\boldsymbol{v} + \frac{1}{a}(\boldsymbol{v}\cdot\nabla)\boldsymbol{v}\\ = \frac{1}{a}\nabla\Phi + \frac{g}{8m_a^3 a}\nabla\rho + \frac{1}{2m_a^2a^3}\nabla\left(\frac{\nabla^2\sqrt{\rho}}{\sqrt{\rho}}\right)\end{aligned} \tag{5.244}$$

が得られる．

第6章 超対称性粒子

6.1 超対称性

超対称性（Supersymmetry; SUSY）はボソンとフェルミオンの対称性で，超対称性変換 Q は

$$Q|\mathrm{boson}\rangle = |\mathrm{fermion}\rangle \tag{6.1}$$

$$Q|\mathrm{fermion}\rangle = |\mathrm{boson}\rangle \tag{6.2}$$

のように，ボソン（フェルミオン）をフェルミオン（ボソン）に変換する．この結果，理論にフェルミオン f が存在すればそれに対応したボソン $\tilde{f}$ が存在することを予言する．超対称性が自然界に存在すると期待する理由は標準模型に存在する「階層性」の問題を解決する可能性があるからである．標準模型に現れるクォークやレプトンはヒッグス場が $O(100)$ GeV の真空期待値を持つことによって質量を獲得する．クォーク・レプトンの質量の起源として重要な役割を果たすヒッグス粒子は 2012 年に欧州原子核研究機構（CERN）で発見され，その質量は 125.20 ± 0.11 GeV［32］である．

しかし，標準模型においてヒッグスの質量の放射補正を考えると問題が生じる．たとえば図 6.1 (a) のようなダイアグラムで表されるフェルミオン f によるヒッグス・ボソンの質量の 2 乗 m_H^2 の放射補正を考える．f は標準模型に存在するクォークやレプトンである．いま，ヒッグス・ボソン H との相互作用を $\lambda_f H\bar{f}f$ とすると補正 Δm_H^2 は

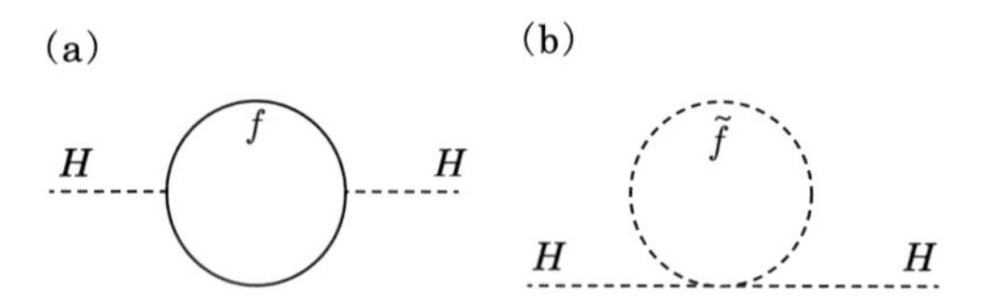

図6.1 ヒッグス・ボソンの質量2乗に対する放射補正

$$\Delta m_H^2 = -\frac{\lambda_f^2}{8\pi^2}\Lambda_{UV}^2 + \cdots \tag{6.3}$$

で与えられる．Λ_{UV} は理論が適応できる限界を示すカットオフ・スケールである．つまり，ヒッグス・ボソンの質量の 2 乗の補正は Λ_{UV}^2 に比例して大きくなる．標準模型がプランク・スケール（$\sim 10^{18}$ GeV）まで使えるとすると，Δm_H^2 は $10^{36}\,\mathrm{GeV}^2$ となり，繰り込まれた質量 $m_{H,R}$ と「裸の質量」$m_{H,B}$ との関係

$$m_{H,R}^2 = m_{H,B}^2 + \Delta m_H^2 \tag{6.4}$$

から $m_{H,R} \simeq 125\,\mathrm{GeV}$ を得るためには $m_{H,B}^2$ と Δm_H^2 との間で 30 桁以上もの微調整が必要になることになり，極めて不自然である．別の言い方をすると，電弱相互作用のスケールは放射補正に対して安定ではない．これが階層性の問題である．

超対称性理論ではフェルミオン f が存在すればそれに対応したボソン $\tilde{f}$ が存在することを予言する．したがって，ヒッグス・ボソンの放射補正のダイアグラム図 6.1（a）に加えて，ダイアグラム図 6.1（b）のようにボソン $\tilde{f}$ がループを回る補正が存在し，

$$\Delta m_H^2 = \frac{\lambda_f^2}{8\pi^2}\Lambda_{UV}^2 + \cdots \tag{6.5}$$

という寄与を与える．これはちょうどフェルミオン f からくる Λ_{UV}^2 に比例する寄与を打ち消しており，Δm_H^2 に Λ_{UV} の 2 次の発散は起きないため，階層性の問題が解決される．

超対称性理論は階層問題を解決する可能性があるだけでなく，自然界にある 3 つの力（強い相互作用・弱い相互作用・電磁気力）の強さを決める結合定数の統一を実現でき，素粒子の大統一理論を示唆するなど好ましい特徴を持っている．

素粒子の標準模型を超対称性理論に拡張すると，スピン 1/2 のフェルミオンで

表6.1 超対称性粒子

標準模型の粒子		超対称性パートナー	
スピン	粒子	スピン	粒子
1/2	ニュートリノ $(\nu_e, \nu_\mu, \nu_\tau)$ 荷電レプトン (e, μ, τ) クォーク (u, d, c, s, t, b)	0	スニュートリノ $(\tilde{\nu}_e, \tilde{\nu}_\mu, \tilde{\nu}_\tau)$ 荷電スレプトン $(\tilde{e}, \tilde{\mu}, \tilde{\tau})$ スクォーク $(\tilde{u}, \tilde{d}, \tilde{c}, \tilde{s}, \tilde{t}, \tilde{b})$
1	グルーオン (g) ウィーク・ボソン (W, Z) 光子 (γ)	1/2	グルイーノ $(\tilde{g})$ ウィーノ $(\tilde{W})$, ジーノ $(\tilde{Z})$ フォティーノ $(\tilde{\gamma})$
0	ヒッグス・ボソン (H_u, H_d)	1/2	ヒッグシーノ $(\tilde{H}_u, \tilde{H}_d)$
2	重力子 $(h_{\mu\nu})$	3/2	グラビティーノ $(\tilde{\psi}_\mu)$

あるクォークやレプトンに対して，スピン 0 のスカラー・クォークやスカラー・レプトンが存在し，さらに，スピン 1 のゲージ・ボソンに対してはスピン 1/2 のゲージ・フェルミオンが存在することになる．さらに，重力まで含めて超対称化すると（超重力理論と呼ばれる），重力を媒介するスピン 2 の重力子に対してスピン 3/2 のグラビティーノが存在する．標準模型を超対称化した理論を MSSM (Minimal Supersymmetric Starndard Model) と呼ぶ．表 6.1 に，標準模型に含まれる粒子と，それに対応して，超対称性によって予言される粒子（超対称性パートナーと呼ぶ）を示した．スカラー・クォークやスカラー・レプトンは，短くスクォーク，スレプトンと呼ばれる．また，超対称性理論で新たに予言される粒子を総称して超対称性粒子と呼ぶ．

表 6.1 で注意が必要なのは，超対称性理論では 2 つのヒッグス粒子 H_u, H_d が必要であるということである．標準模型ではヒッグス粒子は 1 つだけでクォーク・レプトンに質量を与えることができるが，超対称性理論では超対称性の要請とその超対称性のパートナーであるヒッグシーノによる量子異常（アノマリー）を防ぐためにアップ・タイプのクォークとダウンタイプのクォークにそれぞれに質量を与える 2 つのヒッグス粒子が必要となる．その結果，電弱相転移の後，MSSM では中性で CP が偶のヒッグス粒子 h, H，中性で CP が奇のヒッグス粒子 A と電荷を持ったヒッグス粒子 $H^\pm$ が存在する．

超対称性パートナーの電荷，バリオン数，レプトン数などの量子数は対応する標準模型の粒子とまったく同じである．さらに，超対称性が完全に成り立っているとすると，質量も等しくなる．したがって，たとえば，電子と同じ質量で同じ電荷をもつスカラー粒子が実験で見つかるはずである．しかし，現実には超対称性粒子はまだ 1 つも発見されていない．このことから，現在の実験が行われているような低エネルギーの世界では超対称性が壊れていると考えられる．この場合，すべての超対称性粒子は破れのスケール程度の質量を持ち，超対称性の破れのスケールが実験で作り出せないような高いエネルギー・スケールだとすると，まだ超対称性粒子が発見されていないことが説明できる．

超対称性の破れのスケールに関してはヒッグス粒子の質量から示唆を得ることができる．超対称性理論では最も軽いヒッグス粒子の質量は放射補正を考慮しないと Z ボソンの質量（91 GeV）より軽く，放射補正によって Z ボソンの質量より重くなることが知られている．したがって，発見されたヒッグス粒子の質量 125 GeV を説明するためには大きな放射補正が必要とされ，これは超対称性粒子の質量が大きいことを意味している．これから，超対称性の破れのスケールは当初考えられていた $\mathcal{O}(100)$ GeV よりも大きく $\mathcal{O}(1)$–$\mathcal{O}(100)$ TeV だと考えられるようになっている．

超対称性理論のモデルでは一般に R パリティとよばれる対称性が成り立っている．R は

$$R = (-1)^{3(B-L)+2S} \tag{6.6}$$

と定義され，B，L，S はそれぞれバリオン数，レプトン数，スピンを表す．これによると，標準模型に存在する粒子は R パリティ $+1$，その超対称性パートナー（超対称性粒子）は R パリティ -1 となる．R パリティの保存の帰結として R パリティ -1 の粒子が崩壊する場合，奇数個のより軽い R パリティ -1 の超対称性粒子に崩壊しなければならない．このことから，もっとも軽い超対称性粒子（Lightest supersymmetric particle 略して LSP）は安定になる．一般に，素粒子論では質量の大きな粒子は不安定でもっと軽い粒子に崩壊すると考えられるのだが，R パリティのために LSP は質量が重くても安定に存在できるのである．この LSP がダークマターの有力な候補となっている．実際，LSP の質量は大きく，数百 GeV 程度と考えられるので，宇宙初期に熱平衡にあっても大きな速度

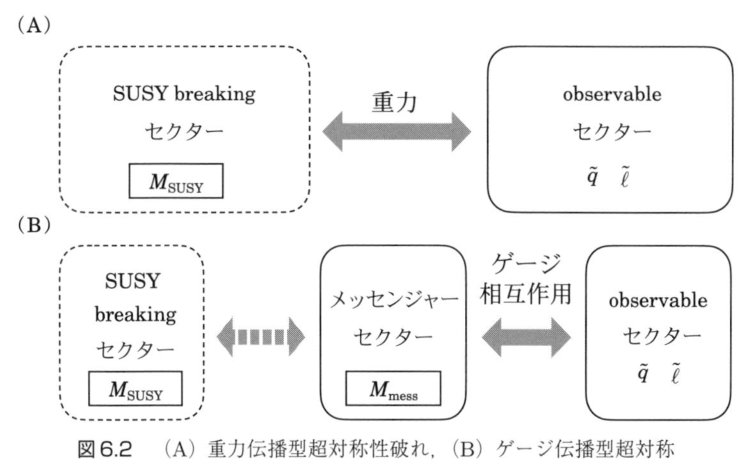

図 6.2　(A) 重力伝播型超対称性破れ,(B) ゲージ伝播型超対称性破れ

を持って動き回ることはできず,冷たいダークマターになる.

具体的な LSP として可能性が高いと考えられているのは,後で説明する中性のゲージ・フェルミオンとヒッグシーノからなるニュートラリーノとグラビティーノである.

6.2 超対称性の破れ

超対称性は低エネルギーの世界では破れていると考えられている.対称性は標準模型の粒子とその超対称性パートナー粒子の住む世界(observable セクター)とは別の世界(超対称性を破るセクター,SUSY breaking セクター)で破れ,それが observable セクターに伝わると考えられている.素粒子実験で素粒子のフレーバーを変えるような中性カレントが発見されていないことから,超対称性の破れを伝える相互作用はフレーバーに依存しないものであることが要求され,そのような相互作用として重力とゲージ相互作用が考えられる.

重力によって超対称性の破れが伝播する模型(重力伝播型超対称性破れの模型)では図 6.2 (A) で示したように,SUSY breaking セクターでの超対称性の破れが重力によって observable セクターに伝えられるので,SUSY breaking セクターでの超対称性の破れのスケール M_{SUSY} と observable セクターのスクォーク(クォークの超対称性パートナー)やスレプトン(レプトンの超対称性パートナー）の質量 $m_{\tilde{q}}$, $m_{\tilde{\ell}}$ の関係はプランクスケール $M_{\rm pl}$ を用いて

$$m_{\tilde{q}},\ m_{\tilde{\ell}} \sim \frac{M_{\rm SUSY}^2}{M_{\rm pl}} \tag{6.7}$$

で与えられる．スクォークやスレプトンの質量と期待される $m_{\tilde{q}}, m_{\tilde{\ell}} \sim \mathcal{O}(1)\,\mathrm{TeV}$ を与えるためには $M_{\rm SUSY} \sim \mathcal{O}(10^{11})\,\mathrm{GeV}$ であることが要求される．このとき，グラビティーノも重力で SUSY breaking セクターでの超対称性の破れによって質量を得るので

$$m_{3/2} \sim \frac{M_{\rm SUSY}^2}{M_{\rm pl}} \sim \mathcal{O}(1)\,\mathrm{TeV} \tag{6.8}$$

とスクォークやスレプトンの質量と同程度になる*1.

一方，ゲージ相互作用で超対称性の破れが伝わる模型では observable セクターに超対称性の破れを標準模型のゲージ相互作用で伝えるメッセンジャーセクターが存在する．メッセンジャーセクターは SUSY breaking セクターと（標準模型とは異なるゲージ相互作用で）結合することによって超対称性が破れる．これを模式的に表すと図 6.2（B）のようになる．このゲージ伝播型超対称性破れの模型ではメッセンジャーセクターでの超対称性の破れのスケール $M_{\rm mess}$ とスクォークやスレプトンの質量 $m_{\tilde{q}}$, $m_{\tilde{\ell}}$ の関係はゲージ相互作用の結合定数 g を用いて

$$m_{\tilde{q}}, m_{\tilde{\ell}} \sim \frac{\alpha}{4\pi} M_{\rm mess} \qquad \left(\alpha = \frac{g^2}{4\pi}\right) \tag{6.9}$$

で与えられる．また，グラビティーノは重力相互作用しかしないので，質量は SUSY breaking セクターでの超対称性の破れによって決まり

$$m_{3/2} \sim \frac{M_{\rm SUSY}^2}{M_{\rm pl}} \tag{6.10}$$

となるので，$M_{\rm mess} \sim M_{\rm SUSY}$ なので

$$m_{3/2} \ll m_{\tilde{q}}, m_{\tilde{\ell}} \tag{6.11}$$

となり軽いグラビティーノが予言される．したがって，ゲージ伝播型超対称性の

*1 グラビティーノはスピン 3/2 を持っているので，グラビティーノの質量などは下添字 3/2 を用いて表すのが慣例である．

破れの模型では一般にグラビティーノがLSPとなりダークマターの候補となる.

6.3 ニュートラリーノ

ニュートラリーノ $\tilde{\chi}_n^0\,(n=1,2,3,4)$ は中性のゲージボソン B, W^3 *2 の超対称性パートナーであるビーノ $\tilde{B}$, ウィーノ $\tilde{W}^3$ と中性のヒッグス粒子 H_u, H_d の超対称性パートナーであるヒッグシーノ $\tilde{H}_u$, $\tilde{H}_d$ の混合状態である. その中で最も軽いニュートラリーノはダークマターの有力な候補である. ニュートラリーノは

$$\chi_n^0 = N_{1n}\tilde{B} + N_{2n}\tilde{W}^3 + N_{3n}\tilde{H}_u + N_{4n}\tilde{H}_d \quad (n=1,2,3,4) \tag{6.14}$$

と表され, 係数 N_{in} は次の質量行列の規格化された固有ベクトルである.

$$M_\chi = \begin{pmatrix} M_1 & 0 & -m_Z c_\beta s_\mathrm{W} & m_Z s_\beta s_\mathrm{W} \\ 0 & M_2 & m_Z c_\beta c_\mathrm{W} & -m_Z s_\beta c_\mathrm{W} \\ -m_Z c_\beta s_\mathrm{W} & -m_Z s_\beta c_\mathrm{W} & 0 & -\mu \\ m_Z s_\beta s_\mathrm{W} & -m_Z s_\beta c_\mathrm{W} & -\mu & 0 \end{pmatrix} \tag{6.15}$$

ここで, $c_\beta=\cos\beta$, $s_\beta=\sin\beta$, $c_\mathrm{W}=\cos\theta_\mathrm{W}$, $s_\mathrm{W}=\sin\theta_\mathrm{W}$ (θ_W: ワインバーグ角, $\sin^2\theta_\mathrm{W}=0.231$), m_Z は Z ボソンの質量, $\tan\beta=\langle H_u\rangle/\langle H_d\rangle$, μ は超対称性ヒッグス質量項に関係したパラメータである. 最も軽いニュートラリーノを $\tilde{\chi}_1^0$ とすると, すでに知られている m_Z, θ_W を除けば, $\tilde{\chi}_1^0$ の質量は4つの未知のパラメータ M_1, M_2, μ, $\tan\beta$ で決まることになる.

ニュートラリーノの宇宙における密度は, 4.2節のWIMPで説明したように, 熱平衡からの離脱の過程で決められる. つまり, 宇宙初期において, ニュートラリーノは熱平衡にあり, その数密度は熱平衡分布に従うが, 温度が下がり密度が減少し, ニュートラリーノが非相対論的になるとその数密度はボルツマン分布に

---

*2 B は $U(1)_Y$ に対するゲージボソン. $SU(2)_L$ に対するゲージ・ボソン (ウィーク・ゲージボソン) である (W^1, W^2, W^3) のうち W^3 が中性で, 残りの W^1, W^2 は電荷を持ったウィーク・ゲージボソン ($W^\pm = W^1 \pm iW^2$) になる. また, 電弱相転移で, ヒッグスが期待値 $\langle H_u\rangle$, $\langle H_d\rangle$ を持った後, B と W^3 は質量を持った Z ボソンと質量ゼロの光子 γ になり, それらの間にはワインバーグ角 θ_W を用いて

$$\gamma = B\cos\theta_\mathrm{W} + W^3\sin\theta_\mathrm{W} \tag{6.12}$$
$$Z = -B\sin\theta_\mathrm{W} + W^3\cos\theta_\mathrm{W} \tag{6.13}$$

という関係がある.

従って急激に減少する．しかし，ニュートラリーノは相互作用が弱いために，十分な対消滅が起きず平衡分布に追従することができずに熱平衡から離脱し，その密度が宇宙膨張によって薄められるだけになる．したがって，式（4.24）からニュートラリーノの密度は対消滅の断面積によって決まる．

ニュートラリーノの対消滅反応はフェルミオン対を生成するモード

$$\tilde{\chi}_1^0\,\tilde{\chi}_1^0 \;\rightarrow\; f\,\bar{f} \quad (f = q, \ell, \nu) \tag{6.16}$$

とボソン対を生成するモード

$$\tilde{\chi}_1^0\,\tilde{\chi}_1^0 \;\rightarrow\; W^+\,W^-,\;\; Z^0\,Z^0,\;\; W^\pm\,H^\mp,\;\; \cdots \tag{6.17}$$

がある．さらに，ニュートラリーノの質量と他の超対称性粒子の質量がほぼ等しい（質量が縮退している）場合にはその超対称性粒子と反応して消滅し標準模型の粒子を生成する過程が存在し，ニュートラリーノの存在量に大きな影響を与える．このような消滅反応を coannihilation と呼ぶ．たとえば，後で述べるように超対称性のモデルによってはニュートラリーノとトップ・クォークの超対称性パートナーであるストップ（$\tilde{t}$）の質量はほぼ縮退し

$$\tilde{\chi}_1^0 + \tilde{t} \;\rightarrow\; t\,g,\;\; t\,Z,\;\; b\,W^+,\;\; \cdots \tag{6.18}$$

のように消滅しその存在量が減少する．

ニュートラリーノの存在量を求めるに当たってはさまざまな超対称性粒子の質量など多数の自由なパラメータが存在するため解析は容易でない．そこで，理論的仮定に基づいてモデル・パラメータを大幅に少なくして解析を行うことが主流になっている．そのようなモデルとして良く調べられているのが CMSSM（Constained Minimal Supersymmetric Standard Model）と呼ばれるもので，大統一理論（GUT）のスケール（M_U）で

- ゲージ相互作用の結合定数の統一
- 統一されたゲージ・フェルミオンの質量（$m_{1/2}$）
- 共通の超対称性スカラー粒子の質量（m_0）
- 共通のスカラー3点の結合定数（A_0）

を仮定したモデルである．CMSSM ではさらに2つのヒッグス場の期待値の比

$\tan\beta$ と μ パラメータの符号（$\mu > 0$ か $\mu < 0$）を与えればすべての超対称性粒子の質量が決まる．

前に述べたようにヒッグスの質量が大きいことや未だ超対称性粒子が見つかっていないことから超対称性の破れのスケールは電弱スケールに比較して大きく，ニュートラリーノの質量も重いと考えられる．その結果，大雑把にいって質量の2乗に反比例するニュートラリーノの対消滅断面積は小さく，残存量は大きくなりダークマターの密度を超えてしまう傾向がある．したがって，ニュートラリーノがダークマターとしてちょうど適切な密度になるのは次のような比較的特殊な状況のみである．

(1) coannihilation 領域： ストップ（トップクォークの超対称性パートナー）またはスタウ（タウの超対称性パートナー）とニュートラリーノの質量が縮退してそれらの粒子との対消滅が有効に働いて残存量を少なくする場合

(2) Focus-point 領域： ニュートラリーノが大きなヒッグシーノ成分を持つ場合

(3) A-funnel 領域： ニュートラリーノ質量が CP odd の重いヒッグス粒子の質量の半分で対消滅が共鳴的に起きる場合

図 6.3 は CMSSM でニュートラリーノが LSP になる領域が示されている．図 6.3（a）は $A_0 = 3m_0$，$\tan\beta = 5$，$\mu > 0$ の場合で，濃い灰色の領域のうち下側はスタウ（タウの超対称性パートナー）が LSP になり，上側はストップが LSP になる領域で，いずれも電荷を持った粒子が LSP になるために禁止される．実線が理論的に計算されたヒッグスの質量を表している．理論計算の不定性を考慮して，$125 \pm 3\,\mathrm{GeV}$ が許されるとしてある．ニュートラリーノがダークマターを説明するのは，ニュートラリーノの質量とストップ（スタウ）の質量が縮退して coannihilation が効率よく起こる場合である．ストップ（スタウ）が LSP になる領域とニュートラリーノが LSP になる境界領域，つまり，上側の禁止領域の下限と下側の禁止領域の上限で実現される（領域が非常に細いために図では見えていない）．図 6.3（b）は $A_0 = 0$，$\tan\beta = 10$，$\mu > 0$ の場合で，Focus-Point 領域が現れる．図で下側の濃い灰色の領域はスタウが LSP になり，濃い灰色の細い領域は

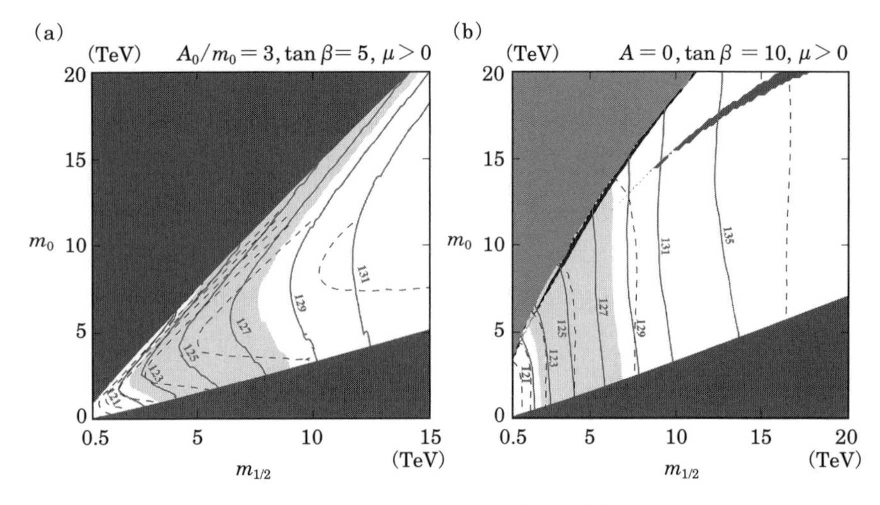

図6.3 CMSSM のパラメータに対する制限 [38]

チャージーノが LSP になる領域である．また，上部の薄い灰色の領域は電弱相転移がうまく起こらないために禁止される．ニュートラリーノがダークマターになる Focus-Point 領域は上部の薄い灰色の下側に細い帯状の領域で示してある．

6.4 グラビティーノ

グラビティーノ（gravitino）は重力を媒介する重力子（graviton）の超対称性パートナーで他の粒子とは重力でしか相互作用しない．グラビティーノの宇宙における生成は 2 通り考えられる．1 つはインフレーションの再加熱時に熱浴にある粒子の散乱に伴って生成され，もう 1 つは 2 番目に軽い超対称性粒子（Next lightest SUSY particle 略して NLSP）の崩壊によって生成される．

6.4.1 再加熱時におけるグラビティーノ生成

まず，インフレーション後の再加熱時に生成されるグラビティーノについて考えよう．インフレーションが終わった後，インフレーションを起こしていたスカラー場は他の粒子に崩壊し，さらに崩壊によって生成された粒子がさらに崩壊・散乱をくり返して熱浴が形成される．これが再加熱過程である．再加熱で作られた熱浴では，たとえば，次のようなクォーク（q）同士の散乱によってグラビティーノ（ψ_μ）とグルイーノ（$\tilde{g}$）が生成される（図 6.4）．

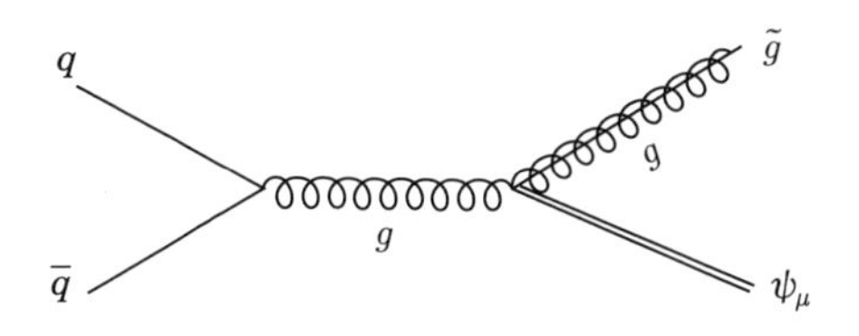

図6.4 グラビティーノの生成

$$q + \bar{q} \to \tilde{g} + \psi_\mu \tag{6.19}$$

このような散乱の他に，スクォークがクォークとグラビティーノに崩壊するなどの崩壊過程でもグラビティーノは生成される．

生成されるグラビティーノの存在量は非常に大雑把には以下のように計算される．具体的な生成過程として（6.19）を考えると，生成されるグラビティーノの数密度 $n_{3/2}$ は反応の断面積 σ を用いて以下の式で与えられる．

$$n_{3/2} \sim \int dt \, n_q^2 \sigma. \tag{6.20}$$

ここで，グラビティーノが重力でしか相互作用しないことから $\sigma \sim 1/M_{\rm pl}$，熱平衡にあるクォークの数密度が $n_q \sim T^3$ であること，時間積分において再加熱直後の寄与が支配的であることから $\int dt$ を $H(T_R)^{-1}$ として

$$n_{3/2} \sim n_q^2 \sigma H(T_R)^{-1} \sim T_R^6 \frac{1}{M_{\rm pl}^2} \sqrt{\frac{90}{\pi^2 g_*}} \frac{M_{\rm pl}}{T_R^2} \tag{6.21}$$

となる．これからグラビティーノとエントロピーの比 $n_{3/2}/s$ は

$$\frac{n_{3/2}}{s} \simeq \frac{n_{3/2}}{(2\pi^2/45) g_{s*} T_R^3} \sim 7 \times 10^{-3} \frac{T_R}{M_{\rm pl}} \sim 3 \times 10^{-13} \left(\frac{T_R}{10^8 \, {\rm GeV}} \right) \tag{6.22}$$

で与えられる．$n_{3/2}/s$ は正確な計算によると［39］，

$$\frac{n_{3/2}}{s} \simeq 2.3 \times 10^{-14} \left[1 + 0.57 \left(\frac{M_{\tilde{g}}}{m_{3/2}} \right)^2 \right] \left(\frac{T_R}{10^8 \, {\rm GeV}} \right) \tag{6.23}$$

となる．ここで $M_{\tilde{g}}$ は（GUT スケールでの）グルイーノの質量である．これからグラビティーノが LSP で安定だとすると，現在における密度パラメータ $\Omega_{3/2}$ は

式（4.11）を用いて

$$\Omega_{3/2}h^2 \simeq 6.3 \times 10^{-6} \left(\frac{m_{3/2}}{\text{GeV}}\right) \left[1 + 0.57 \left(\frac{M_{\tilde{g}}}{m_{3/2}}\right)^2\right] \left(\frac{T_R}{10^8\,\text{GeV}}\right) \tag{6.24}$$

と計算できる．いま，グラビティーノの質量がグルイーノの質量よりもずっと軽い状況を考えると

$$\Omega_{3/2}h^2 \simeq 3.6 \left(\frac{m_{3/2}}{\text{GeV}}\right)^{-1} \left(\frac{M_{\tilde{g}}}{\text{TeV}}\right)^2 \left(\frac{T_R}{10^8\,\text{GeV}}\right) \tag{6.25}$$

と書ける．したがって，$\Omega_{\text{dm0}}h^2 \simeq 0.12$ を用いて，グラビティーノの質量と再加熱温度が

$$T_R \simeq 3.3 \times 10^6\,\text{GeV} \left(\frac{m_{3/2}}{\text{GeV}}\right) \left(\frac{M_{\tilde{g}}}{\text{TeV}}\right)^{-2} \tag{6.26}$$

の関係を満たすとグラビティーノがダークマターを説明できる．

6.4.2 NLSP 崩壊からのグラビティーノ生成

次に NLSP の粒子が崩壊してグラビティーノを生成する場合を考えよう．ここでは NSLP 粒子として，ニュートラリーノ，スタウとスニュートリノ（ニュートリノの超対称性パートナー）を仮定する．最も軽いニュートラリーノがビーノ，ウィーノ，ヒッグシーノの中のどのコンポーネントから主にできているかは前に述べたニュートラリーノの質量行列によるが，ここではビーノ $\tilde{B}$（Bino）が最も軽いニュートラリーノだとして議論を進める．ビーノは光子とグラビティーノ（$\tilde{B} \to \psi_\mu + \gamma$），あるいは標準模型のフェルミオン・反フェルミオン対とグラビティーノ（$\tilde{B} \to \psi_\mu + f + \bar{f}$）に崩壊する．ビーノの質量 $m_{\tilde{B}}$ がグラビティーノの質量や Z ボソンの質量より十分大きい場合の崩壊率は

$$\Gamma_{\tilde{B}} \simeq \frac{m_{\tilde{B}}^5}{48\pi m_{3/2}^2 M_{\text{pl}}^2} \tag{6.27}$$

で与えられる．これから寿命 $\tau_{\tilde{B}}$ は

$$\tau_{\tilde{B}} \simeq 5.7 \times 10^4\,\text{s} \left(\frac{m_{\tilde{B}}}{100\,\text{GeV}}\right)^{-5} \left(\frac{m_{3/2}}{\text{GeV}}\right)^2 \tag{6.28}$$

となる.

NLSP の崩壊によって生成されるグラビティーノの数密度は崩壊前のビーノの数密度に等しい．ビーノの宇宙における存在量がグラビティーノ・ダークマターの密度を決めることになる．前述したように，ビーノが熱平衡からの離脱した際の残存量はビーノの対消滅断面積によって計算できるが数多くの物理量が関係しており複雑となる．ここでは，大統一理論スケールでの統一された質量を仮定し，物理パラメータを制限したモデルに基づいて，coannihilation が効かない場合の存在比 $Y_{\tilde{B}} = n_{\tilde{B}}/s$ の近似式 [40]

$$Y_{\tilde{B}} \simeq 4 \times 10^{-12} \left(\frac{m_{\tilde{B}}}{100\,\mathrm{GeV}}\right) \tag{6.29}$$

を採用する．これからグラビティーノの現在の密度は

$$\Omega_{3/2} h^2 \simeq 1 \times 10^{-3} \left(\frac{m_{\tilde{B}}}{100\,\mathrm{GeV}}\right) \left(\frac{m_{3/2}}{\mathrm{GeV}}\right) \tag{6.30}$$

と近似的に与えられる.

次に NLSP がスタウである場合を考えよう．スタウはグラビティーノとタウに崩壊し（$\tilde{\tau} \to \psi_\mu + \tau$），その崩壊率 $\Gamma_{\tilde{\tau}}$ と寿命 $\tau_{\tilde{\tau}}$ は

$$\Gamma_{\tilde{\tau}} \simeq \frac{m_{\tilde{\tau}}^5}{48\pi m_{3/2}^2 M_{\mathrm{pl}}^2} \tag{6.31}$$

$$\tau_{\tilde{\tau}} \simeq 5.7 \times 10^4\,\mathrm{s} \left(\frac{m_{\tilde{\tau}}}{100\,\mathrm{GeV}}\right)^{-5} \left(\frac{m_{3/2}}{\mathrm{GeV}}\right)^2 \tag{6.32}$$

で与えられる．ここで $m_{\tilde{\tau}}$ はスタウの質量である．また，崩壊前の存在量 $Y_{\tilde{\tau}} = n_{\tilde{\tau}}/s$ は

$$Y_{\tilde{\tau}} \simeq 7 \times 10^{-14} \left(\frac{m_{\tilde{\tau}}}{100\,\mathrm{GeV}}\right) \tag{6.33}$$

で与えられる [41]．したがって，この場合のグラビティーノの質量密度は

$$\Omega_{3/2} h^2 \simeq 2 \times 10^{-5} \left(\frac{m_{\tilde{\tau}}}{100\,\mathrm{GeV}}\right) \left(\frac{m_{3/2}}{\mathrm{GeV}}\right) \tag{6.34}$$

となり，グラビティーノがダークマターになるにはグラビティーノの質量とスタウの質量が大きい必要がある.

最後に，NLSP がスニュートリノである場合を考える．スニュートリノの崩壊

前の宇宙の存在量 $Y_{\tilde{\nu}}$ は

$$Y_{\tilde{\nu}} \simeq 2 \times 10^{-14} \left(\frac{m_{\tilde{\nu}}}{100\,\mathrm{GeV}}\right) \tag{6.35}$$

で与えられる [41]．スニュートリノはニュートリノとグラビティーノに崩壊し，その寿命は

$$\tau_{\tilde{\nu}} \simeq 5.7 \times 10^4\,\mathrm{s} \left(\frac{m_{\tilde{\nu}}}{100\,\mathrm{GeV}}\right)^{-5} \left(\frac{m_{3/2}}{\mathrm{GeV}}\right)^2 \tag{6.36}$$

となる．スニュートリノの崩壊によって生成されたグラビティーノの現在の宇宙における密度は

$$\Omega_{3/2} h^2 \simeq 6 \times 10^{-6} \left(\frac{m_{\tilde{\nu}}}{100\,\mathrm{GeV}}\right) \left(\frac{m_{3/2}}{\mathrm{GeV}}\right) \tag{6.37}$$

となる．

NLSP が崩壊することによって生成されたグラビティーノがダークマターになる場合，NLSP の崩壊は重力相互作用で起こるので寿命が長く宇宙初期の元素合成の時期に崩壊が起き，その際に放出される標準模型粒子によって元素合成で作られた軽元素（D, ^{3}He, ^{4}He, ^{7}Li）が壊される可能性がある．NLSP の崩壊によって光子や電子・陽電子のような電磁相互作用を持った粒子が生成される場合（放射崩壊）は，高エネルギーの光子・電子などがバックグランドの熱的プラズマと反応して電磁シャワーが生成され，それによって作られた高エネルギー光子によって軽元素が壊される．また，NLSP がクォークなどの強い相互作用をする粒子に崩壊し核子や中間子が生成される場合（ハドロン崩壊），生成された陽子や中性子がハドロンシャワーを引き起こし軽元素が壊される．

放射崩壊の場合の重要な過程は

$$\gamma + \gamma_{\mathrm{BG}} \longrightarrow e^- + e^+ \quad \text{(double photon pair creation)} \tag{6.38}$$

$$\gamma + \gamma_{\mathrm{BG}} \longrightarrow \gamma + \gamma \quad \text{(photon-photon scattering)} \tag{6.39}$$

$$\gamma + e^-_{\mathrm{BG}} \longrightarrow \gamma + e^- \quad \text{(Compton scattering)} \tag{6.40}$$

$$\gamma + N_{\mathrm{BG}} \longrightarrow e^- + e^+ + N_{\mathrm{BG}} \quad \text{(pair creation)} \tag{6.41}$$

$$e^\pm + \gamma_{\mathrm{BG}} \longrightarrow e^\pm + \gamma \quad \text{(inverse Compton scattering)} \tag{6.42}$$

である．ここで，γ_{BG}, e^-_{BG}, N_{BG} はバックグランドの光子，電子，核子である．

これらの反応が連続的に起こることによって数多くのエネルギーを持った光子が生成される．バックグラウンドにある光子の数は電子に比較して圧倒的に多いのでバックグラウンドの光子との反応，特に (6.38) が起きれば光子はすぐに熱化される．ただし，電子・陽電子対を生成するためには重心系で $2m_e$ のエネルギーが必要なので反応が起きるためには光子のエネルギー E が

$$E \geqq E_{\rm th} \simeq \frac{m_e^2}{22T} \tag{6.43}$$

である必要がある (T はバックグランドの温度)．逆に，エネルギーが $E_{\rm th}$ より低い光子はすぐに熱化されずに軽元素を壊す確率が高くなる．したがって，軽元素の結合エネルギーが $E_{\rm th}$ より低いと壊される．重陽子 (D) の結合エネルギーは 2.2 MeV なので，宇宙の温度が 10 keV より低いときに壊され，結合エネルギーが 20 MeV のヘリウム 4 (^{4}He) の場合は温度が 1 keV より低くなると壊される．

ハドロン崩壊では，ハドロンシャワーが引き起こされ数多くのエネルギーを持った中性子・陽子が生成されそれらが軽元素を壊す．電荷を持つ陽子はクーロン散乱などの電磁相互作用によって比較的すぐにエネルギーを失うが，中性子はエネルギーを失うのが遅く元素合成に与える影響が大きい．具体的には高エネルギー陽子の場合，宇宙の温度が約 30 keV より高いとバックグランドの核子と反応する前にエネルギーを失ってしまうが，中性子は宇宙の温度が 100 keV 以上でないとすぐにはエネルギーを失わない．

高エネルギー光子や核子が元素合成に与える影響としては，それらが軽元素を壊すとともに，存在量の多いヘリウム 4 を壊すことによって崩壊の生成物であるトリチウム (T)，重陽子 (D)，ヘリウム 3 (^{3}He) を非熱的に生成することが重要である．宇宙初期の元素合成ではヘリウム 4 に比べて重陽子やヘリウム 3 の存在量は小さいのでわずかなヘリウム 4 が壊されただけで無視できない重陽子・ヘリウム 3 の生成量となる．また，ヘリウム 4 が壊されることによって生成されるトリチウムとヘリウム 3 はエネルギーを持っているためにバックグランドのヘリウム 4 と散乱してリチウム 6 (^{6}Li) を非熱的に生成する．標準的な元素合成ではリチウム 6 はほとんど作られないのでこのように生成されるリチウム 6 は重要である．さらに，NLSP の崩壊によって生じた核子やパイ中間子がバックグラウンドの核子と反応することによって陽子と中性子の入れ替え反応 ($p \leftrightarrow n$) が起こ

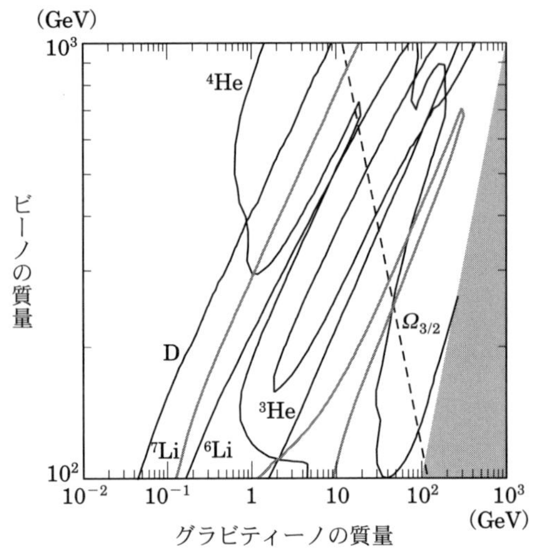

図6.5 ビーノ NLSP に対す宇宙初期の元素合成からの制限 (^{4}He の制限からダークマターになる破線の領域はビーノの質量が 1 TeV 以下では許されなくなる) [42]

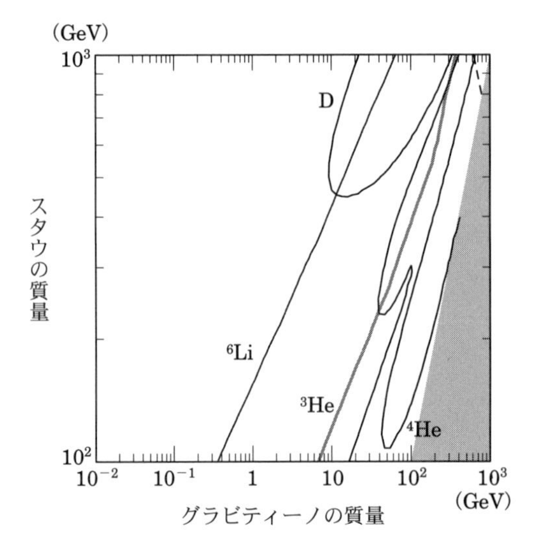

図6.6 スタウ NLSP に対す宇宙初期の元素合成からの制限 [42]

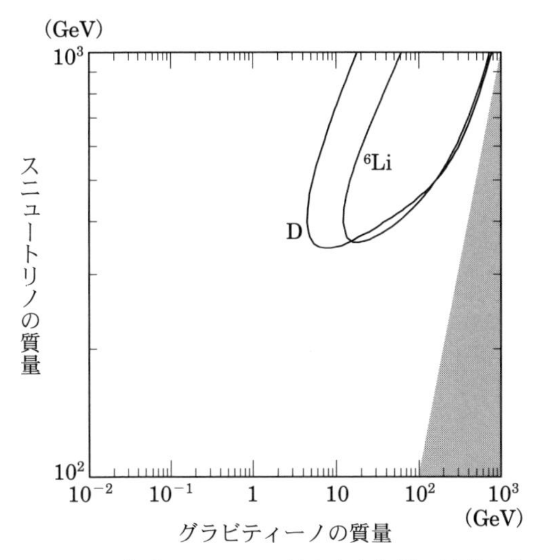

図6.7 スニュートリノ NLSP に対す宇宙初期の元素合成からの制限［42］

り，中性子・陽子比を増加させ，結果として最終的なヘリウム 4 の生成量を増やす．このように NLSP の崩壊は宇宙初期の元素合成に大きな影響を与えるので，NLSP に対して元素合成から強い制限が得られる．

図 6.5–6.7 はビーノ NLSP，スタウ NLSP，スニュートリノ NSLP に対する制限を示したもので，各元素の存在比の観測からの制限が示されている．また，影のついた領域は NLSP の質量がグラビティーノの質量より大きく崩壊が起きない場合を表している．ビーノ NLSP とスタウ NLSP に対しては，図の破線が崩壊によって生成されたグラビティーノがダークマターになる場合を表している．これから，NSLP の質量が 1 TeV 以下の場合には，ビーノ NLSP やスタウ NLSP の崩壊から生成されたグラビティーノが元素合成と矛盾なくダークマターになる可能性は低いことが分かる．一方，スニュートリノ NSLP の崩壊の場合にはグラビティーノとともに生成されるのは主にニュートリノで弱い相互作用しかしない．そのため，元素合成への影響は分岐比が小さい崩壊モードである $\tilde{\nu} \to \psi_\mu + \nu + q + \bar{q}$ から来るので制限は弱いが，グラビティーノがダークマターになるためには式（6.37）から分かるようにスニュートリノとグラビティーノの質量が非常に大きい必要がある．

6.5 モジュライ

重力を含めた素粒子の統一理論として有望視されている超弦理論は時空が10次元または11次元で定式化され，3次元以外の余分の空間次元（余剰次元）はコンパクト化されていると考えられている．余剰次元がコンパクト化される際，コンパクト空間のサイズや形はエネルギーに依らず，それらに対応する自由度は質量ゼロのスカラー場として現れる．これらのスカラー場は超対称性の破れに伴ってグラビティーノ程度の質量を獲得する．また，超重力理論でも超対称性の破れに伴って，グラビティーノ程度の質量を持ったスカラー場が現れることがある．5章で議論したアクシオンモデルも超対称化すると，PQスカラーの動径方向に対応する場（スアクシオンと呼ばれる）は一般に軽くなり，グラビティーノ程度の質量を持つ．このように超弦理論の余剰次元のコンパクト化や超対称性の破れに伴って現れる軽いスカラー場を「モジュライ場」，対応する粒子をモジュライと呼ぶ[*3]．

これらのモジュライ場の質量はグラビティーノの質量と同程度で重力でしか他の粒子と相互作用しない．モジュライ場 ϕ の質量 m_ϕ が比較的大きい場合（$m_\phi \gtrsim \mathcal{O}(100)\,\mathrm{GeV}$）にはモジュライ場はモジュライより軽い標準模型粒子や超対称性粒子に崩壊することができ，その寿命は

$$\tau_\phi \sim N^{-1}\frac{M_{\mathrm{pl}}^2}{m_\phi^3} \simeq 10^{17}\,\mathrm{s}\,\frac{1}{N}\left(\frac{m_\phi}{100\,\mathrm{MeV}}\right)^{-3} \tag{6.44}$$

で与えられる．ここで N は崩壊チャンネルの数である．したがって，質量が100 MeV程度以下の軽いモジュライは宇宙年齢よりも長い寿命を持ちダークマターになり得る．

モジュライの密度はアクシオンのコヒーレント振動と同じようにモジュライ場のコヒーレント振動によって決まる．モジュライ場のポテンシャルは

$$V(\phi) = \frac{1}{2}m_\phi^2\phi^2 \tag{6.45}$$

で与えられるとすると，振動はアクシオンの場合と同じように $m_\phi \simeq 3H$ のときに始まる．もし，インフレーション後の再加熱温度が低くて振動開始時にインフ

---

*3 超弦理論で現れるALP（5.8節）もこのようなスカラー場の一種と考えることができる．

ラトン場が宇宙を支配しているとすると，インフラトン場とモジュライ場の密度の比は

$$\frac{\rho_\phi}{\rho_I} = \frac{m_\phi^2 \phi_0^2/2}{3H_{\rm osc}^2 M_{\rm pl}^2} = \frac{3}{2}\frac{\phi_0^2}{M_{\rm pl}^2} \tag{6.46}$$

となる．ここで，ρ_I はインフラトンの密度，ϕ_0 はモジュライ場の初期値で，振動時のハッブル・パラメータ $H_{\rm osc}$ はフリードマン方程式から $H_{\rm osc} = \sqrt{\rho_I(t_{\rm osc})/3M_{\rm pl}^2}$ で与えられることを用いた．再加熱が起こるまでインフラトン場とモジュライ場の密度は a^{-3} に比例して減少するのでその比は変わらない．再加熱が起きるとインフラトンの持っていたエネルギーがエントロピーになるのでエントロピー密度は

$$s = \frac{4}{3}\frac{\rho_I(t_R)}{T_R} \tag{6.47}$$

で与えられる．ここで t_R と T_R は再加熱時の時刻と温度である．したがって，再加熱後のモジュライの密度とエントロピー密度の比は

$$\frac{\rho_\phi}{s} = \frac{9}{8}T_R\left(\frac{\phi_0}{M_{\rm pl}}\right)^2 \tag{6.48}$$

となる．上式が成り立つためには $H(t_{\rm osc}) > H(t_R)$ が必要で，この条件から再加熱温度に対して

$$T_R < T_{\rm osc} \equiv \left(\frac{10}{\pi^2 g_*}\right)^{1/4}\sqrt{m_\phi M_{\rm pl}} \simeq 4.9\times 10^5\,{\rm GeV}\left(\frac{m_\phi}{\rm keV}\right)^{1/2} \tag{6.49}$$

という上限が得られる．再加熱温度がこの上限よりも高い場合には，モジュライ場は再加熱後に振動を開始し，そのときの温度は $T_{\rm osc}$ で与えられる．その結果，モジュライの密度とエントロピー密度の比は式（6.48）で T_R を $T_{\rm osc}$ で置き換えたものになる．つまり，まとめると

$$\frac{\rho_\phi}{s} = \begin{cases} \dfrac{9}{8}T_R\left(\dfrac{\phi_0}{M_{\rm pl}}\right)^2 & (T_R < T_{\rm osc}) \\ \dfrac{9}{8}T_{\rm osc}\left(\dfrac{\phi_0}{M_{\rm pl}}\right)^2 & (T_R > T_{\rm osc}) \end{cases} \tag{6.50}$$

となる．これとダークマター密度とエントロピーの比 $\rho_{\rm dm}/s \simeq 4\times 10^{-10}\,{\rm GeV}$ を

比較すると，$T_R < T_{\rm osc}$ の場合にモジュライの密度がダークマター密度を超えないためには

$$\phi_0 \lesssim 1.9 \times 10^{-6} \, M_{\rm pl} \left(\frac{T_R}{10^6 \, {\rm GeV}} \right)^{-1/2} \tag{6.51}$$

となり，モジュライ場の値がプランクスケールに比べて十分に小さい必要があることが分かる．再加熱温度は宇宙初期の元素合成が成功するために数 MeV 以上であることが必要なので，$T_R \gtrsim 3 \, {\rm MeV}$ とすると，式 (6.51) から $\phi_0 \lesssim 0.034 M_{\rm pl}$ となる．しかし，一般にはモジュライ場はプランク・スケール程度の値を持つと期待される．したがって，モジュライ場は宇宙の物質密度を超えてしまい宇宙論的問題（モジュライ問題）を引き起こす．モジュライ問題の解決にはモジュライ密度を薄めるエントロピー生成過程の存在や何らかの対称性によって初期値が小さくなるなどのアイデアが提唱されている．このようにモジュライは初期値に対する微調節が必要であるが，ダークマーの候補になる．

モジュライ場は一般に光子との結合があり，光子への崩壊（$\phi \to \gamma + \gamma$）から生じる X 線が観測されていないことから寿命が宇宙年齢よりもずっと長いことが要求される．具体的な計算を行うために，モジュライと光子の相互作用を

$$\mathcal{L} = \frac{1}{4} \frac{\phi}{M_{\rm pl}} F_{\mu\nu} F^{\mu\nu} \tag{6.52}$$

としよう．$F_{\mu\nu}$ は電磁場テンソルである．これから光子への崩壊の寿命は

$$\tau_{\phi\gamma\gamma} = 7.6 \times 10^{23} \, {\rm s} \left(\frac{m_\phi}{\rm MeV} \right)^{-3} \tag{6.53}$$

で与えられる．崩壊で生成された光子のスペクトルは

$$F_\gamma(E_\gamma) = \frac{1}{4\pi} \int_0^{t_0} dt \, \frac{2n_\phi}{\tau_{\phi\gamma\gamma}} E_\gamma (1+z) \, \delta(E_\gamma(1+z) - m_\phi/2) \tag{6.54}$$

となる．ここで，n_ϕ はモジュライの数密度である．デルタ関数は，赤方偏移 z で崩壊によって m_ϕ の半分のエネルギーを持つ光子が生成され，現在 $1/(1+z)$ だけ赤方偏移したエネルギーになっていることを表す．積分を実行して，

$$F_\gamma(E_\gamma) = \frac{1}{4\pi} \, \frac{2\Omega_\phi}{\tau_{\phi\gamma\gamma} m_\phi} \, \frac{\rho_{c0}}{H_0} \, \left(\frac{2E_\gamma}{m_\phi} \right)^{3/2} f \left(\frac{m_\phi}{2E_\gamma} \right)$$

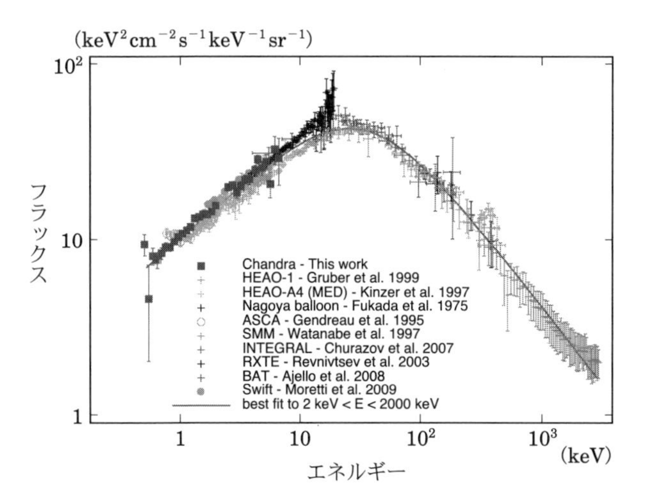

図6.8 宇宙 X 線背景放射の観測 [43]

$$\times \exp\left(-\frac{t\,(z = m_\phi/2E_\gamma - 1)}{\tau_{\phi\gamma\gamma}}\right) \tag{6.55}$$

が得られる．Ω_ϕ はモジュライの密度パラメータで，f は

$$f(x) = [\Omega_{\mathrm{M}} + (1 - \Omega_{\mathrm{M}}/x^3)]^{-1/2} \tag{6.56}$$

で与えられる．寿命が宇宙年齢よりも十分長いときにはスペクトルは $E_\gamma = m_\phi/2$ でピークを持ちそこでのフラックスは

$$\begin{aligned} F_{\gamma,\max}(E_\gamma = m_\phi/2) &= \frac{1}{4\pi}\,\frac{2\Omega_\phi}{\tau_{\phi\gamma\gamma} m_\phi}\,\frac{\rho_{c0}}{H_0} \\ &= 1.3\,(\mathrm{sr\,cm^2\,s})^{-1}\left(\frac{\Omega_\phi h^2}{0.12}\right)\left(\frac{h}{0.674}\right)\left(\frac{m_\phi}{\mathrm{MeV}}\right)^2 \end{aligned} \tag{6.57}$$

となる．

一方，宇宙 X 線背景放射のスペクトルは観測衛星によって図 6.8 に示したように観測されている．観測されたスペクトルは 2 keV から 2 MeV のエネルギー範囲で以下のような式でフィットされる [44]．

$$\frac{dF_{\gamma,\mathrm{obs}}}{dE_\gamma} = \frac{C}{(E_\gamma/E_B)^{\Gamma_1} + (E_\gamma/E_B)^{\Gamma_2}}\ \ \mathrm{sr^{-1}cm^{-2}s^{-1}keV^{-1}} \tag{6.58}$$

$$C = 10.15 \times 10^{-2} \tag{6.59}$$

$$\Gamma_1 = 1.32 \tag{6.60}$$

$$\Gamma_2 = 2.88 \tag{6.61}$$

$$E_B = 29.99\,\mathrm{keV} \tag{6.62}$$

式 (6.57) と式 (6.58) を比較して，モジュライからの X 線が観測値を超えないことからダークマターになっているモジュライの質量に対して，

$$m_\phi \lesssim 160\,\mathrm{keV} \tag{6.63}$$

という制限を得る．

第7章 その他の素粒子論的ダークマター候補

この章ではこれまで紹介したアクシオンと超対称性粒子以外の素粒子的ダークマター候補を紹介する.

7.1 ニュートリノ

ニュートリノはその存在と質量を持つことが実験的に確かめられており，電荷を持たず他の物質と弱い相互作用と重力相互作用しかしないので，歴史的にはダークマターの候補として真っ先に考えられた．ニュートリノは初期宇宙において，次のような弱い相互作用による反応によって熱平衡状態にある.

$$\nu_i + \bar{\nu}_i \longleftrightarrow e^- + e^+ \qquad (i = e, \mu, \tau) \tag{7.1}$$

ここで，ν_e，ν_μ，ν_τ はそれぞれ，電子ニュートリノ，ミュー・ニュートリノ，タウ・ニュートリノを表す．この反応の反応率 Γ は弱い相互作用のフェルミ結合定数 $G_{\rm F} \simeq 1.17 \times 10^{-5}\,{\rm GeV}^{-2}$ を用いて $\Gamma \sim G_{\rm F}^2 T^5$ で与えられる．Γ は温度が低くなると宇宙膨張の速さ $H \sim T^2/M_{\rm pl}$ と比較して急激に小さくなっていく．そのためニュートリノは宇宙の温度が約 1 MeV のときに熱平衡を離脱し ($\Gamma \sim H$)，他の粒子と実質相互作用しなくなる．ニュートリノの質量は MeV よりずっと軽いと考えられ，相対論的粒子として熱浴から離脱するので，現在のニュートリノの質量密度 Ω_ν は，式 (4.12) を用いて

$$\Omega_\nu h^2 = 1.06 \times 10^{-2} \left(\frac{\sum m_\nu}{\rm eV} \right) \tag{7.2}$$

となる．ここで，$\sum m_\nu$ は 3 種類のニュートリノの質量の和を表し，また，ニュートリノがフェルミオンであること（$F_\nu = 3/4$）とスピン自由度が $g_\nu = 1$ であること，さらに熱平衡離脱時のエントロピー密度に対する相対論的自由度が $g_{*s} = 43/4$ であることを用いた．したがって，ニュートリノがダークマターになるかどうかはその質量によって決まり，数 10 eV の質量をニュートリノが持てば，ダークマターを説明することができる．

ニュートリノの質量に関しては，スーパー・カミオカンデ実験やスノー実験などによる大気ニュートリノや太陽ニュートリノの観測でニュートリノ振動が発見されたことから，3 種類のニュートリノ質量に関して次のような関係があることが知られている．

$$m_2^2 - m_1^2 \simeq 7.5 \times 10^{-5}\ \mathrm{eV}^2 \tag{7.3}$$

$$|m_3^2 - m_2^2| \simeq 2.4 \times 10^{-3}\ \mathrm{eV}^2 \tag{7.4}$$

ここで，m_1，m_2，m_3 はそれぞれ電子ニュートリノ，ニュー・ニュートリノ，タウ・ニュートリノに対応する質量の固有値を表す．式（7.3）は太陽ニュートリノの観測によるもので，電子ニュートリノが太陽の物質から受ける効果による有効質量の変化がニュートリノ振動に与える影響が観測されているため m_1 と m_2 の大小関係が決められている．一方，大気ニュートリノの観測では式（7.4）のように m_2 と m_3 の大小関係は決まらず，質量の 2 乗の差の絶対値が決まるだけである．ニュートリノ振動の観測結果から，ニュートリノの質量にクォークのように階層性があれば（$m_1 \ll m_2 \ll m_3$ または $m_3 \ll m_1 < m_2$），ニュートリノの質量は高々 0.05 eV で，ダークマターになることはない．しかし，ニュートリノの質量が縮退している場合（$m_1 \simeq m_2 \simeq m_3$）には，式（7.3）と式（7.4）を満たして，かつ，ニュートリノの質量が数 10 eV ということも可能である．縮退している場合のニュートリノの質量に対する実験的制限はトリチウムのベータ崩壊から放出される電子ニュートリノのエネルギー・スペクトルを測定する実験 (KATRIN 実験) から得られ，

$$m_{\nu_e} < 0.8\ \mathrm{eV} \quad (95\%\mathrm{CL}) \tag{7.5}$$

という上限がつけられている［45］．この実験結果からニュートリノが主要なダークマター成分でないことが分かる．

さらに宇宙論を考えるともっと厳しい制限が付けられる．ニュートリノは熱平衡から離脱した際，相対論的な粒子なので大きな速度を持っており，4.4 節で求めた自由行程長は式（4.40）から

$$\lambda_{\mathrm{FS}} \sim 3 \times 10^2\,\mathrm{Mpc}\left(\frac{m_\nu}{\mathrm{eV}}\right)^{-1} \tag{7.6}$$

となる．ここで，式（4.40）において，$p_0 = m_\nu v_0 \sim 3T_{\nu 0} \simeq 5 \times 10^{-4}\,\mathrm{eV}$（$T_{\nu 0} = 1.9\,\mathrm{K}$ は現在のニュートリノの温度）を用いた．したがって，ニュートリノは熱いダークマターであり，小さなスケールの揺らぎを自らの運動によって消してしまうので宇宙の構造形成にとって好ましくない．実際，ニュートリノの自由行程長が宇宙の密度揺らぎに与える影響に基づいて，宇宙背景放射の観測や銀河サーベイからニュートリノの質量の総和に関して

$$\sum m_\nu < 0.12\,\mathrm{eV} \quad (95\%\mathrm{CL}) \tag{7.7}$$

という厳しい制限が求められている［1］．以上述べてきたことから，現在では我々が知っている通常のニュートリノではダークマターを説明できないことが明らかになっている．

7.2 ステライル・ニュートリノ

通常のニュートリノとは異なり弱い相互作用を行わないニュートリノをステライル・ニュートリノ（sterile neutrino）と呼ぶ．ステライル・ニュートリノを ν_s，通常のニュートリノを $\nu_a\,(a = e, \mu, \tau)$ と表すとこれらは質量の固有状態ではなく，質量の固有状態の混合で表される．いま，簡単のためにあるフレーバー a の通常のニュートリノとステライル・ニュートリノの間の混合のみを考え，質量の固有状態を $|\nu_1\rangle, |\nu_2\rangle$ とすると，

$$|\nu_a\rangle = \cos\theta\,|\nu_1\rangle + \sin\theta\,|\nu_2\rangle \tag{7.8}$$

$$|\nu_s\rangle = -\sin\theta\,|\nu_1\rangle + \cos\theta\,|\nu_2\rangle \tag{7.9}$$

のように表される．ここで，θ は混合角である．

宇宙初期においては，混合角は通常のニュートリノとバックグランドの高温プラズマとの相互作用によって影響され，真空中での混合角 θ と異なる混合角 θ_m

をとり，それらの関係は

$$\sin^2 2\theta_m = \frac{(\delta m^2/2p)^2 \sin^2 2\theta}{(\delta m^2/2p)^2 \sin^2 2\theta + [(\delta m^2/2p)\cos 2\theta - V_{\mathrm{D},a} - V_{\mathrm{T},a}]^2} \tag{7.10}$$

で与えられる［46］．θ_m は有効混合角と呼ばれる．ここで，p はニュートリノの運動量，$\delta m^2 = m_2^2 - m_1^2$，$V_{\mathrm{D}}$ と V_{T} はそれぞれ有限密度と有限温度効果によるポテンシャルである．V_{D} は宇宙におけるレプトン数密度と反レプトン数密度の違いを表す宇宙のレプトン非対称性に依存し，

$$V_{\mathrm{D},a} = \frac{2\sqrt{2}\pi^2 g_{*s}}{45} G_{\mathrm{F}} T^3 \mathcal{L}_a \simeq 6.7 \left(\frac{g_{*s}}{43/4}\right) G_{\mathrm{F}} T^3 \mathcal{L}_a \tag{7.11}$$

と書ける［47］．ここで，$\mathcal{L}$ はポテンシャル・レプトン数と呼ばれ，ν_a と $\nu_{\bar{a}}$ との非対称性を $L_a = (n_{\nu_a} - n_{\bar{\nu}_a})/s$ と定義して

$$\mathcal{L}_a = 2L_a + \sum_{a \neq b} L_b \tag{7.12}$$

で与えられる（宇宙は電荷に関して中性なので電子のような荷電レプトンはレプトン数密度にほとんど寄与せず，宇宙のレプトン非対称性はニュートリノ数密度で決まることに注意）．一方，$V_{\mathrm{T},a}$ は

$$V_{\mathrm{T},a} = -\frac{16 G_{\mathrm{F}}^2}{\pi \alpha_W} p(\cos^2\theta_{\mathrm{W}} + 2r_a)\frac{7\pi^2 T^4}{360} \equiv -R_a G_{\mathrm{F}}^2 \frac{p}{T} T^5 \tag{7.13}$$

$$R_a = \frac{14\pi}{45\alpha_W}(\cos^2\theta_{\mathrm{W}} + 2r_a) \tag{7.14}$$

と書け［47］，θ_{W} はワインバーグ角 $(\sin^2\theta_{\mathrm{W}} \simeq 0.23)$，$\alpha_W\ (= 1/30)$ は弱い相互作用の結合定数，r_a は荷電レプトン ℓ_a とニュートリノ ν_a のエネルギー密度の比 $(= \rho_{\ell_a}/\rho_{\nu_a})$ で荷電レプトンが相対論的である場合は $r_a = 2$ である．

7.2.1 ステライル・ニュートリノの非共鳴的生成

まず，宇宙のレプトン数がバリオン数と同じくらい小さい場合を考える．この場合，$V_{\mathrm{D},a}$ は無視することができる．また，宇宙の温度が $T \lesssim 100\,\mathrm{MeV}$ で熱浴にある荷電レプトンが電子・陽電子だけである場合を考える．さらに混合角が小さい場合には式（7.10）は簡単になり

$$\sin 2\theta_m = \frac{\sin 2\theta}{1 + 2.24 \times 10^{-14}\,\xi \left(\dfrac{\delta m^2}{\mathrm{keV}^2}\right)^{-2} \left(\dfrac{p}{\mathrm{MeV}}\right)^2 \left(\dfrac{T}{\mathrm{MeV}}\right)^4} \tag{7.15}$$

で与えられる．ξ はステライル・ニュートリノと電子ニュートリノとの混合の場合には $\xi = 1$，その他のニュートリノの場合は $\xi = 0.28$ をとる．$V_{\mathrm{T},a}$ の符号が負であることから，有限温度の効果は混合角 θ_m を小さくする効果があることが分かる．

いま，バックグランドの有限温度プラズマに起因する $V_{\mathrm{T},a}$ の効果を見積もるために，ニュートリノの運動量について熱平衡での平均値 ($\langle p^2 \rangle \simeq 12T^2$) を取ると混合角（7.15）は

$$\sin 2\theta_m = \frac{\sin 2\theta}{1 + 2.7 \times 10^{-13}\xi \left(\dfrac{\delta m^2}{\mathrm{keV}^2}\right)^{-2} \left(\dfrac{T}{\mathrm{MeV}}\right)^6} \tag{7.16}$$

と書ける．したがって，分母の有限温度効果からくる第 2 項は

$$T \gtrsim T_* \equiv 0.1\,\mathrm{GeV} \left(\frac{\delta m^2}{\mathrm{keV}^2}\right)^{1/3} \tag{7.17}$$

のとき重要となる．後で見るように，ステライル・ニュートリノの生成率はバックグランドの電子やニュートリノの数密度（$\propto T^3$）と混合角の 2 乗（$\propto \sin^2\theta$）に比例するので，高温（$T > T_*$）では T^{-9}，低温（$T < T_*$）では T^3 に比例してステライル・ニュートリノが生成される．したがって，宇宙の初期ではステライル・ニュートリノはほとんど生成されず，温度が $T \simeq T_*$ で最も効率よく生成される．しかし，混合角が小さい場合には決して熱平衡値に達することはない．このように，宇宙のレプトン非対称性が無視でき，有限温度の効果によって有効混合角が決まってステライル・ニュートリノが生成される機構をドデルソン–ウィドウ（Dodelson–Widow）機構と呼ぶ．また，この機構によるステライル・ニュートリノの生成を後でのべる物質効果で生成が共鳴的に起こる場合と区別して非共鳴的生成と呼ぶ．

ステライル・ニュートリノはバックグランドの通常のニュートリノと電子（陽電子）との散乱で生成される．たとえば，ステライル・ニュートリノが電子・ニュートリノと混合している場合には，次のような過程で生成される．

$$\nu_e + e^- \longrightarrow \nu_s + e^- \tag{7.18}$$

$$\nu_e + e^+ \longrightarrow \nu_s + e^+ \tag{7.19}$$

$$\nu_e + \nu_i \longrightarrow \nu_s + \nu_i \tag{7.20}$$

$$\nu_e + \bar{\nu}_i \longrightarrow \nu_s + \bar{\nu}_i \tag{7.21}$$

$$e^+ + e^- \longrightarrow \nu_s + \bar{\nu}_e \tag{7.22}$$

$$\bar{\nu}_i + \nu_i \longrightarrow \nu_s + \bar{\nu}_e \tag{7.23}$$

ここで，$i = e, \mu, \tau$ である．ステライル・ニュートリノの分布関数 $f_s(\varepsilon, t)$ ［熱平衡の場合には $f_s = (e^\varepsilon + 1)^{-1}$］の時間発展はボルツマン方程式

$$\frac{\partial}{\partial t} f_s(\varepsilon, t) = \frac{1}{4} \Gamma_a(\varepsilon, t) \sin^2 2\theta_m \left[1 + \left(\frac{\Gamma_a(\varepsilon, t) \ell_m(\varepsilon, t)}{2} \right)^2 \right]^{-1} \times [f_a(\varepsilon, t) - f_s(\varepsilon, t)] \tag{7.24}$$

で与えられる．ここで，$\varepsilon = p/T$ で，Γ_a は全散乱率で

$$\Gamma_a = y_a G_{\mathrm{F}}^2 \varepsilon T^5 \tag{7.25}$$

と書け，y_a は熱浴中にある弱い相互作用を相対論的粒子の数により，たとえば，温度が 1 MeV から 20 MeV の範囲では $y_e \simeq 1.27$，$y_{\mu,\tau} \simeq 0.92$ となる．また，式 (7.24) の右辺の $[\cdots]^{-1}$ は散乱によってニュートリノ振動のコヒーレンスが壊されることでステライル・ニュートリノの生成が抑制されることを表し，ニュートリノの振動長 ℓ_m は

$$\ell_m(\varepsilon, t) = \left[\left(\frac{\delta m^2}{2\varepsilon T} \sin 2\theta \right)^2 + \left(\frac{\delta m^2}{2\varepsilon T} \cos 2\theta - (V_{\mathrm{D},a} + V_{\mathrm{T},a}) \right)^2 \right]^{-1/2} \tag{7.26}$$

で与えられる．

ドデルソン–ウィドウ機構で生成されるステライル・ニュートリノの数密度は

$$n_s \simeq 7.3 \times 10^5 \sin^2 \theta \left(\frac{g_*}{43/4} \right)^{-1/2} \left(\frac{m_s}{\mathrm{keV}} \right) n_\nu \tag{7.27}$$

で与えられる．ここで，g_* はステライル・ニュートリノが作られるときの相対論的自由度で，n_ν は通常のニュートリノの数密度である．また，ステライル・

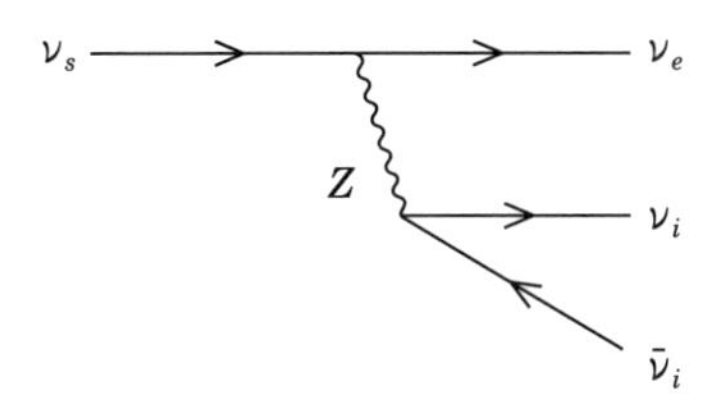

図7.1 ステライル・ニュートリノの崩壊（$\nu_s \to \nu_e + \nu_i + \bar{\nu}_i$）

ニュートリノは通常のニュートリノよりもずっと重いと仮定し，その質量を $m_s(= m_2 \gg m_1)$ とした．通常のニュートリノの数密度が現在 $n_{\nu 0} = 115\,\mathrm{cm}^{-3}$ であることを用いると，ステライル・ニュートリノの現在の密度パラメータは

$$\Omega_s h^2 \simeq 8 \times 10^6 \sin^2\theta \left(\frac{g_*}{43/4}\right)^{-1/2} \left(\frac{m_s}{\mathrm{keV}}\right)^2 \tag{7.28}$$

となり，ダークマターを説明するためには，混合角と質量が

$$\sin^2\theta \simeq 2.5 \times 10^{-8} \left(\frac{g_*}{43/4}\right)^{1/2} \left(\frac{m_s}{\mathrm{keV}}\right)^{-2} \left(\frac{\Omega_s h^2}{0.2}\right) \tag{7.29}$$

の関係を満たしていれば良い．なお，ステライル・ニュートリノがミュー・ニュートリノ（またはタウ・ニュートリノ）と混合している場合には，その密度パラメータは

$$\Omega_s h^2 \simeq 10^7 \sin^2\theta \left(\frac{g_*}{43/4}\right)^{-1/2} \left(\frac{m_s}{\mathrm{keV}}\right)^2 \tag{7.30}$$

で与えられる．

ステライル・ニュートリノは通常のニュートリノとの混合を通じて崩壊する．ステライル・ニュートリノの質量が電子の質量の 2 倍より軽い場合（$m_s < 2m_e$），主な崩壊モードは図 7.1 のダイアグラムで表される 3 ニュートリノに崩壊するモード $(\nu_s \to \nu_e + \nu_i + \bar{\nu}_i)$ で崩壊率 $\Gamma_{3\nu}$（寿命 $\tau_{3\nu}$）は

$$\Gamma_{3\nu} = 1/\tau_{3\nu} \simeq (3 \times 10^{19}\,\mathrm{s})^{-1} \left(\frac{m_s}{\mathrm{keV}}\right)^5 \sin^2\theta \tag{7.31}$$

となる．したがって，$\tau_{3\nu} \gg t_0 \simeq 4 \times 10^{17}\,\mathrm{s}$ であれば，ステライル・ニュートリノは現在まで安定でダークマターになることができる．この崩壊モードは観測で

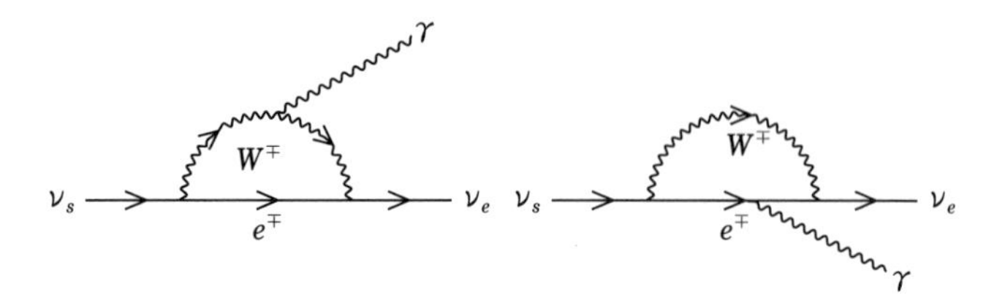

図7.2 ステライル・ニュートリノの崩壊（$\nu_s \to \nu_e + \gamma$）

きないが，光子への崩壊（$\nu_s \to \nu + \gamma$）が図7.2で示したようなダイアグラムによって起き，その崩壊率は

$$\Gamma_{\gamma\nu} = \frac{9}{256\pi^4}\alpha G_{\mathrm{F}}^2 \sin^2\theta m_s^5 \simeq (1.8 \times 10^{21}\,\mathrm{s})^{-1} \sin^2\theta \left(\frac{m_s}{\mathrm{keV}}\right)^5 \tag{7.32}$$

で与えられる．ここで，$\alpha\,(=1/137)$ は微細構造定数である．ステライル・ニュートリノ質量が $O(\mathrm{keV})$ のときは，崩壊によって放出される光子はX線として観測される可能性がある．しかし，ステライル・ニュートリノ起源のX線は見つかっておらず，このことから質量と混合角に対して図7.3の右上の薄い灰色で示したように制限が得られている．図7.3ではドデルソン–ウィドウ機構で生成されるステライル・ニュートリノがダークマターを説明できる質量と混合角が破線で示されている．また，矮小楕円体銀河からの位相空間密度による制限も示されている．この図から，ステライル・ニュートリノがダークマターになるには質量が

$$m_s \lesssim 2.5\,\mathrm{keV} \tag{7.33}$$

であることが必要である．一方，上で見たようにステライル・ニュートリノは通常のニュートリノとの混合によって，熱平衡にあるバックグランドの電子とニュートリノから作られるので，その運動分布は熱平衡分布に比例しており，4.6節で考えた，制限（4.53）が適用でき，X線の制限を満たすような軽い質量のステライル・ニュートリノはこの制限と矛盾してしまう．

さらに，数keVの質量を持つステライル・ニュートリノは温かいダークマターに分類され，自由行程長が $\mathcal{O}(1)\,\mathrm{Mpc}$ になり銀河スケールより小スケールの揺らぎが抑制される．このため，銀河より小さいハロー（ダークマターの自己重力系）の数密度が冷たいダークマターに比べて小さくなる．そのため，クェーサーから

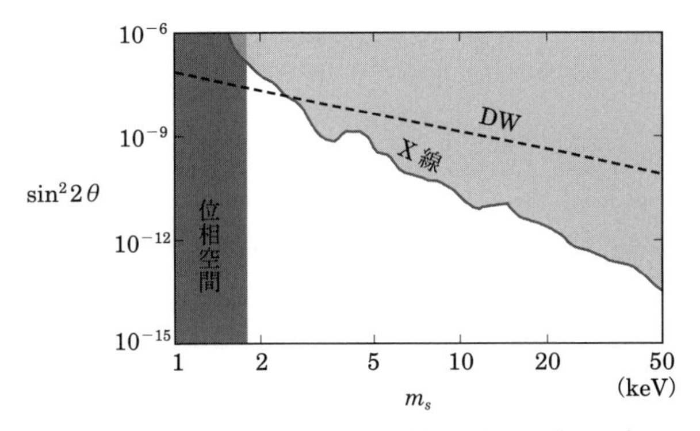

図7.3 ステライル・ニュートリノの制限．右上の薄い灰色は X 線観測 [47] からの制限を表し，$m_s \lesssim 2\,\mathrm{keV}$ の領域は位相空間からの制限を表している．破線はドデルソン–ウィドウ（DW）機構で生成されるステライル・ニュートリノがダークマターになる混合角と質量の関係を表す．

の光が小さいハローの中の水素によって吸収されることで引き起こされるクェーサー・スペクトルのライマン α 吸収線の数が少なくなる．これからステライル・ニュートリノ質量に対してライマン α 吸収線からの制限として

$$m_s \gtrsim 20\,\mathrm{keV} \tag{7.34}$$

が得られる．したがって，宇宙が大きなレプトン非対称性を持っていない場合にはステライル・ニュートリノがダークマターになる可能性はすでに否定されている．

7.2.2 大きなレプトン非対称性を持つ宇宙での共鳴的生成

そこで，宇宙が大きなレプトン非対称性を持っている場合，つまり，$V_{\mathrm{D},a}$ の項が無視できない場合を考えよう．この場合，$V_{\mathrm{T},a}$ はつねに正なので，混合角の式 (7.10) の分母の $[\cdots]$ がゼロになる場合がある．このとき混合角は $\pi/4$ になって，2 つの固有状態が最大限混合した状態となり，通常のニュートリノからステライル・ニュートリへの生成が共鳴的に起こる．いま，電子ニュートリノとの混合を通じでステライル・ニュートリノが生成される場合，共鳴によって電子ニュートリノがステライル・ニュートリノに変わるために宇宙のレプトン非対称性はこの過程が進むとそのバックリアクションとして減少する．その結果，共鳴によって

生成されるステライル・ニュートリノの数密度 $n_{\rm res}$ は

$$\frac{n_{\rm res}}{s} \lesssim \frac{(n_{\nu_e} - n_{\bar{\nu}_e})_i}{s} \tag{7.35}$$

という上限が存在する．$(n_{\nu_e} - n_{\bar{\nu}_e})_i$ は電子ニュートリノの非対称性の初期値を表す．これからステライル・ニュートリノの密度が

$$\Omega_{\nu_s} h^2 \lesssim 0.3 \left(\frac{L_e}{10^{-4}}\right)\left(\frac{m_{\nu_s}}{10\,{\rm keV}}\right) \tag{7.36}$$

という関係が導かれる．したがって，ダークマターを説明しようとすると，質量が 10 keV 程度のステライル・ニュートリノに対して宇宙のレプトン非対称性が $\mathcal{O}(10^{-5})$ 以上必要であることが分かる．

式 (7.10) から運動量 $p \equiv \varepsilon T$ を持つステライル・ニュートリノが共鳴を起こす条件は

$$\frac{m_s^2}{2p} + (-V_{{\rm T},a}) = V_{{\rm D},a} \tag{7.37}$$

で与えられ，$V_{{\rm T},a}$，$V_{{\rm D},a}$ を具体的に書くと

$$m_s^2 + 2R_a G_{\rm F}^2 \varepsilon^2 T^6 = \frac{4\sqrt{2}\pi^2 g_{s*}}{45} G_{\rm F} \varepsilon T^4 \mathcal{L}_a \tag{7.38}$$

となる．ここで，$m_s = m_2 \gg m_1$，$\cos 2\theta \simeq 1$ とした．図 7.4 に $p = T$，$\mathcal{L} = 10^{-4}$，$m_s = 1\,{\rm keV}$，$a = e$ の場合の $2p\,V_{{\rm T},a}$，$2p\,V_{{\rm D},a}$，m_s^2 の温度依存性を示した．この図から分かるように共鳴の条件を満たす温度の解は一般に 2 つ存在する．低温の方の解は近似的に有限密度によるポテンシャル $V_{{\rm D},a}$ と $m_s^2/2p$ がキャンセルする条件で決まり，運動量 $p = \varepsilon T$ のステライル・ニュートリノが共鳴的に生成される温度は

$$T_{\rm res1} \simeq 0.09\,{\rm GeV}\,\varepsilon^{-1/4}\left(\frac{m_s}{\rm keV}\right)^{1/2}\left(\frac{g_{s*}}{43/4}\right)^{-1/4}\left(\frac{\mathcal{L}_a}{10^{-4}}\right)^{-1/4} \tag{7.39}$$

で与えられる．一方，高温の解は $V_{{\rm T},a}$ と $V_{{\rm D},a}$ がキャンセルする条件で決まり，$a = e$，$r_e = 2$ として

$$T_{\rm res2} \simeq 0.28\,{\rm GeV}\,\varepsilon^{-1/2}\left(\frac{g_{s*}}{43/4}\right)^{1/2}\left(\frac{\mathcal{L}_a}{10^{-4}}\right)^{1/2} \tag{7.40}$$

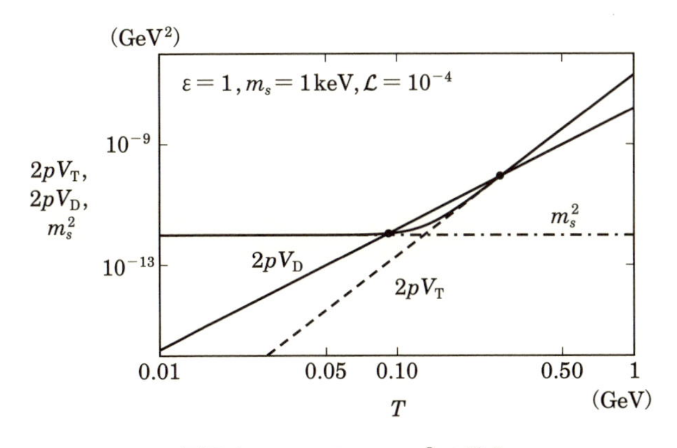

図7.4 $V_{\mathrm{T},a}$，$V_{\mathrm{D},a}$，m_s^2 の進化

で与えられる．また，温度 T で共鳴が起きる運動量 p が存在するためにはレプトン非対称が

$$
\begin{aligned}
\mathcal{L}_a &> \frac{45 m_s}{2\pi^2 g_{s*} T}\sqrt{R_a} \\
&= 5.8 \times 10^{-6} \left(\frac{T}{\mathrm{GeV}}\right)^{-1} \left(\frac{m_s}{\mathrm{keV}}\right) \left(\frac{g_{s*}}{43/4}\right)^{-1}
\end{aligned} \tag{7.41}
$$

を満たす必要がある．

一般に，共鳴条件を満たす高温解と低温解では後者の方がステライル・ニュートリノの生成にとって重要である．その理由は，高温では式（7.24）で現れる散乱によってニュートリノ振動のコヒーレンスが壊されることによる生成の抑制が効くためである．実際，共鳴条件が成り立つとき抑制の効果は

$$
\left[1 + \frac{(\Gamma_a \ell_m)^2}{4}\right]^{-1} \sim 5 \times 10^{-15} \varepsilon^{-4} \left(\frac{m_s}{\mathrm{keV}}\right)^4 \left(\frac{T}{\mathrm{GeV}}\right)^{-12} \left(\frac{\sin^2 2\theta}{10^{-10}}\right) \tag{7.42}
$$

となり，高温で生成が強く抑制されることがわかる．

ステライル・ニュートリノが共鳴的に生成される場合，非共鳴的生成の場合と比べて小さな混合角で効率よくステライル・ニュートリノが生成されるので，ダークマターを説明できる混合角が小さくなりX線観測からの制限を逃れることができる．さらに，共鳴的に生成されたステライル・ニュートリノの平均運動量は熱平衡分布に比べて低く，制限（4.53）が適応されず，質量が $\mathcal{O}(1)\,\mathrm{keV}$ のステライル・ニュートリノがダークマターになる可能性がある．しかし，この効果は

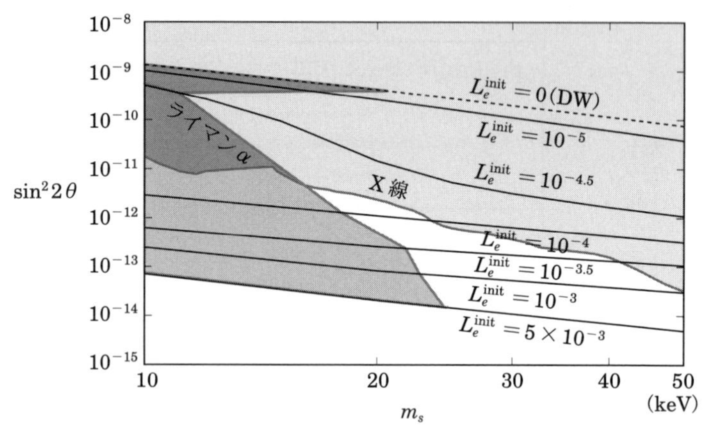

図 7.5 ステライル・ニュートリノが共鳴的に生成される場合の質量と混合角の関係を初期の電子ニュートリノの非対称性が $L_e^{\rm init} = 10^{-5}, 10^{-4.5}, 10^{-4}, 10^{-3.5}, 10^{-3}, 5 \times 10^{-3}$ に対して表している [49]．破線はドデルソン–ウィドウ機構による生成の場合の質量と混合角の関係を表す．右上の薄い灰色は X 線観測 [47] からの制限を表し，質量が軽い領域の濃い灰色はライマン α 吸収線からの制限を表している．

詳しい計算によってあまり大きくないことが示されており [48, 49]，ライマン α 吸収線からの制限を回避するためにはステライル・ニュートリノの質量が大きいことが要求される．図 7.5 に電子ニュートリノの非対称性が $L_e = 10^{-5}, 10^{-4}, 10^{-3}$ の場合にステライル・ニュートリノが宇宙のダークマターを説明する混合角と質量を実線で示した．図では，ドデルソン–ウィドウ機構による生成の場合と X 線観測からの制限とライマン α 吸収線からの制限も示してある．この図から $L_e = 10^{-4}\,(10^{-3})$ の場合にステライル・ニュートリノの質量が 24 (50) keV 以下であれば X 線の制限を受けないことが分かる．また，ライマン α 吸収線からの制限は，ステライル・ニュートリノの平均運動量から自由行程長を計算して評価した結果から $L_e = 10^{-4}\,(10^{-3})$ の場合にステライル・ニュートリノの質量が 18 (23) keV 以上であることが要求される．これらのことから，共鳴的に生成されるステライル・ニュートリノがダークマターを説明するためには

$$18\,\mathrm{keV} \lesssim m_s \lesssim 24\,\mathrm{keV} \qquad (L_e = 10^{-4}) \tag{7.43}$$

$$23\,\mathrm{keV} \lesssim m_s \lesssim 50\,\mathrm{keV} \qquad (L_e = 10^{-3}) \tag{7.44}$$

が必要である.

7.3 (ノン)トポロジカル・ソリトン

ダークマター候補としてやや特殊ではあるがスカラー場からなるソリトンがある.スカラー場の理論に存在するソリトンとしてはその安定性がトポロジカルなチャージの保存によるトポロジカル・ソリトンと別の理由によるノントポロジカル・ソリトンがある.

7.3.1 トポロジカル・ソリトン

トポロジカル・ソリトンはスカラー場のポテンシャルが自発的対称性の破れを起こす場合に生成され,位相欠陥とも呼ばれる.位相欠陥には,0 次元的なオブジェクトであるモノポール,1 次元的なオブジェクトであるコスミック・ストリング,2 次元的なオブジェクトであるドメイン・ウォールが知られており,前述したアクシオンの理論ではアクシオン・ストリングやアクシオン・ドメイン・ウォールが宇宙の進化に伴って生成されそれがアクシオン生成に重要な役割を果たすのを見た.

宇宙におけるコスミック・ストリングは 5.7 節で述べたように一般にスケーリング解と呼ばれる密度に従って進化する.スケーリング解では地平線内に約 1 本のストリングが存在するので密度は

$$\rho_{\rm str} \simeq \mathcal{O}(1)\frac{\eta^2}{t^2} \tag{7.45}$$

(η は自発的対称性の破れのスケール)で与えられる.宇宙の全密度 $\rho_{\rm tot}$ はフリードマン方程式 $3H^2 = \rho_{\rm tot}/M_{\rm pl}^2$ から $\rho_{\rm tot} \sim M_{\rm pl}^2/t^2$ なので,コスミック・ストリングが全密度に占める割合は

$$\frac{\rho_{\rm str}}{\rho_{\rm tot}} \sim \left(\frac{\eta}{M_{\rm pl}}\right)^2 \tag{7.46}$$

で対称性の破れのスケールがプランク・スケールよりずっと小さい場合($\eta \ll M_{\rm pl}$)にはダークマターとしては無視できる.

一方,ドメイン・ウォールの場合はその密度はスケーリング解

$$\rho_{\rm DW} \simeq \mathcal{O}(1)\frac{m\eta^2}{t} \tag{7.47}$$

(m はスカラー場の質量)に従う.これは宇宙の全密度に比べてゆっくり減少するので,ドメイン・ウォールが宇宙の密度を支配し宇宙論的な問題を引き起こす.したがって,ドメイン・ウォールが現在の宇宙のダークマターになっている可能性はない.

モノポールは点状のオブジェクトなので生成された後でお互いが対消滅したりすることはないと考えられ生成時の密度が重要となる.モノポールの質量 $M_{\rm m}$ は対称性の破れのスケール η と同程度で ($M_{\rm m} \sim \eta$),生成時の数密度とエントロピー密度の比を $\eta_{\rm m}$ とすると,現在のモノポール密度は

$$\Omega_{\rm m}h^2 = 0.027 \left(\frac{M_{\rm m}}{\rm GeV}\right)\left(\frac{\eta_{\rm m}}{10^{-10}}\right) \tag{7.48}$$

となる.たとえば,大統一理論で予言されるモノポールは質量が 10^{17} GeV 程度なので,$\eta_{\rm m} \sim 10^{-26}$ でなければならない.

モノポールが温度が $T_f \sim \eta$ のときに作られ,その際の数密度が地平線内に $\mathcal{O}(1)$ だったとすると,$n_{\rm m} \sim 1/t_f^3$ ($t_f \sim H(T_f)^{-1} \sim M_{\rm pl}/T_f^2$: モノポール生成時の宇宙時間),$s \sim T_f^3$ なので $\eta_{\rm m}$ は

$$\eta_{\rm m} = \frac{n_{\rm m}}{s} \sim \frac{1/t_f^3}{T_f^3} \sim \frac{(T_f^2/M_{\rm pl})^3}{T_f^3} \sim \left(\frac{\eta}{M_{\rm pl}}\right)^3 \tag{7.49}$$

で与えられ,モノポールがダークマターになるには式 (7.49) から $\eta \sim 10^{10}$ GeV が要求される.

7.3.2 Q ボール

ノントポロジカル・ソリトンで宇宙論で重要な役割を果たす可能性があると思われているものに Q ボールとオシロン (I ボール) がある.

Q ボールはグローバルな $U(1)$ 対称性を持つ複素スカラー場の理論に存在するノントポロジカル・ソリトンで,$U(1)$ チャージ Q が一定の下でのエネルギー最小のスカラー場の配位である.つまり,位相欠陥がトポロジカルなチャージの保存によって安定性が生じるのに対して Q ボールの安定性は $U(1)$ チャージの保存から生じる.

実際に,Q ボール解がどのように求められるかをみるために,複素スカラー場 Φ を考える [50].$U(1)$ 変換は変換のパラメータを α として

$$\Phi \to e^{i\alpha}\Phi \tag{7.50}$$

で与えられる．ラグランジアンは

$$\mathcal{L} = \partial_\mu \Phi^* \partial^\mu \Phi - U(\Phi) \tag{7.51}$$

と書ける．$U(\phi)$ はポテンシャルで $\phi = 0$ で最小値 $U(0) = 0$ をとるとする．$U(1)$ チャージ Q はネーター（Noether）カレント

$$j^\mu = i\left(\frac{\partial\mathcal{L}}{\partial(\partial_\mu\Phi)}\Phi - \frac{\partial\mathcal{L}}{\partial(\partial_\mu\Phi^*)}\Phi^*\right) \tag{7.52}$$

から

$$Q = i\int d^3x\left(\frac{\partial\mathcal{L}}{\partial\dot{\Phi}}\Phi - \frac{\partial\mathcal{L}}{\partial\dot{\Phi}^*}\Phi^*\right) = \frac{1}{i}\int d^3x\left(\Phi^*\dot{\Phi} - \dot{\Phi}^*\Phi\right). \tag{7.53}$$

また，エネルギーは

$$E = \int d^3x\left(|\dot{\Phi}|^2 + |\nabla\Phi|^2 + U(\Phi)\right) \tag{7.54}$$

と書ける．Q ボールの配位は Q が一定の下に E を最小にすることによって求めることができる．そのためにはラグランジュ未定係数 ω を用いて

$$E_\omega = E + \omega\left[Q - \frac{1}{i}\int d^3x\left(\Phi^*\dot{\Phi} - \dot{\Phi}^*\Phi\right)\right] \tag{7.55}$$

を最小にする Φ，ω を求めればよい．式（7.55）は

$$\begin{aligned} E_\omega = &\int d^3x\left[\left|\dot{\Phi} - i\omega\Phi\right|^2\right] \\ &+ \int d^3x\left[|\nabla\Phi|^2 + U(\Phi) - \omega^2|\Phi|^2\right] + \omega Q \end{aligned} \tag{7.56}$$

と書けるので，E_ω を最小にするにはまず $\dot{\Phi} - i\omega\Phi = 0$ であることが必要で $\Phi \propto e^{i\omega t}$ となる．したがって，スカラー場を時間に依存する部分と空間に依存する部分に分解でき

$$\Phi(t, \boldsymbol{x}) = \frac{1}{\sqrt{2}}e^{i\omega t}\phi(\boldsymbol{x}) \tag{7.57}$$

と書け E_ω は

$$E_\omega = \int d^3x\left[\frac{1}{2}|\nabla\phi|^2 + U(\phi) - \frac{1}{2}\omega^2|\phi|^2\right] + \omega Q \tag{7.58}$$

となる．$\phi(\boldsymbol{x})$ に関して変分してさらにエネルギーが最小になるのは球対称な場合だと仮定すると $\phi(r)$ の従う方程式

$$\phi'' + \frac{2}{r}\phi' - \frac{\partial U_\omega}{\partial \phi} = 0 \tag{7.59}$$

$$U_\omega = U(\phi) - \frac{1}{2}\omega^2\phi^2 \tag{7.60}$$

が得られる．境界条件は原点で特異な振る舞いをしないことと十分遠方でポテンシャルエネルギーがゼロになる要請から

$$\phi'(0) = \phi(\infty) = 0 \tag{7.61}$$

となる．この境界条件と式（7.59）を満たす $\phi(x)$ に対して，さらに，E_ω を最小にする ω を求めれば Q ボール解が得られる．

式（7.59）は r を「時間」，$-U_\omega$ を「ポテンシャル」と読み変えれば摩擦項のある 1 次元の質点の運動方程式と見なすことができる．この類推を使うと解のふるまいは ω によって図 7.6 のように 3 通りが考えられる．まず「ポテンシャル」$-U_\omega$ が図 7.6（a）のようになっていたとする．この場合 ϕ の初期値を「ポテンシャル」の右の山の適切な位置に取るとポテンシャルを転がり無限の「時間」をかけて $\phi = 0$ に行く解が存在する．つまり，Q ボール解が存在する．次に，$-U_\omega$ が図 7.6（b）のようになっている場合には，ϕ の初期値を原点以外のどこに取っても原点に到達することはできなく，Q ボール解は存在しない．さらに，$-U_\omega$ が図 7.6 (c) のようになっている場合には，ϕ の初期値を適切に取れば原点に到達できるが，原点を通過して振動してしまう．運動方程式の「減衰項」である $(2/r)\phi'$ は「時間」r が大きくなると効かなくなるので，振動は r が大きなところで続き十分遠方で ϕ がゼロとなる境界条件（7.61）を満たさない．したがって，「ポテンシャル」$-U_\omega$ が図 7.6（a）の場合のみが Q ボール解が存在することになる．

「ポテンシャル」が図 7.6（a）のようになるための具体的な条件を考えよう．まず，$\phi = 0$ 付近で $U(\phi) \simeq m^2\phi^2/2$（$m^2 = U''(0)$）なので「ポテンシャル」が $\phi = 0$ 付近で極大を取るには $\omega^2 < U''(0) = m^2$ が必要である．次に，$\phi \neq 0$ で $-U_\omega$ が正になるための条件を考える．$\phi = \phi_0\,(\neq 0)$ で $2U/\phi^2$ が最小値 ω_0 をとる，つまり，

$$\omega_0 \equiv \min\left(\frac{2U(\phi)}{\phi^2}\right)_{\phi=\phi_0\neq 0} \tag{7.62}$$

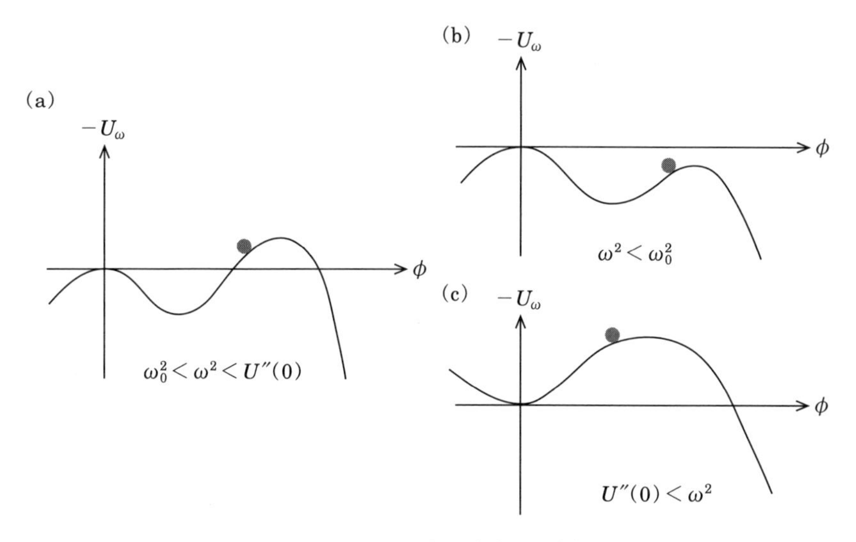

図7.6 Q ボール解が存在する条件

とすると，$\phi = \phi_0$ で

$$-U_\omega(\phi_0) = \frac{1}{2}(\omega^2 - \omega_0^2)\,\phi_0^2 \tag{7.63}$$

であるので，$\omega > \omega_0$ であれば $-U_\omega$ が正になる．したがって，Q ボール解が存在する条件は

- $2U(\phi)/\phi^2$ がゼロ以外の ϕ_0 で最小値 ω_0 を持つ．
- $\omega_0^2 < U''(0) = m^2$ を満たす．

となり，$\omega_0^2 < \omega^2 < U''(0)$ を満たす ω に対して Q ボール解が存在する．

ここで，Q ボール解が存在する具体例として図 7.7 のようなポテンシャルを考える．

$$U(\Phi) = \begin{cases} m^2|\Phi|^2 = \dfrac{1}{2}m^2\phi^2 & |\Phi| \ll M_s \\ M^4 & |\Phi| \gg M_s \end{cases} \tag{7.64}$$

ここで M と M_s はエネルギーの次元を持つ定数である．この例では $2U/\phi^2$ は $\phi = \infty$ で最小値 0 をとる．Q ボール解を $\Phi(t, \boldsymbol{x}) = e^{i\omega t}\phi(r)$ と書くと $\phi(r)$ は式 (7.59) を満たす．r が小さいところ（ϕ が大きなところ）ではポテンシャルが一

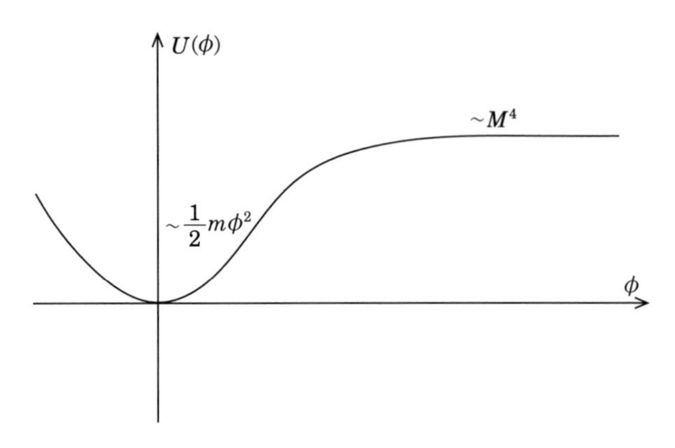

図 7.7 Q ボール解が存在するポテンシャルの例

定なので式 (7.59) は

$$\frac{1}{r}(r\phi)'' = -\omega^2\phi \tag{7.65}$$

と書け，解は

$$\phi = \phi(0)\,\frac{\sin\omega r}{\omega r} \tag{7.66}$$

で与えられる．一方，r の大きなところ（ϕ が小さなところ）では $m \gg \omega$ を仮定して式 (7.59) は

$$\frac{1}{r}(r\phi)'' = m^2\phi \tag{7.67}$$

となり，解は

$$\phi \propto \frac{e^{-mr}}{mr} \tag{7.68}$$

で与えられる．これから，Q ボールのサイズ R に関して $R \simeq \omega^{-1}$ であることが分かる．さらに，$\xi = \omega r$，$\psi = \omega\phi/M^2$ と無次元化すると，E_ω の表式 (7.58) は

$$E_\omega = \frac{M^4}{\omega^3}\int d^3\xi\left(\frac{1}{2}(\nabla_\xi\psi)^2 + \frac{1}{2}\psi^2 + 1\right) + \omega Q = I_\psi\frac{M^4}{\omega^3} + \omega Q \tag{7.69}$$

$$I_\psi = \int d^3\xi\left(\frac{1}{2}(\nabla_\xi\psi)^2 + \frac{1}{2}\psi^2 + 1\right) \sim \mathcal{O}(1) \tag{7.70}$$

と書ける ($\nabla_\xi = d/d\xi$)．これを ω で微分して最小になる ω を求めると，$\omega \sim M\,Q^{-1/4}$，$E \sim MQ^{3/4}$ の関係があることが分かる．したがって，式 (7.64) のよ

うな平坦なポテンシャルに対しては Q ボール解の性質として

$$\omega \simeq M\,Q^{-1/4} \tag{7.71}$$

$$R \simeq M^{-1}Q^{1/4} \tag{7.72}$$

$$\phi(0) \simeq M^{-1}Q^{1/4} \tag{7.73}$$

$$E \simeq M\,Q^{3/4} \tag{7.74}$$

であることが分かる.

7.3.3　超対称性理論における Q ボール*

Q ボール解の存在が知られている素粒子理論として超対称性理論がある. 超対称性理論には標準理論とは異なり数多くのスカラー場 (ヒッグス場, スクォーク, スレプトン) が存在する. これらのスカラー場のポテンシャルには平坦方向, つまり, その方向に対してポテンシャル・エネルギーがゼロになる方向がいくつか存在することが知られている. ただし, ポテンシャルがゼロになるのは超対称性が成り立ち, 理論にカットオフスケールが存在しない場合で, 実際には超対称性は壊れており, 理論にはプランクスケール ($M_{\rm pl}$) というカットオフが存在すると考えられるのでポテンシャルはそれらの効果で完全には平坦ではない.

平坦方向の一つを Φ と書き, アフレック–ダイン (Affleck–Dine) 場, 略して AD 場と呼ぶことにする. Φ は複素スカラー場である. また, 平坦方向はスクォークやスレプトンから構成されるので, Φ はバリオン数 (またはレプトン数) を持つ. 具体的に, AD 場のポテンシャルは

$$V(\Phi) = V_{\rm SB} + \lambda^2 \frac{|\Phi|^{2n+4}}{M_{\rm pl}^{2n}} + A\frac{m_{3/2}}{M_{\rm pl}^{n}}(\Phi^{n+3} + \Phi^{*n+3}) \tag{7.75}$$

と書け (λ と A は定数), 超対称性の破れに起因する $V_{\rm SB}$ は, 重力伝播型超対称性の破れの模型では (6.2 節参照)

$$V_{\rm SB} = m_{\Phi}^2|\Phi|^2\left[1 + K\log\left(\frac{|\Phi|^2}{M_*^2}\right)\right] \qquad \text{(重力伝播型)} \tag{7.76}$$

となり (K はループ補正による係数, M_* は繰り込みスケール), ゲージ伝播型超対称性の破れの模型では

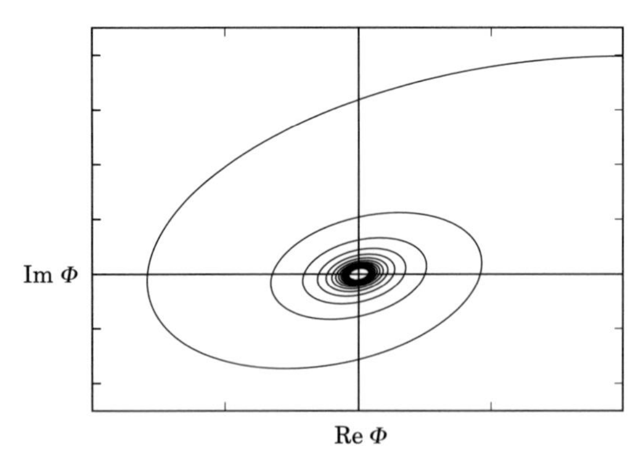

図 7.8 AD 場の振動

$$V_{\mathrm{SB}} = \begin{cases} m_\Phi^2 |\Phi|^2 & (|\phi| \ll M_s) \\ M_F^4 \left(\log \dfrac{|\Phi|^2}{M_s^2} \right)^2 & (|\phi| \gg M_s) \end{cases} \quad \text{(ゲージ伝播型)} \tag{7.77}$$

で与えられる（M_s はメッセンジャー・スケール，M_F はメッセンジャー・セクターでの超対称性の破れのスケール）[51]．また，ポテンシャル（7.75）の第 2 項は非繰り込み項，第 3 項は A 項（A-term）と呼ばれる．

宇宙初期に Q ボールが作られる過程を重力伝播型超対称性の破れの模型に基づいて説明する．ゲージ伝播型の場合も同様である．まず，インフレーション中には AD 場は大きな期待値を持つと考えられる．この理由の一つはインフレーション中にスカラー場は H（ハッブル・パラメータ）の揺らぎを獲得しそれによって大きな期待値を獲得する可能性があるからで，もう一つの理由は超対称性理論においてスカラー場は，一般にハッブル・パラメータに比例する質量項 $V_{\mathrm{H}} = -c_{\mathrm{H}} H^2 |\Phi|^2$ を獲得し，c_{H} が正の定数であれば AD 場はポテンシャル（7.75）の第 2 項との釣り合いで決まる大きな期待値を持つからである．

インフレーション後にハッブル・パラメータが AD 場の質量 m_Φ より小さくなると，AD 場は振動を始める．このとき重要になるのはポテンシャル（7.75）の第 3 項 (A-term) の存在で，この項は AD 場の位相方向にポテンシャルを持ち，振動する AD 場に位相方向の力を与える．その結果，AD 場は図 7.8 のように螺旋状の軌道を描いて振動することになる．式（7.75）の上で述べたように，AD 場は一

般にバリオン数を持ち，バリオン数に対応したグローバルな $U(1)$ 対称性を持つ．実際，ポテンシャル（7.75）の A-term 以外は $U(1)$ 対称性が保たれている．しかし，A-term はバリオン数を破り AD 場が大きな期待値を持つ場合にその効果が顕著になる．AD 場 Φ の持つバリオン数を $+1$ とすると，AD 場の運動によるバリオン数密度は $\Phi = |\Phi| e^{i\theta}$ としたとき

$$n_B = -i(\dot{\Phi}^* \Phi - \Phi^* \dot{\Phi}) \sim \dot{\theta} |\Phi|^2 \tag{7.78}$$

と表され，AD 場の角運動量のようなものである．したがって，インフレーション後に AD が振動を始めるとその前後で A-term の効果でバリオン数が生成される．

ここでは，$V_{\rm H}$ によって AD 場の期待値が決まる場合に生成されるバリオン数を計算してみよう．AD 場の振動が始まるときのハッブル・パラメータ（$H_{\rm osc}$）は $H_{\rm osc} \simeq m_\Phi$ なので，ポテンシャルの第 2 項との釣り合いから振動開始時の AD 場の値は

$$\Phi_{\rm osc} \simeq (\lambda m_\Phi M_{\rm pl})^{1/2} \tag{7.79}$$

となる．ここで，簡単のため $n = 1$，$c_{\rm H} = 1$ とした．また，式（7.78）を時間微分して Φ に関する運動方程式

$$\ddot{\Phi} + 3H\dot{\Phi} + \frac{\partial V}{\partial \Phi^*} = 0 \tag{7.80}$$

を用いると

$$\dot{n}_B + 3Hn_B = \frac{1}{2i}\left(\Phi^* \frac{\partial V}{\partial \Phi^*} - \Phi \frac{\partial V}{\partial \Phi}\right) = \frac{4Am_{3/2}}{M_{\rm pl}} |\Phi|^4 \sin 4\theta \tag{7.81}$$

が得られる．これを積分して生成されるバリオン数の密度は

$$n_B = a^{-3}(t) \frac{4Am_{3/2}}{M_{\rm pl}} \int^t dt' a^3(t') |\Phi|^4 \sin 4\theta \tag{7.82}$$

となる．ここで，振動を開始するのはインフレーション後，再加熱前の物質優勢期だとすると振動後は $a^3 \propto t^2$，$|\Phi| \propto a^{-3/2} \propto t^{-1}$ であることを考慮すると，積分に最も寄与するのは $t \sim H_{\rm osc}^{-1} \simeq m_\Phi^{-1}$ であることが分かるので，生成されるバリオン数は

$$n_B \simeq \frac{A}{m_\Phi} \frac{m_{3/2}}{M_{\rm pl}} \sin 4\theta |\Phi_{\rm osc}|^4 \sim \lambda^2 A m_\Phi m_{3/2} M_{\rm pl} \sin 4\theta \tag{7.83}$$

と評価できる．したがって，その時期に宇宙の密度を支配しているインフラトンのエネルギー密度 $\rho_{\rm inf}\,(\sim H_{\rm osc}^2 M_{\rm pl}^2)$ との比は

$$\frac{n_B}{\rho_{\rm inf}} \simeq \lambda^2 \frac{m_{3/2}}{m_\Phi M_{\rm pl}} \sin 4\theta \tag{7.84}$$

となる（$A \sim 1$ とした）．再加熱温度を T_R とするとバリオン・エントロピー比は

$$\frac{n_B}{s} \simeq \frac{n_B}{\rho_{\rm inf}/T_R} \simeq \lambda^2 \frac{T_R}{M_{\rm pl}} \sin 4\theta \simeq 10^{-10} \lambda^2 \left(\frac{T_R}{10^{10}\,{\rm GeV}}\right) \tag{7.85}$$

で与えられる．ここで重力伝播型の超対称性破れの模型では $m_\Phi \sim m_{3/2}$ であることを用いた．このように，超対称性理論では AD 場の運動からバリオン数生成が行われる．これをアフレック–ダイン機構によるバリオン数生成［52］と呼び，宇宙の物質・反物質非対称を説明する有力な模型となっている．

このようにアフレック–ダイン機構は宇宙のバリオン数を生成するが，さらに，AD 場の運動は空間的な摂動に対して不安定で，振動中に不安定性が増大して場の一様性が失われる．その結果，AD 場は局所的に球対称な Q ボール解の配位をとるようになり，Q ボールが生成される．図 7.9 はシミュレーションによる Q ボール生成を示している．図からもともと空間的に一様であった AD 場が球状に近いバリオン数を持ったスカラー場の塊（= Q ボール）なることが分かる．シミュレーションの結果からアフレック–ダイン機構に伴って Q ボールが生成され，生成されたバリオン数はほとんどすべて Q ボールに取り込まれることが分かっている．

生成される Q ボールの性質は超対称性の破れの模型によって異なる．まず，重力伝播型の模型では Q ボール解にとって重要なのは超対称性の破れからくる質量項（7.76）で，$\Phi = e^{i\omega t}\phi/\sqrt{2}$ として

$$U(\phi) = \frac{1}{2} m_\Phi^2 \phi^2 \left[1 + K \log\left(\frac{\phi^2}{2M_*^2}\right)\right]. \tag{7.86}$$

Q ボール解存在の条件を見るため $2U/\phi^2$ を見ると

$$2U/\phi^2 = 1 + K \log\left(\frac{\phi^2}{2M_*^2}\right)$$

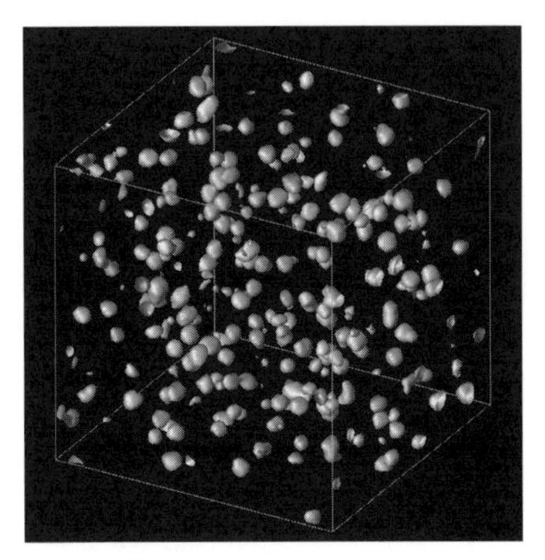

図7.9 Q ボール生成のシミュレーション [53]．白っぽい部分がバリオン数が大きい領域を表す．

となり，$K < 0$ であれば $\phi \to \infty$ で最小値を取る*1ので Q ボール解が存在する．以後，$K < 0$ と仮定する．式（7.59）から

$$\phi'' + \frac{2}{r}\phi' = \left(\omega^2 - m_\Phi^2(1+K)\right)\phi + m_\Phi^2 \phi K \log\left(\frac{\phi^2}{2M_*^2}\right) \tag{7.87}$$

となる．Q ボールの空間プロファイルを

$$\phi(r) = \phi(0)e^{-r^2/R^2} \tag{7.88}$$

と仮定し，$M_* = \phi(0)/\sqrt{2}$ とすると式（7.87）から

$$\frac{4r^2}{R^4} - \frac{6}{R^2} = \omega^2 - m_\Phi^2(1+K) - 2m_\Phi^2 K \frac{r^2}{R^2} \tag{7.89}$$

となり

$$R = \frac{\sqrt{2}}{|K|^{1/2} m_\Phi} \tag{7.90}$$

$$\omega^2 = m_\Phi^2(1 + 2|K|) \tag{7.91}$$

と取れば解になることが分かる．これから，重力伝播型超対称性の破れの模型における Q ボールの性質として

*1 実際には非繰り込み項があるので $\phi \sim (m_\Phi M_{\rm pl}^n)^{1/(n+1)}$ で最小値を取る．

$$\omega \simeq m_\Phi \tag{7.92}$$

$$R \simeq |K|^{-1/2} m_\phi^{-1} \tag{7.93}$$

$$\phi(0) \simeq |K|^{3/4} m_\Phi Q^{1/2} \tag{7.94}$$

$$E \simeq m_\Phi Q \tag{7.95}$$

が得られる．これから，バリオン数あたりのエネルギーは AD 場の質量程度であり，したがって，スクォークの質量程度であり，それは $\mathcal{O}(1)$ TeV になる．

Q ボールはチャージの保存により古典的には安定であるが，量子論的にはバリオン数あたりのエネルギーが最も軽いバリオンである陽子より大きければ陽子へ崩壊することができる．上で見たように重力伝播型超対称性の破れの模型における Q ボールの場合には，バリオン数あたりのエネルギーは $\mathcal{O}(1)$ TeV となり陽子に崩壊することができ，したがって，Q ボールは不安定であり，それ自身はダークマターになれない．しかし，Q ボールが陽子に崩壊する際には必ず，軽い超対称性粒子（LSP）が生成されるので，Q ボール起源の LSP がダークマターになりうる可能性はある．

次に，ゲージ媒介型超対称性の破れの模型における Q ボールを考える．この場合，Q ボール解にとって重要なのは対数関数で記述される部分で $U(\phi)$ は

$$U(\phi) = M_F^4 \left(\log \frac{\phi^2}{2M_s^2} \right)^2 \tag{7.96}$$

と書ける．このポテンシャルは Q ボール解の例として考えたポテンシャル (7.64) と同じく平坦であるので Q ボール解の性質は式 (7.71)–(7.74) で与えられる．ゲージ媒介型の場合に特徴的なことはバリオン数当たりのエネルギー E/Q が

$$\frac{E}{Q} \simeq \omega \simeq M_F Q^{-1/4} \tag{7.97}$$

で与えられことである．この式から分かるように大きな Q，つまり，大きなバリオン数を持つ Q ボールはバリオン数当たりのエネルギーが陽子の質量より小さくなりうる．この場合，Q ボールはバリオン数を持った粒子に崩壊することができず安定になる．したがって，ゲージ媒介型の Q ボールはダークマターの候補となるのである．

さらに，Q ボールを構成する平坦方向がバリオン数とレプトン数の両方を持つ

場合には，Q ボールはその宇宙論的進化の過程で電荷を持つ可能性がある [54]．したがって，電荷を帯びた Q ボールは荷電ダークマターという極めて特殊なダークマターの候補になり得る．電荷を持ったダークマターは周りの物質と電磁相互作用するために厳しく制限されており，そのため 2 章でも述べたようにダークマターは電気的に中性であることが一般的な性質となっている．しかし，Q ボールのようにダークマター粒子 1 個の質量が巨大である場合にはダークマター粒子としての数密度は極めて小さくなり，そのため電磁相互作用が滅多に起こらず観測で見つからないことからダークマターとして存在することが許される．

7.3.4　オシロン（I ボール）

オシロンは実スカラー場の理論に存在するソリトン解である．Q ボールがグローバルなチャージの保存によって安定であるのと同様にオシロンの安定性は振動している実スカラー場が持つ断熱不変量の保存によると考えられる．Q ボールがあるチャージの下でエネルギー最小の場の配位であるのに対して，オシロンはある断熱不変量の下でエネルギー最小の場の配位になっている．実スカラー場における断熱不変量 I は

$$I = \omega \int d^3x\, \overline{\dot{\phi}^2} \tag{7.98}$$

で定義される．ω は振動しているスカラー場の角振動数で，$\overline{A}$ は A の一周期平均を表す．断熱不変量 I はスカラー場のポテンシャルが 2 次（$\sim \phi^2$）の項で支配されている場合に近似的に保存し [55]，その場合 ω はスカラー場の質量 m で近似できる（$\omega \simeq m$）ので I は粒子描像での全粒子数に対応し，断熱不変量の保存は粒子数の保存ということもできる．

オシロン解は断熱不変量が I_0 という条件の下，エネルギーを最小にする場の配位を求めることによって得られる．そのためには次の量

$$E_\lambda = \int d^3x \left(\frac{1}{2}\overline{\dot{\phi}^2} + \frac{1}{2}\overline{(\nabla\phi)^2} + \overline{V} \right) + \lambda(I_0 - I) \tag{7.99}$$

を最小化すれば良い．ここで，λ はラグランジュ乗数で V はスカラー場のポテンシャルで

$$V = \frac{1}{2}m^2\phi^2 + \Delta V \tag{7.100}$$

で与えられ，右辺の第 1 項が質量項で ΔV は高次の項を表す．ポテンシャルは質量項が支配しているので，解は良い近似で

$$\phi(t, \boldsymbol{x}) = 2\psi(\boldsymbol{x})\cos(\omega t) \tag{7.101}$$

と表され，$\omega \simeq m$ である．そこで，μ を $\mu = m - \omega \ll m$ と定義して，式（7.98）を使うと

$$E_\lambda = \int d^3x \left[(\nabla\psi)^2 + (m + \omega^2 - 2\lambda\omega)\psi^2 + \Delta V_{\rm eff}(\psi)\right] + \lambda I_0 \tag{7.102}$$

と書ける．ここで，$\Delta V_{\rm eff}(\psi) = \overline{\Delta V(\phi)}$ である．エネルギーが最小になる配位は球対称の場合（$\psi(\boldsymbol{x}) = \psi(r)$）だと仮定すると，オシロン解を決める方程式は

$$\left[\frac{\partial^2}{\partial r^2} + \frac{2}{r}\frac{\partial}{\partial r}\right]\psi(r) = (m^2 + \omega^2 - 2\omega\lambda)\psi(r) + \frac{1}{2}\frac{d\Delta V_{\rm eff}}{d\psi}(\psi) \tag{7.103}$$

で与えられる．中心で解が特異にならないことと遠方でエネルギーがゼロになることから境界条件は

$$\lim_{r\to 0}\frac{\partial\psi(r)}{\partial r} = \lim_{r\to\infty}\psi(r) = 0 \tag{7.104}$$

となる．ラグランジュ乗数はスカラー場の運動方程式

$$\ddot{\phi} - \nabla^2\phi + m^2\phi + \frac{d\Delta V}{d\phi} = 0 \tag{7.105}$$

から決まる．運動方程式に $\phi = 2\psi\cos\omega t$ を代入すると

$$-\omega^2\psi\cos(\omega t) - \nabla^2\psi\cos(\omega t) + m^2\psi\cos(\omega t) + \frac{1}{2}\frac{d\Delta V}{d\phi}(2\psi\cos(\omega t)) = 0 \tag{7.106}$$

となり，さらに，$\cos(\omega t)$ を掛けて一周期平均を取ると

$$\nabla^2\psi = (m^2 - \omega^2)\psi + \frac{1}{2}\frac{d\Delta V_{\rm eff}}{d\psi}(\psi) \tag{7.107}$$

式（7.103）と（7.107）を比べると

$$\lambda = \omega = m - \mu \tag{7.108}$$

であることが分かる．また，I_0 と $E_\omega\,(= E_{\lambda=\omega})$ は

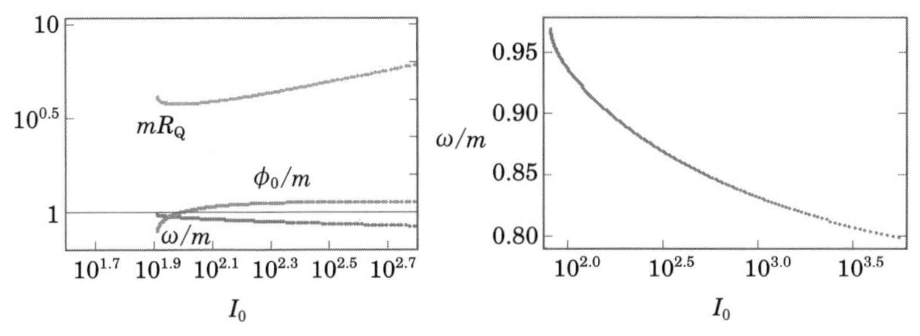

図7.10 $\Delta V = -g_4\phi^4/4 + g_6 m^{-2}\phi^6/6$ の場合のオシロンの半径 R_Q，中心での場の値 ϕ_0，ω $(g_4 = 1, g_6 = 0.4)$［文献［56］から］

$$I_0 = 8\pi\omega \int dr r^2 (\psi(r))^2 \tag{7.109}$$

$$E_\omega = 4\pi \int dr r^2 [(\omega^2 + m^2)\psi^2 + (\partial_r \psi)^2 + \Delta V_{\rm eff}(\psi)] \tag{7.110}$$

となる．式（7.102）を I_0 で微分して

$$\frac{dE_\omega}{dI_0} = \omega \tag{7.111}$$

であることが分かる．

ここで，オシロン解と Q ボール解との類似性について述べる．

$$U_\omega = \frac{1}{2}m^2\psi^2 + \Delta V_{\rm eff} - \frac{1}{2}\omega^2\psi^2 = V_{\rm eff}(\psi) - \frac{1}{2}\omega^2\psi^2 \tag{7.112}$$

と U_ω を定義すると，オシロン解の従う方程式は

$$\psi'' + \frac{2}{r}\psi' - \frac{\partial U_\omega}{\partial \psi} = 0 \tag{7.113}$$

と書け，これは Q ボール解が従う方程式（7.59）と同じであり，オシロン解が存在するための条件は

$$\min\left[\frac{2V_{\rm eff}(\psi)}{\psi^2}\right] < \omega^2 < m^2 \tag{7.114}$$

となり，スカラーのポテンシャルが 2 次より平坦になっていることが必要となることが分かる．

図 7.10 に具体的な例として $\Delta V = -g_4\phi^4/4 + g_6 m^{-2}\phi^6/6$ の場合に，オシロンの半径，中心での場の値，ω と I_0 の関係を示した．この図からオシロン解に対し

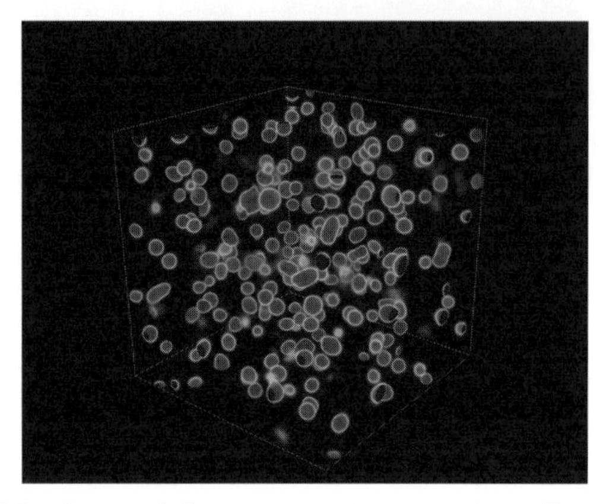

図7.11 オシロン生成のシミュレーション．スカラー場のエネルギーが大きな領域を表しており，球状のオブジェクトがオシロンである．

て ω は I_0 の減少関数となっていることが分かる．

オシロンはQボールと異なり古典的にも準安定で，スカラー波を放出して徐々にエネルギーを失っていく [56]．この際，断熱不変量は減少していくので，ω–I_0 の関係から ω は増大し，ある臨界値 ω_c に達すると安定解が存在しなくなり，短時間で崩壊する．オシロンの寿命を決めているのはスカラー場の質量で，オシロンがダークマターになる，つまり宇宙年齢よりも長寿命を持つためにはスカラー場の質量が小さいことが必要となる．そのようなスカラー場の候補として，5.8節で紹介したALPがある．実際，ALPのポテンシャルとして提案されている [57]

$$V(\phi) = \frac{m^2 F^2}{2p}\left[1 - \left(1 + \frac{\phi^2}{F^2}\right)^{-p}\right] \quad (p > -1) \tag{7.115}$$

では，オシロンが宇宙初期に生成される（図7.11）．ここで，m はALPの質量，F はALPのスケールで，p は定数でポテンシャルが2次よりも平坦になりオシロン解が存在するためには $p > -1$ が必要となる．この場合，寿命は $\mathcal{O}(10^7\text{–}10^9)m^{-1}$ となり [58]，質量が $m < 10^{-22}$ eV のALPでは宇宙年齢以上の寿命を持つ可能性があり，ダークマターになり得る．

第8章 アクシオンの検出

現在ダークマターの正体を明らかにするために直接あるいは間接的にダークマターを検出する試みが世界的に盛んに行われており，また，検出に向けた将来計画が考えられている．この章と次章ではダークマターの有力な候補であるアクシオンと WIMP について，それらを実験や観測的に検出する方法について解説する．

5 章で見たように，ダークマターとなり得るアクシオンは質量が 10^{-4} eV 程度を持ち，これに対応する PQ スケールは $f_a = 10^{11}$ GeV 程度で非常に大きい．アクシオンと通常の物質との相互作用は $1/f_a$ で抑制されるので，アクシオンは他の物質とほとんど相互作用することがなくその検出は極めて困難である．しかし，ジキビ（P. Sikivie）は 1983 年にアクシオンと電磁場の相互作用によってアクシオンが磁場中で光子に変換されることを用いてダークマター・アクシオンを検出する方法を提案した [59]．現在この方法でアクシオンを検出する実験が行われている．また，最近では，光子が時間変化するアクシオン場を通過する際に複屈折が起こることを利用した検出方法も考案されている．

アクシオン検出実験では，我々の銀河のハローを構成しているダークマター・アクシオンを地上で検出する方法と太陽中心で作られたアクシオンを検出する方法があり，前者は直接アクシオンがダークマターになっていることを確かめることができる実験として重要である．後者の検出実験はアクシオンがダークマターになっているかを確かめることはできないが，アクシオン自体の存在を確かめることができ，素粒子物理学的にはきわめて重要である．さらに，検出したアクシオンの特性（質量や PQ スケール）を測ることによってアクシオンがダークマターになっている可能性を間接的に検証することができる．

8.1 アクシオンと電磁場との相互作用

まず，アクシオン検出の原理を理解するために，アクシオンと電磁場の相互作用について考える．アクシオンと電磁場のラグランジアンは

$$\mathcal{L} = \mathcal{L}_{\mathrm{em}} + \mathcal{L}_{\mathrm{a}} + \mathcal{L}_{\mathrm{int}} \tag{8.1}$$

のように書け，$\mathcal{L}_{\mathrm{em}}$，$\mathcal{L}_{\mathrm{a}}$，$\mathcal{L}_{\mathrm{int}}$ はそれぞれ電磁場，アクシオン場，電磁場とアクシオンの相互作用を記述するラグランジアンで

$$\mathcal{L}_{\mathrm{em}} = \frac{1}{4}F_{\mu\nu}F^{\mu\nu} \tag{8.2}$$

$$\mathcal{L}_{\mathrm{a}} = \frac{1}{2}\partial_\mu \mathcal{A}\partial^\mu \mathcal{A} - \frac{1}{2}m_a^2\mathcal{A}^2 \tag{8.3}$$

$$\mathcal{L}_{\mathrm{int}} = -\frac{1}{4}g_{a\gamma\gamma}F_{\mu\nu}\tilde{F}^{\mu\nu}\mathcal{A} \tag{8.4}$$

である．ここで，$F_{\mu\nu}$ は電磁場テンソル，$\tilde{F}_{\mu\nu} = \varepsilon_{\mu\nu\lambda\eta}F^{\lambda\eta}/2$ であり，電場 $\boldsymbol{E}$，磁場 $\boldsymbol{B}$ で具体的に書くと

$$F^{\mu\nu} = \begin{pmatrix} 0 & -E_x & -E_y & -E_z \\ E_x & 0 & -B_z & B_y \\ E_y & B_z & 0 & -B_x \\ E_z & -B_y & B_x & 0 \end{pmatrix}, \quad \tilde{F}^{\mu\nu} = \begin{pmatrix} 0 & -B_x & -B_y & -B_z \\ B_x & 0 & E_z & -E_y \\ B_y & -E_z & 0 & E_x \\ B_z & E_y & -E_x & 0 \end{pmatrix} \tag{8.5}$$

となる．アクシオン場と電磁場の相互作用（8.4）は $g_{a\gamma\gamma}(\boldsymbol{E}\cdot\boldsymbol{B})\mathcal{A}$ になることが分かる．$\mathcal{L}_{\mathrm{int}}$ の $g_{a\gamma\gamma}$ はアクシオンと電磁場の結合定数で，PQ スケールと

$$g_{a\gamma\gamma} = \frac{\alpha C}{2\pi f_a} \tag{8.6}$$

という関係がある．ここで，α は微細構造定数，C はアクシオンモデルに依って決まる $O(1)$ の無次元定数である．ラグランジアン（8.1）から次の運動方程式が導かれる．

$$\partial_\mu F^{\mu\lambda} + g_{a\gamma\gamma}(\partial_\mu \mathcal{A})\tilde{F}^{\mu\lambda} = 0 \tag{8.7}$$

式（8.5）を使うと，上の式（8.7）で $\lambda = j\ (= 1, 2, 3)$ のときは

$$-\frac{\partial}{\partial t}E^j - \varepsilon^{kjm}\partial_k B_m - \frac{\partial \mathcal{A}}{\partial t}B^j g_{a\gamma\gamma} + (\partial_k \mathcal{A})\varepsilon^{kjm}E_m g_{a\gamma\gamma} = 0 \tag{8.8}$$

となり，$\boldsymbol{E}$，$\boldsymbol{B}$ を用いると

$$-\frac{\partial \boldsymbol{E}}{\partial t} + \boldsymbol{\nabla} \times \boldsymbol{B} = g_{a\gamma\gamma}\left(\frac{\partial \mathcal{A}}{\partial t}\boldsymbol{B} - \boldsymbol{E} \times \boldsymbol{\nabla}\mathcal{A}\right) \tag{8.9}$$

と書ける．一方，式（8.7）で $\lambda = 0$ のときは

$$\boldsymbol{\nabla} \cdot \boldsymbol{E} = -g_{a\gamma\gamma}\boldsymbol{B} \cdot \boldsymbol{\nabla}\mathcal{A} \tag{8.10}$$

を得る．また，アクシオンの影響を受けないマックスウェル方程式

$$\partial_\gamma F_{\alpha\beta} + \partial_\alpha F_{\beta\gamma} + \partial_\beta F_{\gamma\alpha} = 0 \tag{8.11}$$

から

$$\boldsymbol{\nabla} \times \boldsymbol{E} = -\frac{\partial \boldsymbol{B}}{\partial t} \tag{8.12}$$

$$\boldsymbol{\nabla} \cdot \boldsymbol{B} = 0 \tag{8.13}$$

が得られる．

式（8.9）を時間微分すると

$$-\frac{\partial^2 \boldsymbol{E}}{\partial t^2} + \boldsymbol{\nabla} \times \frac{\partial \boldsymbol{B}}{\partial t} = g_{a\gamma\gamma}\left(\frac{\partial^2 \mathcal{A}}{\partial t^2}\boldsymbol{B} + \frac{\partial \mathcal{A}}{\partial t}\frac{\partial \boldsymbol{B}}{\partial t} + \frac{\partial \boldsymbol{E}}{\partial t} \times \boldsymbol{\nabla}\mathcal{A} + \boldsymbol{E} \times \boldsymbol{\nabla}\frac{\partial \mathcal{A}}{\partial t}\right) \tag{8.14}$$

となる．ここで，マックスウェル方程式（8.12）と式（8.10）を使うと式（8.14）の左辺第 2 項は

$$\boldsymbol{\nabla} \times \frac{\partial \boldsymbol{B}}{\partial t} = -\boldsymbol{\nabla} \times (\boldsymbol{\nabla} \times \boldsymbol{E}) = \nabla^2 \boldsymbol{E} - \boldsymbol{\nabla}(\boldsymbol{\nabla} \cdot \boldsymbol{E}) = \nabla^2 \boldsymbol{E} + g_{a\gamma\gamma}\boldsymbol{\nabla}(\boldsymbol{B} \cdot \boldsymbol{\nabla}\mathcal{A}) \tag{8.15}$$

となる．アクシオン場の空間変化は時間変化に比べて十分小さい，つまり

$$|\boldsymbol{\nabla}\mathcal{A}| \ll |\partial \mathcal{A}/\partial t| \tag{8.16}$$

と仮定すると式（8.14）は

$$-\frac{\partial^2 \boldsymbol{E}}{\partial t^2} + \nabla^2 \boldsymbol{E} = g_{a\gamma\gamma}\left(\frac{\partial^2 \mathcal{A}}{\partial t^2}\boldsymbol{B} + \frac{\partial \mathcal{A}}{\partial t}\frac{\partial \boldsymbol{B}}{\partial t}\right) \tag{8.17}$$

となる．実際，我々の銀河ハローのアクシオンのド・ブロイ波長は

$$\lambda_a = \frac{2\pi\hbar}{m_a v} \sim 20\,\mathrm{m}\left(\frac{f_a}{10^{12}\,\mathrm{GeV}}\right) \tag{8.18}$$

なので，これより小さいスケールではアクシオン場は一様とみなせる．ここで，太陽近傍でのダークマター粒子の速さ $v \sim 10^{-3} \sim 300\,\mathrm{km\,s^{-1}}$ を用いた（9.1 節参照）．

8.2 マイクロ波キャビティを用いたアクシオン検出

8.2.1 アクシオン・ハロースコープ

ジキビはハローにあるアクシオンを磁場をかけたマイクロ波キャビティを用いて検出する方法を提案した．このようなアクシオンを検出する装置はハロースコープと呼ばれる．

図 8.1 のようなキャビティを考える．アクシオン場の空間変化は小さくキャビティのサイズでは一様とみなすことができる．アクシオン場の時間変化をフーリエ分解して

$$\mathcal{A}(t) = \frac{1}{\sqrt{2\pi}}\int d\omega\, e^{-i\omega t}\mathcal{A}(\omega) \tag{8.19}$$

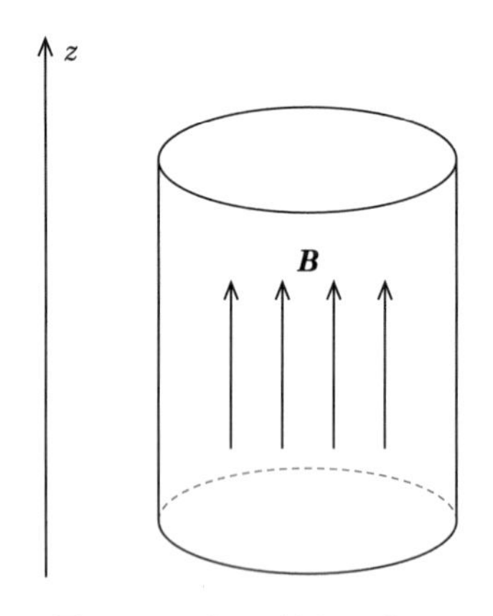

図 8.1 マイクロ波キャビティ

$$\mathcal{A}(\omega) = \frac{1}{\sqrt{2\pi}} \int dt\, e^{i\omega t} \mathcal{A}(t) \tag{8.20}$$

と表す．また，アクシオンの振動の周期 $(2\pi\omega)^{-1}$ に比べて十分長い時間 T を用いて，場の 2 乗の時間平均は

$$\langle \mathcal{A}(t)^2 \rangle = \frac{1}{T} \int dt\, \mathcal{A}(t)^2 = \frac{1}{T} \int d\omega\, |\mathcal{A}(\omega)|^2 \tag{8.21}$$

と計算できる．

いま，定常な磁場 $\boldsymbol{B}_0$ を z 方向にかけ，電場も z 方向の成分しかない，つまり，

$$\boldsymbol{B}_0 = B_0 \hat{z} \tag{8.22}$$

$$\boldsymbol{E} = E \hat{z} \tag{8.23}$$

とし，電場の大きさ $E(t, \boldsymbol{x})$ のフーリエ成分を

$$E(\omega, \boldsymbol{x}) = \frac{1}{\sqrt{2\pi}} \int dt\, e^{i\omega t} E(t, \boldsymbol{x}) \tag{8.24}$$

$$E(t, \boldsymbol{x}) = \frac{1}{\sqrt{2\pi}} \int d\omega\, e^{-i\omega t} E(\omega, \boldsymbol{x}) \tag{8.25}$$

と表す．式 (8.22) を式 (8.17) に代入すると，B_0 が時間的に一定であることから

$$-\frac{\partial^2 \boldsymbol{E}}{\partial t^2} + \nabla^2 \boldsymbol{E} = g_{a\gamma\gamma} \frac{\partial^2 \mathcal{A}}{\partial t^2} \boldsymbol{B}_0 \tag{8.26}$$

が得られる．これをフーリエ成分で書くと

$$(\nabla^2 + \omega^2) E(\omega, \boldsymbol{x}) = -g_{a\gamma\gamma} B_0 \omega^2 \mathcal{A}(\omega) \tag{8.27}$$

となる．さらに，

$$\nabla^2 \psi_j(\boldsymbol{x}) = -\omega_j^2 \psi_j(\boldsymbol{x}) \tag{8.28}$$

$$\int \psi_i(\boldsymbol{x}) \psi_j(\boldsymbol{x}) d^3x = V \delta_{ij} \tag{8.29}$$

を満たすモード関数 $\psi(\boldsymbol{x})$ を用いて $E(\omega, \boldsymbol{x})$ を展開して

$$E(\omega, \boldsymbol{x}) = \sum_j E_j(\omega, \boldsymbol{x}) = \sum_j \lambda_j(\omega) \psi_j(\boldsymbol{x}) \tag{8.30}$$

と書く．同様に，磁場も

$$B_0(\boldsymbol{x}) = \sum_j \eta_j \psi_j(\boldsymbol{x}) \tag{8.31}$$

$$\eta_j = \sum_j \frac{1}{V} \int B_0(\boldsymbol{x}) \psi_j(\boldsymbol{x})\, d^3x \tag{8.32}$$

と展開する．これから，磁場の 2 乗の空間平均が

$$\langle B_0^2 \rangle = \frac{1}{V} \int B_0(\boldsymbol{x})^2 d^3x = \sum_j \eta_j^2 \tag{8.33}$$

と書ける．

これらを使うと，式 (8.27) は

$$(\omega^2 - \omega_j^2)\lambda_j(\omega) = -g_{a\gamma\gamma}\eta_j\omega^2\mathcal{A}(\omega) \tag{8.34}$$

$$\Rightarrow \ \lambda_j(\omega) = -g_{a\gamma\gamma}\frac{\eta_j\omega^2}{\omega^2 - \omega_j^2}\mathcal{A}(\omega) \tag{8.35}$$

となる．式 (8.35) から電場のモード E_j の持つエネルギー U_j の時間平均は

$$\langle U_j \rangle = \frac{1}{T}\int |E_j(\omega, \boldsymbol{x})|^2 d\omega dx^3 = V\frac{1}{T}\int \lambda_j^2(\omega) d\omega \tag{8.36}$$

$$= g_{a\gamma\gamma}^2 \eta_j^2 V \frac{1}{T}\int \frac{|\mathcal{A}(\omega)|^2\omega^4}{(\omega^2 - \omega_j^2)^2 + \omega^4/Q^2} d\omega \tag{8.37}$$

と書ける．ここで，(8.37) の分母に quality factor と呼ばれる Q を導入した．Q はキャビティの，エネルギーの散逸の効果を表し，

$$Q = 2\pi \frac{(\text{キャビティに蓄えられるエネルギー})}{(1\,\text{周期に散逸するエネルギー})} \tag{8.38}$$

と定義される．

8.2.2 アクシオンから光子への変換

8.2.1 節の ω はアクシオン粒子のエネルギー ε_a に対応しており，我々の銀河ハローのダークマターを担っているアクシオンは

$$\varepsilon_a = m_a + \frac{1}{2}m_a v^2 \tag{8.39}$$

で，v はアクシオンの速度を表し，太陽近傍では $\langle v^2 \rangle^{1/2} \sim 10^{-3}$ である (9.1 節参照)．したがって，$|\mathcal{A}(\omega)|$ がゼロでない値を持つのは

$$m_a < \omega < m_a(1 + O(10^{-6})) \tag{8.40}$$

の範囲で，quality factor Q が $Q \gg 10^6$ であれば U_j の式（8.37）の積分は $\omega_j = m_a$ のとき

$$\frac{1}{T}\int \frac{|\mathcal{A}(\omega)|^2\omega^4}{(\omega^2-\omega_j^2)^2+\omega^4/Q^2}d\omega \simeq Q^2\frac{1}{T}\int d\omega|\mathcal{A}(\omega)|^2 = Q^2\langle\mathcal{A}^2\rangle \tag{8.41}$$

と書け，式（8.37）は

$$\langle U_j\rangle = g_{a\gamma\gamma}^2 G_j^2 V\langle B_0^2\rangle\rho_a\frac{Q^2}{m_a^2} \tag{8.42}$$

となる．ここで $\rho_a = m_a^2\langle\mathcal{A}^2\rangle$ はアクシオンの質量密度で，$G_j^2 \equiv \eta_j^2/\langle B_0\rangle$ である．

したがって，アクシオンのエネルギーが光子（電磁場）のエネルギーに変換される変換率 P は，quality factor Q の定義（8.38）から ω/Q がキャビティに蓄えられたエネルギー内で単位時間に散逸する割合である（$2\pi/\omega$ が周期であることに注意）．したがって，散逸するエネルギーとアクシオンから生成される光子のエネルギーが釣り合っているとすると，アクシオンのエネルギーが光子（電磁波）のエネルギーに変換される変換率 P は

$$P = \frac{\omega U_j}{Q} = g_{a\gamma\gamma}^2 G_j^2 V\langle B_0^2\rangle\rho_a\frac{Q}{m_a} \tag{8.43}$$

で与えられる．

マイクロ波キャビティを用いたアクシオン検出は，Axion Dark Matter eXperiment（ADMX）という実験が行われており，本書を執筆している時点ではアクシオンは検出されておらずアクシオンと電磁場の結合定数 $g_{a\gamma\gamma}$ に対して図 8.2 のような制限が得られている．

8.3 太陽アクシオンの検出

アクシオンはダークマターの有力な候補であるが，そもそもアクシオン自体が自然界に存在する実験的証拠はない．そこで，ダークマターを構成しているアクシオンを直接検出するのではないが，アクシオンを生成している天体を観測し，アクシオンを検出することによって，アクシオンの特性を明らかにし，アクシオンがダークマターになっている可能性を間接に検証することができる．我々に最

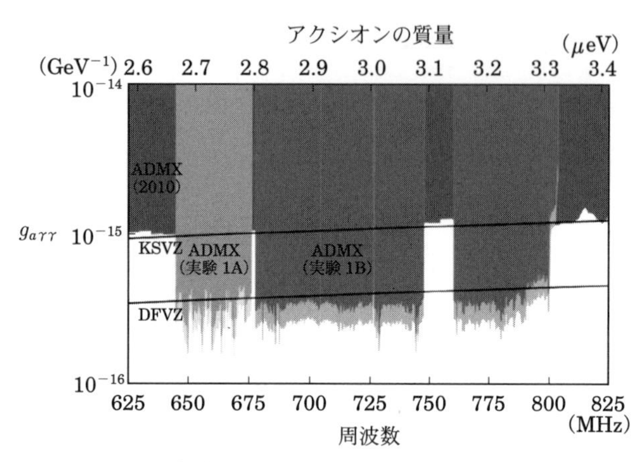

図8.2 ADMX 実験によるアクシオンと光子の結合定数に対する制限 [60]. 実線はアクシオンの KSVZ 模型と DFSZ 模型の予言を表す.

も身近なアクシオン源となる天体は太陽である. そこで, 太陽から放出されるアクシオン (太陽アクシオン) を磁場を使って X 線に変換するアクシオン・ヘリオスコープと呼ばれる地上の検出器を用いて検出する実験が行われている. ヘリオスコープ実験としてはヨーロッパで行われた CAST (CERN Axion Solar Telescope) [61] 実験があり, 将来的には IAXO (International Axion Observatory) 実験 [62] が計画されている.

8.3.1 太陽アクシオン・フラックス

太陽の中心では光子・アクシオン結合 (8.4) を通じて, プリマコフ (Primakoff) 過程と呼ばれる次の反応によってアクシオンが作られる (図 8.3).

$$\gamma + Q \longrightarrow \mathcal{A} + Q \tag{8.44}$$

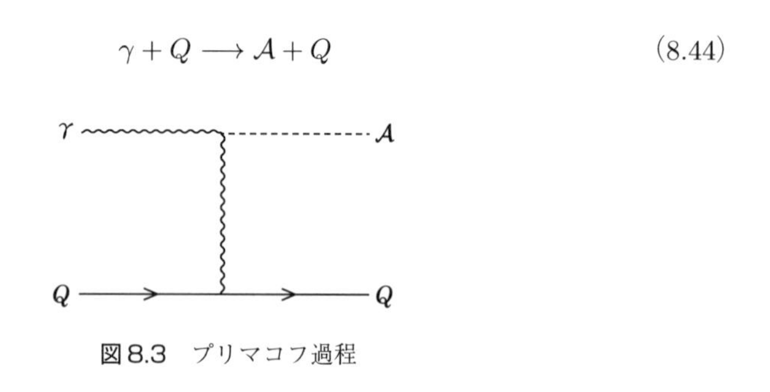

図8.3 プリマコフ過程

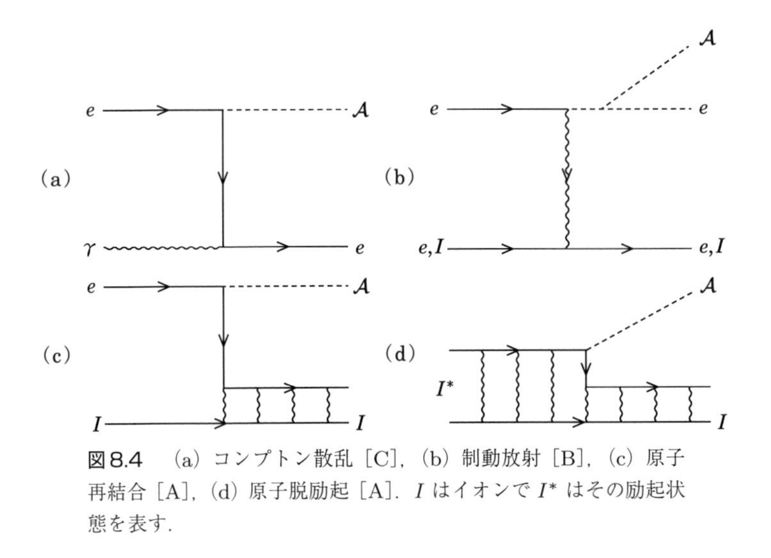

図8.4 (a) コンプトン散乱［C］，(b) 制動放射［B］，(c) 原子再結合［A］，(d) 原子脱励起［A］．I はイオンで I^* はその励起状態を表す．

ここで，Q は荷電粒子を表す．この過程によるアクシオンの地上でのフラックスは

$$\frac{d\Phi_{\rm P}(E_a)}{dE_a} = 6.02 \times 10^{10}{\rm cm}^{-2}{\rm s}^{-1}{\rm keV}^{-1} \left(\frac{g_{a\gamma\gamma}}{{\rm GeV}^{-1}}\right)^{2.481} \exp\left(-\frac{E_a}{1.205\,{\rm keV}}\right) \tag{8.45}$$

で与えられる．特に KSVZ アクシオン（5.4 節）ではプリマコフ過程が太陽での主要なアクシオン生成過程となる．図 8.5 にプリマコフ過程によるアクシオン・フラックスを示した．

DFSD アクシオン（5.4 節）のように電子との結合があるアクシオン模型では，プリマコフ過程に加えて，コンプトン散乱［C］，制動放射（Bremsstrahlung）［B］，原子再結合・脱励起［A］による生成があり（図 8.4），前者の 2 つの過程による地上でのフラックスはそれぞれ

$$\frac{d\Phi_{\rm C}(E_a)}{dE_a} = 13.314 \times 10^{6}{\rm cm}^{-2}{\rm s}^{-1}{\rm keV}^{-1} \left(\frac{g_{aee}}{10^{-13}}\right)^{2} \exp\left(-\frac{0.776E_a}{\rm keV}\right) \tag{8.46}$$

$$\frac{d\Phi_{\rm B}(E_a)}{dE_a} = 26.311 \times 10^{8}{\rm cm}^{-2}{\rm s}^{-1}{\rm keV}^{-1} \left(\frac{g_{aee}}{10^{-13}}\right)^{2} \times \frac{E_a/{\rm keV}}{1+0.667(E_a/{\rm keV})^{1.278}} \exp\left(-\frac{0.77E_a}{\rm keV}\right) \tag{8.47}$$

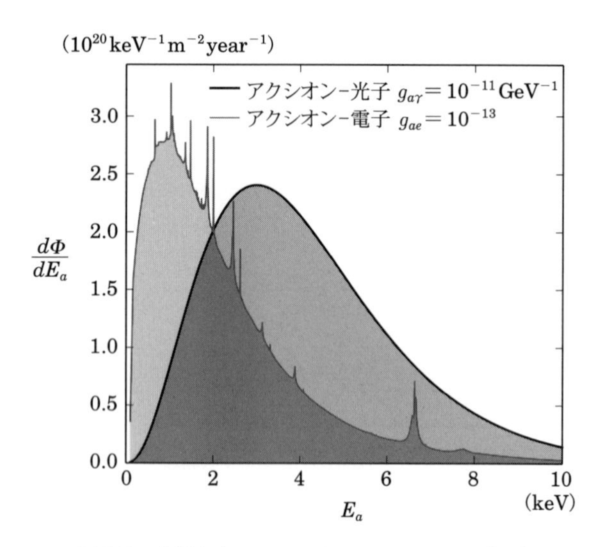

図 8.5 太陽からのアクシオン・フラックス [63]

で与えられる．ここで，g_{aee} はアクシオン・電子結合定数で，相互作用は電子場 ψ_e を用いて

$$\mathcal{L} = -ig_{aee}\mathcal{A}\bar{\psi}_e\gamma^5\psi_e \tag{8.48}$$

と表される*1．[A] の原子再結合・脱励起過程からのアクシオンのフラックスは解析的には表せないが，[A] – [C] のフラックスを足したものが図 8.5 に示してある．図でスパイク状に現れているフラックスが原子再結合・脱励起過程による寄与である．

8.3.2 アクシオン・ヘリオスコープ

アクシオン・ヘリオスコープは太陽から放射されたアクシオンを磁場を使って光子に変えて検出するもので，装置の概念図を図 8.6 に示してある．太陽アクシオンのエネルギーは $\mathcal{O}$(keV)（図 8.5）なので，検出される光子は X 線として観測される．検出される光子の数は

$$N_\gamma = ST\int dE_a \varepsilon_{\mathrm{AH}}(E_a)\frac{d\Phi_i}{dE_a}P_{a\to\gamma}(E_a) \tag{8.49}$$

$$(i = \mathrm{P}\ \text{または}\ \mathrm{A+B+C})$$

*1 この相互作用は (5.148) を部分積分すると得られる．

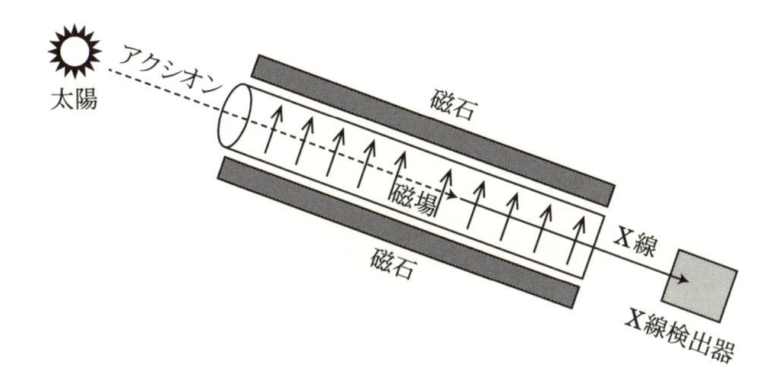

図8.6 アクシオン・ヘリオスコープの概念図

と書ける．ここで，S はヘリオスコープの検出面積，T は観測時間，$\varepsilon_{\rm AH}(E_a)$ はヘリオスコープの効率で，$P_{a\to\gamma}(E_a)$ はアクシオン・光子の変換確率を表し，

$$P_{a\to\gamma}(E_a) = \left(\frac{g_{a\gamma\gamma}B_0}{q}\right)^2 \sin^2\frac{qL}{2} \tag{8.50}$$

$$q = \frac{m_a^2}{2E_a} \tag{8.51}$$

で与えられる（付録 A.5 参照）．

前述したように，太陽アクシオンを検出するヘリオスコープ実験として CAST 実験が行われており，さらにそれをスケールアップした IAXO 実験が計画されている．ヘリオスコープ実験によってアクシオンと電磁場の結合定数に対して図 8.7 に示したように現状の制限が与えられ，また，将来の感度向上が期待されている（図の BabyIAXO は IAXO のプロトタイプ版である）．

8.4 複屈折効果を用いたアクシオン検出

8.4.1 アクシオン場による光の複屈折

光（電磁波）が伝播する経路において背景にあるアクシオン場が変化すると光の複屈折という現象が起きる．8.1 節で求めたアクシオン場が存在する場合のマックスウェル方程式をもう一度整理して書くと，

$$\nabla\cdot\boldsymbol{E} = -g_{a\gamma\gamma}\boldsymbol{B}\cdot\nabla\mathcal{A} \tag{8.52}$$

$$\nabla\times\boldsymbol{E} + \frac{\partial\boldsymbol{B}}{\partial t} = 0 \tag{8.53}$$

$$\nabla\times\boldsymbol{B} - \frac{\partial\boldsymbol{E}}{\partial t} = g_{a\gamma\gamma}\left(\boldsymbol{B}\frac{\partial\mathcal{A}}{\partial t} - \boldsymbol{E}\times\nabla\mathcal{A}\right) \tag{8.54}$$

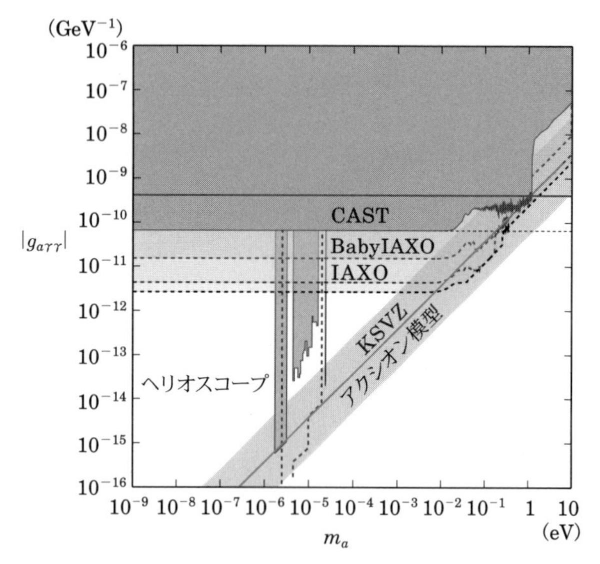

図 8.7 アクシオン・ヘリオスコープ実験からの制限（CAST）と将来期待される感度（BabyIAXO, IAXO）[62]

$$\nabla \cdot \boldsymbol{B} = 0 \tag{8.55}$$

となる．いま，アクシオン場の時間・空間変化のスケールに比べて十分に電磁波の周期 $2\pi/\omega$ と波長 λ が短い，つまり，

$$\lambda \ll f_a/|\nabla\mathcal{A}|, \quad \omega^{-1} \ll f_a/|\partial\mathcal{A}/\partial t| \tag{8.56}$$

であるとする．このとき，近似的に

$$\begin{aligned}\Box(\mathcal{A}\boldsymbol{B}) &= \left(\frac{\partial^2}{\partial t} - \Delta\right)(\mathcal{A}\boldsymbol{B}) \\ &\simeq \mathcal{A}\Box\boldsymbol{B} + 2\left(\frac{\partial\mathcal{A}}{\partial t}\frac{\partial\boldsymbol{B}}{\partial t} - (\nabla\mathcal{A}\cdot\nabla)\boldsymbol{B}\right)\end{aligned} \tag{8.57}$$

$$\begin{aligned}\Box(\mathcal{A}\boldsymbol{E}) &= \left(\frac{\partial^2}{\partial t} - \Delta\right)(\mathcal{A}\boldsymbol{E}) \\ &\simeq \mathcal{A}\Box\boldsymbol{E} + 2\left(\frac{\partial\mathcal{A}}{\partial t}\frac{\partial\boldsymbol{E}}{\partial t} - (\nabla\mathcal{A}\cdot\nabla)\boldsymbol{E}\right)\end{aligned} \tag{8.58}$$

が成り立つ．ここで $\Box = \partial^2/(\partial t^2 - \nabla^2)$ はダランベール演算子である．式 (8.53) を時間微分することによって，

$$
\begin{aligned}
\frac{\partial^2 \boldsymbol{B}}{\partial t^2} &= -\nabla \times \frac{\partial \boldsymbol{E}}{\partial t} \\
&= -\nabla \times (\nabla \times \boldsymbol{B}) + g_{a\gamma\gamma} \nabla \times \left(\boldsymbol{B} \frac{\partial \mathcal{A}}{\partial t} - \boldsymbol{E} \times \nabla \mathcal{A} \right) \\
&= \Delta \boldsymbol{B} + g_{a\gamma\gamma} \left(\frac{\partial \mathcal{A}}{\partial t} \nabla \times \boldsymbol{B} + (\nabla \cdot \boldsymbol{E}) \nabla \mathcal{A} - (\nabla \mathcal{A} \cdot \nabla) \boldsymbol{E} \right)
\end{aligned} \tag{8.59}
$$

が得られ，さらに式（8.52）と式（8.53）を用いて変形し，$g_{a\gamma\gamma}$ の 2 次の項を無視すれば

$$
\Box \boldsymbol{B} \simeq g_{a\gamma\gamma} \left(\frac{\partial \mathcal{A}}{\partial t} \frac{\partial \boldsymbol{E}}{\partial t} - (\nabla \mathcal{A} \cdot \nabla) \boldsymbol{E} \right) \tag{8.60}
$$

となり，式（8.58）を使って

$$
\Box \left(\boldsymbol{B} - \frac{g_{a\gamma\gamma}}{2} \mathcal{A} \boldsymbol{E} \right) = -\frac{g_{a\gamma\gamma}}{2} \mathcal{A} \Box \boldsymbol{E} \tag{8.61}
$$

が得られる．

次に，式（8.54）を時間微分することによって

$$
\nabla \times \frac{\partial \boldsymbol{B}}{\partial t} + \frac{\partial^2 \boldsymbol{E}}{\partial t^2} = g_{a\gamma\gamma} \left(\frac{\partial \boldsymbol{B}}{\partial t} \frac{\partial \mathcal{A}}{\partial t} - \frac{\partial \boldsymbol{E}}{\partial t} \times \nabla \mathcal{A} \right) \tag{8.62}
$$

となる．この式は

$$
\begin{aligned}
\nabla \times \frac{\partial \boldsymbol{B}}{\partial t} &= -\nabla \times (\nabla \times \boldsymbol{E}) = \Delta \boldsymbol{E} - \nabla (\nabla \cdot \boldsymbol{E}) \\
&= \Delta \boldsymbol{E} + g_{a\gamma\gamma} \nabla (\boldsymbol{B} \cdot \nabla \mathcal{A})
\end{aligned} \tag{8.63}
$$

$$
\frac{\partial \boldsymbol{E}}{\partial t} \times \nabla \mathcal{A} \simeq (\nabla \times \boldsymbol{B}) \times \nabla \mathcal{A} \simeq \nabla (\boldsymbol{B} \cdot \nabla \mathcal{A}) + (\nabla \mathcal{A} \cdot \nabla) \boldsymbol{B} \tag{8.64}
$$

を用いて

$$
\Box \boldsymbol{E} \simeq g_{a\gamma\gamma} \left((\nabla \mathcal{A} \cdot) \boldsymbol{B} - \frac{\partial \boldsymbol{B}}{\partial t} \frac{\partial \mathcal{A}}{\partial t} \right) \tag{8.65}
$$

であるので，式（8.57）を使って

$$
\Box \left(\boldsymbol{E} + \frac{g_{a\gamma\gamma}}{2} \mathcal{A} \boldsymbol{B} \right) = \frac{g_{a\gamma\gamma}}{2} \mathcal{A} \Box \boldsymbol{B} \tag{8.66}
$$

が得られる．

2 つの式（8.61），（8.66）からアクシオンと光子の結合を無視した 0 次のオーダーの近似では，電磁波は通常の波動方程式 $\Box \boldsymbol{E} = \Box \boldsymbol{B} = 0$ に従うが，$g_{a\gamma\gamma}$ の 1 次のオーダーでは，

$$\Box\left(\boldsymbol{E}+\frac{g_{a\gamma\gamma}}{2}\mathcal{A}\boldsymbol{B}\right)=0 \tag{8.67}$$

$$\Box\left(\boldsymbol{B}-\frac{g_{a\gamma\gamma}}{2}\mathcal{A}\boldsymbol{E}\right)=0 \tag{8.68}$$

に従うことが分かる．ここで，式（8.66）において，$g_{a\gamma\gamma}\mathcal{A}\Box\boldsymbol{B}$ の項は $g_{a\gamma\gamma}$ と $\Box\boldsymbol{B}$ がそれぞれ 1 次の量になり全体として 2 次になるので無視できるとした．式（8.61）においても同様に $g_{a\gamma\gamma}\mathcal{A}\Box\boldsymbol{E}$ の項は無視できる．アクシオン場によって電磁波の波動方程式が（8.67），(8.68）のように変更を受けることから，直線偏光の電磁波の電場（磁場）方向は伝播する間にアクシオン場が $\Delta\mathcal{A}$ だけ変化すると

$$\Delta\phi=\frac{1}{2}g_{a\gamma\gamma}\Delta\mathcal{A} \tag{8.69}$$

で与えられる角度だけ回転することになる．

この偏光の回転は光の左巻き円偏光と右巻き円偏光の位相速度の違いという観点からも説明することができる．運動方程式（8.7）でゲージ条件として

$$A^0=\partial_i A^i=0 \tag{8.70}$$

を課すと，

$$\partial_\mu F^{\mu\nu}=\partial_\mu\partial^\mu A^\lambda-\partial^\lambda\partial_\mu A^\mu=\partial_\mu\partial^\mu A^\lambda \tag{8.71}$$

$$\partial_\mu\tilde{F}^{\mu\lambda}=\frac{1}{2}\varepsilon^{\mu\lambda\alpha\beta}\partial_\mu F_{\alpha\beta}=\varepsilon^{\mu\lambda\alpha\beta}\partial_\mu\partial_\alpha A_\beta \tag{8.72}$$

を用いて

$$\partial_\mu\partial^\mu A^i+g_{a\gamma\gamma}\partial_\mu\mathcal{A}\varepsilon^{\mu i\lambda m}\partial_\lambda A_m=0 \tag{8.73}$$

が得られ，さらに，アクシオン場の空間変化が時間変化に比べて小さい（$|\partial_0\mathcal{A}|\gg|\nabla\mathcal{A}|$）とすると

$$\ddot{A}^i-\nabla^2A^i+g_{a\gamma\gamma}(\partial_0\mathcal{A})\varepsilon^{ijm}\partial_j A_m=0 \tag{8.74}$$

となる．

電場ベクトルは次のように波数と偏光のモードで分解できる．

$$A^i(t,\boldsymbol{x})=\sum_{\lambda=L,R}\int\frac{d^3k}{(2\pi)^{3/2}}A^\lambda_{\boldsymbol{k}}(t)e^\lambda_i(\hat{k})e^{i\boldsymbol{k}\cdot\boldsymbol{x}} \tag{8.75}$$

ここで，e^λ_i $(\lambda=L,R)$ は偏光ベクトルで L が左巻き円偏光，R が右巻き円偏光を

表す．また，偏光ベクトルは次の性質を満たす．

$$e_i^{\lambda}(-\hat{k}) = e_i^{\lambda *}(\hat{k}) \tag{8.76}$$

$$e_i^{\lambda}(\hat{k})\, e_i^{\lambda'}(\hat{k}) = \delta^{\lambda\lambda'} \tag{8.77}$$

$$k_i e_i^{\lambda}(\hat{k}) = 0 \tag{8.78}$$

$$i\varepsilon_{ijm} k_j e_m^{L/R}(\hat{k}) = \pm k e_i^{L/R}(\hat{k}) \quad (L:+, R:-) \tag{8.79}$$

式（8.75）を運動方程式（8.73）に代入して，各モードに対する式

$$\ddot{A}_{\boldsymbol{k}}^{L/R} + k^2 A_{\boldsymbol{k}}^{L/R} \pm g_{a\gamma\gamma} k\, (\partial_0 \mathcal{A}) A_{\boldsymbol{k}}^{L/R} = 0 \tag{8.80}$$

が得られる．この式はさらに

$$\ddot{A}_{\boldsymbol{k}}^{L/R} + \omega_{L/R}^2 A_{\boldsymbol{k}}^{L/R} = 0 \tag{8.81}$$

$$\omega_{L/R}^2 = k^2 \left(1 \pm \frac{g_{a\gamma\gamma}}{k}\, (\partial_0 \mathcal{A})\right) \tag{8.82}$$

と書け，$\omega_{L/R}$ は左巻き円偏光（L），右巻き円偏光（R）の光の振動数を表す．アクシオン場の存在によって左右円偏光の振動数が異なるようになる．式（8.82）から位相速度 c も左右円偏光で異なり

$$c_{L/R} = \left(1 \pm \frac{g_{a\gamma\gamma}}{k}\, (\partial_0 \mathcal{A})\right)^{1/2} \simeq 1 \pm \frac{g_{a\gamma\gamma}}{2k}\, (\partial_0 \mathcal{A}) \tag{8.83}$$

となる．左右円偏光の位相速度の違いから式（8.69）が説明できる．直線偏光は左右の円偏光が同じ振幅を持っていると解釈できる．位相速度の違いによって光が伝播する間に左右円偏光の位相がずれてくる．そのため，位相のずれの分だけ直線偏光の向きが回転することになり，その回転角は

$$\Delta\phi = \frac{1}{2}\int dt k (c_L - c_R) = \frac{1}{2}\int dt g_{a\gamma\gamma} \partial_0 \mathcal{A} = \frac{1}{2} g_{a\gamma\gamma} \Delta\mathcal{A} \tag{8.84}$$

となり，式（8.69）と一致する．

8.4.2 複屈折効果を用いたアクシオン検出実験

これまで見てきたように，アクシオン場が存在すると光が伝播する間にアクシオン場の値の変化に応じて，光の偏光の向きが変化する複屈折が起こる．この効果を用いてアクシオンを検出することが可能である．

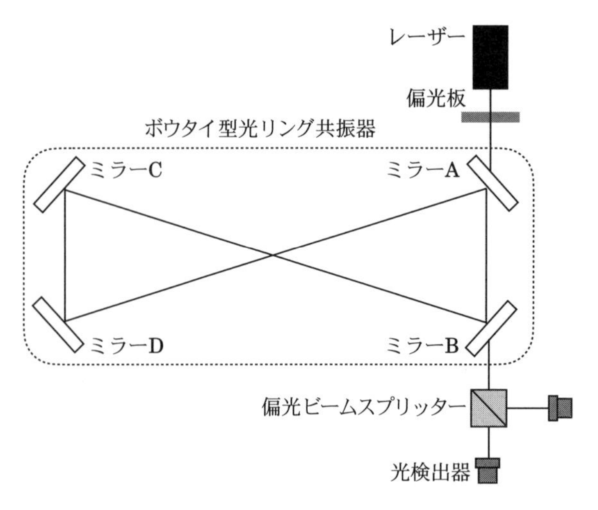

図8.8 リング光共振機を用いたアクシオン検出器

検出方法の一例として図 8.8 にボウタイ型の光共振器を用いた検出器を示した[64]．レーザーから出た光は偏光板を通って直線偏光した光として 4 つのミラーからなる光共振器に入り，増幅される．ミラーで反射した光はパリティが反転する（右巻き偏光は左巻き偏光に，左巻き偏光は右巻き偏光に変わる）のでボウタイ型の配置にすることによって反射した光が短い経路（A→B, C→D）でもう一度ミラーに反射することによって主要な光の経路（B→C, D→A）では反射による影響がないようにしてある．光が共振器内に入っている間にコヒーレントな振動によってアクシオン場の値が変化するとそれに比例して共振器に入射した光の偏光と直交する成分の偏光が生じる．これを偏光ビームスプリッターを通すことによって分離し，光検出器で検出することができる．

8.5 その他のアクシオンの検出方法

アクシオンを検出する方法はこれまで述べた以外にもいくつか提案され，実際に行われている．アクシオンと電磁場（光）との相互作用を用いた検出法として，Light-shining-through-a-wall という実験がある．これはレーザーの光に磁場をかけることによってその一部をアクシオンに変え，アクシオンがレーザー光の前に置かれた光が通過できない壁を通って，さらに，磁場によって光に変えそれを検出するという実験である．しかし，現状ではCAST ほどの感度はない［65］．

電磁場との相互作用以外では，アクシオンは非常に軽く，原子核や電子との相互作用を通じて長距離力を生み出すので，それを検出しようと試みる実験もある．さらに，これと天体からのアクシオンに対する制限とを組み合わせて，より強い制限が得られる可能性もある［66］．

第9章 WIMPの検出

この章ではダークマターの有力な候補である WIMP の検出について述べる．WIMP を検出する方法は大きく分けて 3 つある．1 つはダークマターを構成している WIMP と通常の物質との散乱を利用して直接的に検出する方法で，2 つ目はダークマターの WIMP 同士が対消滅して素粒子の標準模型の粒子を生成し，それを観測することによって間接的に WIMP を検出する方法である．最後の方法は加速器で標準模型の粒子同士の衝突から WIMP を対生成してそのシグナルを検出する方法である．図 9.1 は 3 つの方法に対応して WIMP（DM）と標準模型粒子（SM）の相互作用の起こる向きを表したものである．以下，WIMP 検出の 3 つのアプローチを順番に紹介する．

9.1 WIMP ダークマターの直接検出

ダークマター粒子は太陽系近傍では

$$\rho_{\mathrm{dm}\odot} \simeq 0.3\,\mathrm{GeV cm^{-3}} \tag{9.1}$$

の質量密度を持ち，その平均的な速度は約 300 km/s である．したがって，質量を m_X として，地球上には 1 平方センチあたり毎秒約 $10^5(m_X/100\,\mathrm{GeV})^{-1}$ ものダークマター粒子が降り注いでいる．

ダークマター粒子と原子核の反応を考えよう．ダークマターの質量を $\sim 100\,\mathrm{GeV}$ とすると典型的な運動エネルギー K は

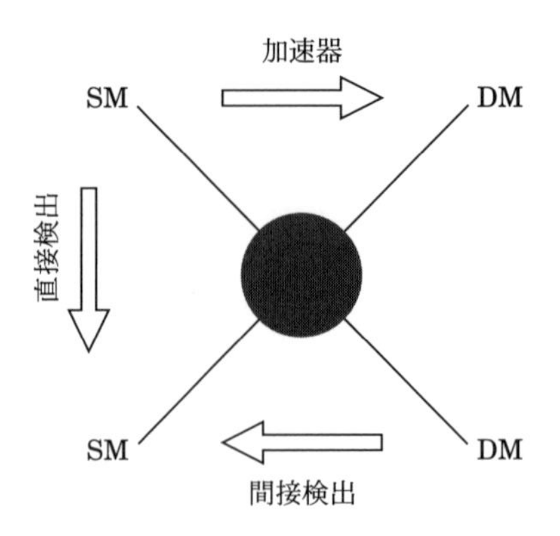

図9.1 ダークマター検出のチャンネル

$$K = \frac{1}{2}m_X v^2 \sim 50\,\mathrm{keV} \tag{9.2}$$

となり，これは原子核の典型的な結合エネルギー $\mathcal{O}(1)\,\mathrm{MeV}$ に比べてずっと小さく原子核を分裂するような反応は起こせず，弾性散乱が重要なことが分かる．実際，ダークマター粒子の質量が $O(100)\,\mathrm{GeV}$ 程度の弱い相互作用しかしない粒子（WIMP）であれば，WIMP は原子核と弾性散乱するので，これを利用して WIMP を直接検出することが可能である．

さらに，質量 100 GeV 程度で速さ 100 km/s で運動している WIMP の運動量 p は $p \sim m_X v \sim 30\,\mathrm{MeV}$ でそのド・ブロイ波長は $\lambda = 2\pi/p \sim 4 \times 10^{-12}\,\mathrm{cm}$ で，これは原子核の大きさ $L \sim 10^{-13} A^{1/3}\,\mathrm{cm}$（$A$：質量数）と比較して大きいので，弾性散乱は原子核の個々の陽子・中性子と起きるのではなく原子核全体としてコヒーレントに起こる．

9.1.1 WIMP ダークマターと原子核の散乱

いま速度 $\boldsymbol{v}$ で飛んできた質量 m_X の WIMP が，質量 m_N の原子核と弾性散乱する状況を考えよう（図 9.2）．WIMP の速度の大きさは光速に比べて十分小さいので，非相対論的な力学で考えれば十分である．この散乱を実験室系に対して速度 $\boldsymbol{V} = m_X \boldsymbol{v}/(m_X + m_N)$ で運動している重心系で見ると原子核は図 9.2（b）のように WIMP との衝突で速度の大きさ V は変わらず運動方向が角度 θ^* だけ散乱される．もともとの WIMP の速度方向を x 軸方向，粒子の散乱面で x 軸と直

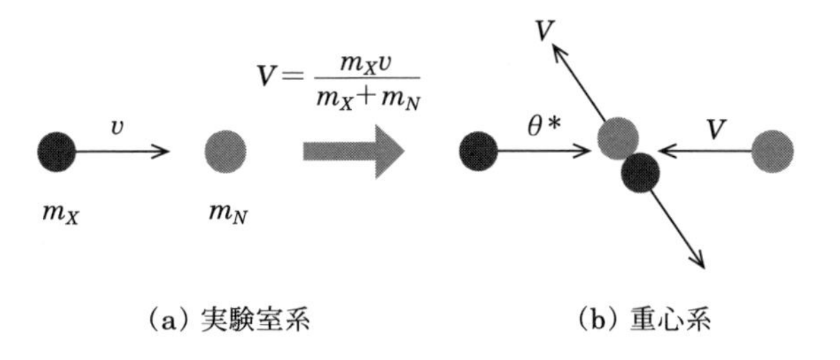

(a) 実験室系　(b) 重心系

図 9.2　WIMP と原子核の弾性散乱

交する方向を y 軸方向にとると，弾性散乱で散乱前後の運動量の大きさが変わらないことから，散乱後の原子核の速度は

$$\boldsymbol{u} = (-V\cos\theta^*, V\sin\theta^*) \tag{9.3}$$

となり，これを実験室系での速度 $\boldsymbol{u}_L$ に戻せば

$$\boldsymbol{u}_L = (V - V\cos\theta^*, V\sin\theta^*) \tag{9.4}$$

となる．ここで，散乱による移行運動量を

$$\boldsymbol{q} = \boldsymbol{k} - \boldsymbol{k}' \tag{9.5}$$

と定義する．ここで，$\boldsymbol{k}, \boldsymbol{k}'$ は散乱前と散乱後の原子核の運動量である．重心系では $\boldsymbol{k} = m_N(-V, 0)$，$\boldsymbol{k}' = m_n\boldsymbol{u}$ なので

$$\boldsymbol{q} = -m_N V(1 - \cos\theta^*, \sin\theta^*) \tag{9.6}$$

と書ける．原子核の散乱前後の運動量の差は重心系でも実験室系でも同じである．これから，WIMP との弾性散乱によって原子核が得る反跳エネルギー Q は

$$Q = \frac{q^2}{2m_N} = m_N V^2(1 - \cos\theta^*) = \frac{m_X^2 m_N v^2}{(m_X + m_N)^2}(1 - \cos\theta^*) \tag{9.7}$$

で与えられる．さらに，原子核と WIMP の換算質量 $\mu = m_X m_N/(m_X + m_N)$ を用いると

$$Q = \frac{\mu^2 v^2}{m_N}(1 - \cos\theta^*) \tag{9.8}$$

と書ける．したがって，反跳エネルギーの最大値は

$$Q_{\rm max} = \frac{q_{\rm max}^2}{2m_N} = \frac{2\mu^2 v^2}{m_N} \tag{9.9}$$

となる．$q_{\rm max}$ は移行運動量の最大値である．たとえば，$m_X \simeq 100\,{\rm GeV}$，$m_N \simeq 100\,{\rm GeV}$，$v \simeq 270\,{\rm km/s}$ とすると，反跳エネルギー $Q \simeq 40\,{\rm keV}$ となる．また，上の式から与えられたWIMP質量に対して，反跳エネルギーが最も大きくなるのは原子核の質量がWIMPの質量に等しい場合であることが分かる．

さらに，式 (9.8) から与えられた反跳エネルギー Q（または移行運動量の大きさ q）を実現するために必要とされるWIMPの速さの下限が

$$v_{\rm min} = \sqrt{\frac{m_N Q}{2\mu^2}} = \frac{q}{2\mu} \tag{9.10}$$

と求められる．

9.1.2 検出器でのWIMP反応率

数密度 n_X，速さ v を持ったWIMPが検出器内の N_T 個の原子核と散乱する回数 N は

$$N = n_X \sigma_X v N_T T \tag{9.11}$$

で与えられる．ここで，σ_X はWIMPと原子核の断面積で，T は測定時間である．また，WIMPによる原子核の反跳エネルギー・スペクトルは断面積を Q で微分することによって

$$\frac{dN}{dQ} = n_X N_T T v \frac{d\sigma_X}{dQ} \tag{9.12}$$

と求まる．さらに，WIMPは太陽近傍での速度分布を持っているので，それを考慮する必要がある．速度分布を $f(\boldsymbol{v})$（分布は $\displaystyle\int f(\boldsymbol{v})d\boldsymbol{v} = 1$ と規格化されているとする）とすると，

$$\frac{dN}{dQ} = n_X N_T T \int_{v_{\rm min}} v f(\boldsymbol{v}) \frac{d\sigma_X}{dQ} d\boldsymbol{v} = \varepsilon \frac{\rho_{\rm dm\odot}}{m_X m_N} \int_{v_{\rm min}} v f(\boldsymbol{v}) \frac{d\sigma_X}{dQ} d\boldsymbol{v} \tag{9.13}$$

となる．$v_{\rm min}$ は式 (9.10) で与えられる速度の下限で，$\varepsilon = T N_T m_N = T M_T$（$M_T$ は標的となる物質の全質量）である．ここで反応率 $R = N/\varepsilon$ を導入すると，反跳エネルギー Q の弾性散乱が起きる反応率は

$$\frac{dR}{dQ} = \frac{\rho_{\mathrm{dm}\odot}}{m_X m_N} \int_{v_{\min}} v f(\boldsymbol{v}) \frac{d\sigma_X}{dQ} d\boldsymbol{v} \tag{9.14}$$

となる.

9.1.3 散乱断面積

弾性散乱の微分断面積は式 (9.8) を用いて

$$\frac{d\sigma_X}{dQ} = \frac{d\sigma_X}{d\cos\theta^*} \frac{d\cos\theta^*}{dQ} = \frac{d\sigma_X}{d\cos\theta^*} \frac{m_N}{\mu^2 v^2} \tag{9.15}$$

と書ける. 微分断面積が θ^* に依らないとすると $d\sigma_X/d\cos\theta^* = \sigma_X/2$ なので上式は

$$\frac{d\sigma_X}{dQ} = \sigma_X \frac{m_N}{2\mu^2 v^2} \tag{9.16}$$

となる.

さらに, 断面積は原子核のスピンに依存しない部分 (SI; spin independent) と依存する部分 (SD; spin dependent) に分けられ,

$$\frac{d\sigma_X}{dQ} = \left(\frac{d\sigma_X}{dQ}\right)_{\mathrm{SI}} + \left(\frac{d\sigma_X}{dQ}\right)_{\mathrm{SD}} \tag{9.17}$$

$$= \frac{m_N}{2\mu^2 v^2} \left(\sigma_0^{\mathrm{SI}} F_{\mathrm{SI}}^2 + \sigma_0^{\mathrm{SD}} F_{\mathrm{SD}}^2\right) \tag{9.18}$$

と表すことができる. ここで $F_{\mathrm{SI(SD)}}$ は原子核の形状因子と呼ばれるもので, 原子核の有限の大きさによる影響を表す因子である. また, $\sigma_0^{\mathrm{SI(SD)}}$ は

$$\sigma_0^{\mathrm{SI}} = \frac{4\mu^2}{\pi} \left[Z f_p + (A-Z) f_n\right]^2 \tag{9.19}$$

$$\sigma_0^{\mathrm{SD}} = \frac{32 G_{\mathrm{F}}^2 \mu^2}{\pi} \frac{J+1}{J} \left[a_p \langle S_p \rangle + a_n \langle S_n \rangle\right]^2 \tag{9.20}$$

と書ける. $G_{\mathrm{F}}(\simeq 1.17 \times 10^{-5}\,\mathrm{GeV}^{-2})$ は弱い相互作用のフェルミ結合定数である. $f_{p(n)}$ は陽子 (中性子) との結合定数, Z は原子番号, J は原子核の角運動量, $\langle S_{p(n)} \rangle$ は陽子 (中性子) のスピンの期待値, $a_{p(n)}$ は陽子 (中性子) とのスピンに依存した結合定数である.

換算質量は質量数 A に比例するので, 式 (9.19), (9.20) を見ると分かるように, スピンに依存しない散乱断面積は大まかに質量数 A に対して A^4 に比例して

大きくなる．一方，原子核のスピン J は $\mathcal{O}(1)$ の量であるので，スピンに依存した散乱断面積は A^2 に比例する．したがって，スピンに依存しない断面積の方が A^2 のファクター分大きい．さらに，自然界の原子核でゼロでないスピンを持つ同位体の同位体比は一般に少ないので検出器のターゲット原子核中の僅かな割合しか反応に寄与しない．以上の理由から WIMP の直接検出実験においてスピンに依存した散乱はスピンに依存しない反応に比較して重要でないことが多い．

9.1.4 ダークマターの速度分布

ここで我々の銀河におけるダークマターの速度分布について述べる．我々の銀河の静止系におけるダークマターの速度分布は標準ハロー模型で記述される．標準ハロー模型では速度分布は等方的で速度分散 σ_v を持つマクスウェル分布をしていると仮定して，

$$\tilde{f}(\boldsymbol{v}) = \begin{cases} N\left(\dfrac{3}{2\pi\sigma_v^2}\right)^{3/2} \exp\left(-\dfrac{3\boldsymbol{v}^2}{2\sigma_v^2}\right) & (|\boldsymbol{v}| < v_{\rm esc}) \\ 0 & (|\boldsymbol{v}| \geqq v_{\rm esc}) \end{cases} \tag{9.21}$$

で与えられる．ここで，$v_{\rm esc}$ は脱出速度で，これ以上の速さを持つダークマター粒子は銀河の重力ポテンシャルから脱出して銀河内に留まることはできない．我々の銀河の脱出速度の観測値は $v_{\rm esc} = 500\text{–}650\,\mathrm{km/s}$ である．規格化定数 N は規格化条件 $\displaystyle\int_0^\infty 4\pi v^2 \tilde{f}(v) dv = 1$ より

$$N^{-1} = \mathrm{erf}(v_{\rm esc}/v_0) - \frac{2}{\sqrt{\pi}} \frac{v_{\rm esc}}{v_0} e^{-(v_{\rm esc}/v_0)^2} \tag{9.22}$$

と決まる．ここで，$\mathrm{erf}(x)$ は誤差関数で，$v_0 = \sqrt{2/3}\sigma_v$ である．また，v_0 の観測値は $v_0 = 220\,\mathrm{km/s}$ である．

太陽系は銀河の静止系に対して速度 $\boldsymbol{v}_\odot$ で動いており，さらに，地球は太陽に対して速度 $\boldsymbol{v}_\oplus(t)$ で公転運動しているので地上の静止系での速度分布は

$$f(\boldsymbol{v}, t) = \tilde{f}(\boldsymbol{v}_\odot + \boldsymbol{v}_\oplus(t) + \boldsymbol{v}) \tag{9.23}$$

となる．太陽の銀河静止系に対する運動は銀河ディスクの回転運動による速度 $\boldsymbol{v}_{\rm rot}$ と太陽の固有運動による速度 $\boldsymbol{v}_{\rm p}$ の和で与えられ，x 方向を銀河中心，y 方向

をディスクの回転速度の向き，z 方向をディスクと垂直な向きにとると

$$\boldsymbol{v}_{\rm rot} = (0\,, 235\,{\rm km/s}\,, 0) \tag{9.24}$$

$$\boldsymbol{v}_{\rm p} = (11\,{\rm km/s},\ 12.7\,{\rm km/s},\ 0) \tag{9.25}$$

で与えられる [67]．

また，地球の公転運動による速度は

$$\boldsymbol{v}_{\oplus} = v_{\oplus}[\hat{\varepsilon}_1 \cos\omega(t-t_1) + \hat{\varepsilon}_2 \sin\omega(t-t_1)] \tag{9.26}$$

で書け，$v_{\oplus} = 29.8\,{\rm km/s}$，$\omega = 2\pi/{\rm year}$，$t_1$ は春分の時刻である．単位ベクトル $\hat{\varepsilon}_1$，$\hat{\varepsilon}_2$ は春分と夏至での速度の向きを表し，

$$\hat{\varepsilon}_1 = (0.9931, 0.1170, -0.01032) \tag{9.27}$$

$$\hat{\varepsilon}_2 = (-0.0670, 0.4927, -0.8676) \tag{9.28}$$

である [67]．地球の銀河静止系に対する速度を $\boldsymbol{v}_{\rm obs}\,(=\boldsymbol{v}_{\odot}+\boldsymbol{v}_{\oplus})$ とすると，t_0 を $v_{\rm obs}$ が最大になる時刻として

$$v_{\rm obs} \simeq v_{\odot} + bv_{\oplus}\cos\omega(t-t_0) \tag{9.29}$$

と書ける．ここで，b は

$$b = \sqrt{(\hat{\varepsilon}_1\cdot\hat{v}_{\odot})^2 + (\hat{\varepsilon}_2\cdot\hat{v}_{\odot})^2} \tag{9.30}$$

である．

太陽の速度と地球の公転軌道面の関係を図 9.3 に模式的に示した．太陽の速度は銀河面内のはくちょう座の方向に向かっており，太陽の静止系から見ると平均

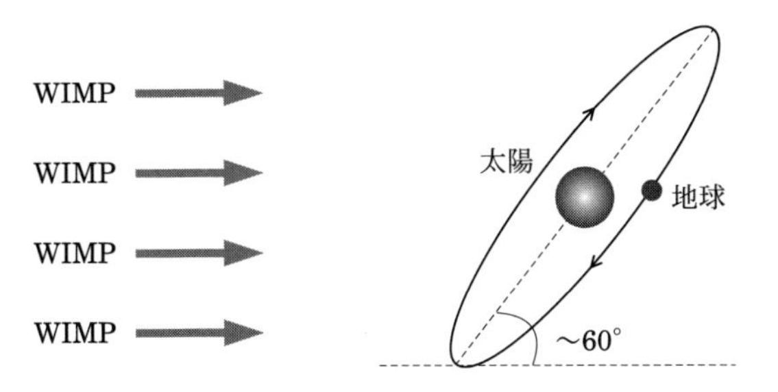

図9.3 太陽の速度の向きと地球の軌道面の関係

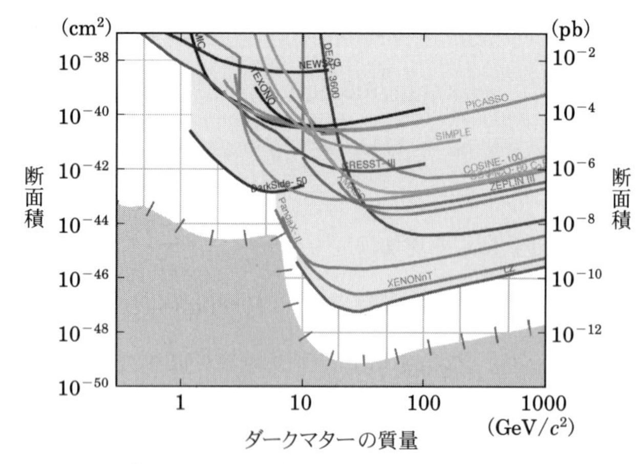

図 9.4 スピンによらない断面積に対する実験的制限(Dark matter limit plotter [68] を用いて作成)

的に $v_\odot$ の速さの WIMP のフラックスが来ることになる．地球の公転面と太陽の速度の向きは約 60 度傾いているので，地球の公転速度が WIMP との相対速度にそのまま反映されるのではなく太陽とはくちょう座を繋ぐ方向の成分だけが寄与することになる．その結果，1 年のうち 6 月が WIMP との相対速度 v_{obs} が最大となり，12 月に最小になる．

9.1.5 直接検出実験の結果

原子核と WIMP の散乱を利用したダークマターの直接検出実験は世界中で行われており各研究グループが初検出を目指して鎬を削っている．ターゲットとなる原子核はキセノンやシリコンなどが用いられ，WIMP との散乱による反跳エネルギーによって光子や電離電子の生成を引き起こし，それをシグナルとして検出することによってダークマターによる散乱反応を同定する．

図 9.4 に WIMP の直接検出実験によるスピンによらない断面積に対する制限を示したが，非常に多くの実験が行われ制限が得られていることが分かる．図の下側の影の部分は太陽ニュートリノや大気ニュートリノによる散乱が起こり，WIMP による反応との区別が困難になるため WIMP 検出ができなくなる領域でニュートリノの床（neutrino floor）または，ニュートリノの霧（neutrino fog）と呼ばれている．ターゲット原子核としてキセノンを用いた実験である Panda 実

験，XENON 実験，LUX-ZEPLIN 実験は WIMP の質量 10–1000 GeV の範囲で以上に厳しい制限を与えており，neutrino floor に近づきつつある．

9.2 WIMP ダークマターの間接検出

9.2.1 WIMP ダークマターのニュートリノによる間接検出

WIMP は我々の銀河のハローを運動しているが，その間に太陽や地球といった天体に衝突して天体を構成している原子と散乱してエネルギーを失いその天体に重力的に捕獲される場合がある．捕獲された WIMP は天体の中心に溜まって密度を増し対消滅を起こす．対消滅によって生成された粒子の多くは天体内部から出ることができないが，ニュートリノは太陽や地球のような天体から脱出することができる．ダークマター WIMP の対消滅によって生成されたニュートリノを検出することによって WIMP の存在を間接的に確かめることができる．

ここでは WIMP が太陽に捕獲される場合を考えよう．太陽に WIMP が捕獲される率を Γ_{C} とすると，Γ_{C} は WIMP と太陽内部の陽子の散乱の断面積 σ_s とダークマターの数密度 n に比例する（$\Gamma_{\mathrm{C}} \propto \sigma_s n$）．したがって，太陽の中心では WIMP の数 N が $N = \Gamma_{\mathrm{C}} t$ のように時間 t とともに増加する．一方，対消滅の率 Γ は対消滅の断面積 σ_{A} を用いて $\sigma_{\mathrm{A}} N^2$ に比例する．したがって，WIMP の数 N の時間変化は

$$\frac{dN}{dt} = \Gamma_{\mathrm{C}} - 2\Gamma_{\mathrm{A}} \tag{9.31}$$

で与えられる．十分な時間が経てば定常状態が実現され，

$$\Gamma_{\mathrm{A}} = \frac{1}{2}\Gamma_{\mathrm{C}} \tag{9.32}$$

が成り立つ．

WIMP の捕獲と対消滅が定常状態にあれば，対消滅によってニュートリノが生成される生成率は WIMP と太陽を構成している水素（陽子）との散乱断面積で決まるので，Super-Kamiokande や IceCube などの地上のニュートリノ検出器を用いて散乱断面積に対する制限を得ることができる．直接検出の節で述べたように WIMP の散乱断面積はスピンに依存しない部分と依存する部分に分けて考えることができる．スピンに依存しない断面積は直接検出実験ですでに厳しい制限が得られていて，太陽に捕獲された WIMP の対消滅からのニュートリノによる

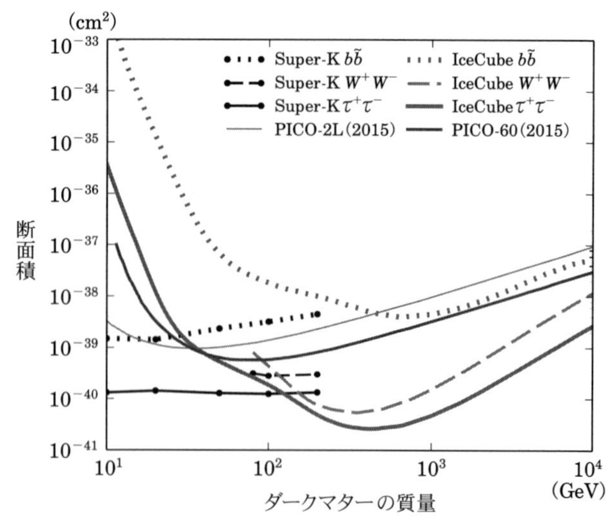

図 9.5 太陽中心での WIMP 対消滅によるニュートリノ放出からの制限 [69]

制限はそれに比べて弱い．しかし，スピンに依存する断面積に対しては有用な制限が得られている．図 9.5 に IceCube 実験 [69]，Super-Kamiokande 実験 [70]，PICO 実験 [71] からの WIMP と陽子のスピンに依存する断面積の制限を WIMP が $\tau^+\tau^-$，W^+W^-，$b\bar{b}$ に対消滅する場合に示した．

9.2.2 WIMP ダークマターのガンマ線による間接検出

ダークマター WIMP を間接的に検証する有力な方法は WIMP の対消滅で生じる光子を探すことである．いま WIMP を χ と表記すると，WIMP が 2 つの光子（ガンマ線）に対消滅する場合（$\chi + \chi \to \gamma + \gamma$）放出されるガンマ線は WIMP の質量 m のエネルギーを持つ．このような単色の光子を検出できれば WIMP の存在の決定的な証拠になり得る．しかし，対消滅によって 2 つの光子を放出するのが対消滅の主要な反応でない場合（多くの場合はそうである），対消滅によって 2 次的に生成された光子を観測することになり，ダークマター粒子の対消滅の特徴はガンマ線のスペクトルの高エネルギーにおけるカットオフ（$E_c \simeq m$）に現れる．ただし，この場合他の天体的なガンマ線生成の過程でも高エネルギーのカットオフが存在することがあるためにダークマターとの区別が難しくなる．

ダークマター WIMP の対消滅によって生成されるガンマ線フラックス Φ_γ は対消滅の断面積と相対速度の積の平均値を $\langle\sigma_A v\rangle$ とすると

$$\Phi_\gamma(E_\gamma) = \langle\sigma_A v\rangle \frac{dN_\gamma}{dE_\gamma} \int_{\text{line of sight}} \frac{\rho^2}{m^2} d\ell(\theta) d\theta \tag{9.33}$$

で与えられる．ここで dN_γ/dE_γ は 1 つの対消滅過程で生成される光子のスペクトルである．また，$d\ell(\theta)$ は観測している視線方向（line of sight）の距離についての積分，$d\theta$ は検出器の角度分解能などで決まる角度の幅についての積分を表す．上のガンマ線フラックスの表式において積分の前までは WIMP の素粒子的特性のみで決まり，積分は対象とする天体のダークマター分布のみによって決まる．また，ガンマ線フラックスはダークマターの密度の 2 乗に比例するのでダークマター密度の高い銀河中心の領域でフラックスが大きくなる．ただし，銀河中心におけるダークマター分布には大きな不定性がある．4.5 節で述べたように CDM のみによるシミュレーションはダークマター分布が NFW プロファイルと呼ばれる

$$\rho(r) = \frac{4\rho_s}{(r/r_s)(1+r/r_s)^2} \tag{9.34}$$

で与えられることを示している．我々の銀河の場合，スケールファクター r_s は $r_s \simeq 20\,\text{kpc}$ で，r_s における密度 ρ_s は太陽近傍でのダークマター密度が観測値 $\simeq 0.3\,\text{GeV cm}^{-3}$ となることから決められる．バリオンが多く存在する銀河では中心付近のダークマター密度はバリオンによって影響を受けると考えられ，実際，観測からは中心付近でダークマター密度が一定に近づくことが示唆されている．さらに，銀河の中心には他のガンマ線源も多くあり，WIMP 対消滅によるシグナルとの区別が難しくなる．したがって，WIMP 対消滅探査には銀河中心よりもダークマターが支配的に存在している矮小銀河の方が都合が良い．

矮小銀河からのガンマ線はフェルミ衛星の LAT（Large Area Telescope）による観測が行われたが，WIMP 対消滅によるシグナルは見つかっていない．このことから WIMP の対消滅断面積に対する制限が得られている．図 9.6 は 15 の矮小銀河の観測から得られた各対消滅チャンネルに対する断面積の制限を表している．WIMP が宇宙初期に熱平衡にあり，宇宙膨張との競合において対消滅過程が熱浴から離脱することによってその存在量が決まる場合（4.2 節参照），宇宙の

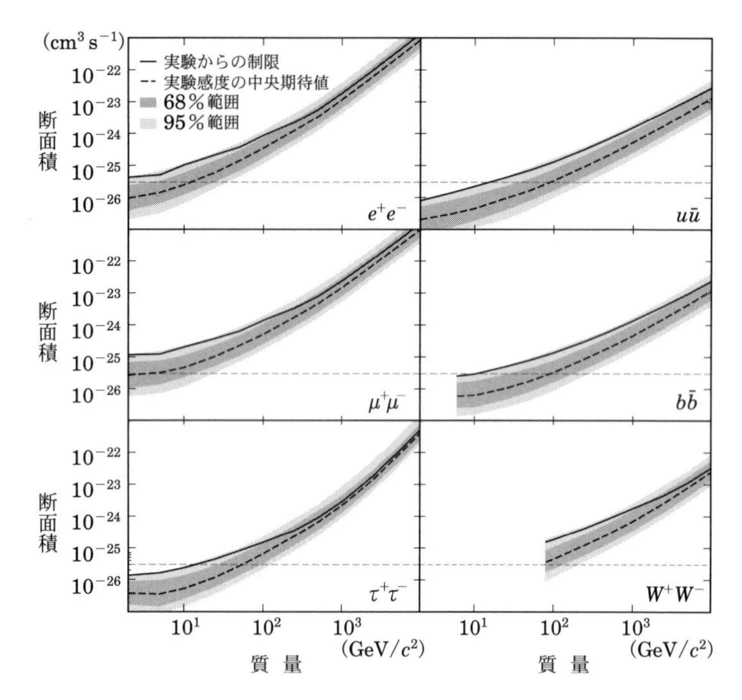

図9.6 Fermi-LAT による対消滅断面積の制限 [72]

ダークマター密度を説明するためには対消滅の断面積が

$$\langle \sigma_A v \rangle \simeq 3 \times 10^{-26}\,\mathrm{cm}^3/\mathrm{s} \tag{9.35}$$

であることが要求され，図 9.6 で水平線で示されている．これから，熱的に生成されたWIMPの質量に制限が得られることがわかる．たとえば，主にタウ・レプトン（$\tau^{\pm}$）に対消滅する場合には WIMP 質量が $m \gtrsim 20\,\mathrm{GeV}$ でなければならないという制限が得られている．

9.2.3 WIMPダークマターの宇宙線による間接検出

よく知られているように宇宙では物質と反物質の量は非対称的であり，陽電子（e^+）や反陽子（$\bar{p}$）のような反物質はほとんどない．したがって，ダークマターWIMPの対消滅によって生成する陽電子と反陽子を観測することによってダークマター粒子を探索することができる．

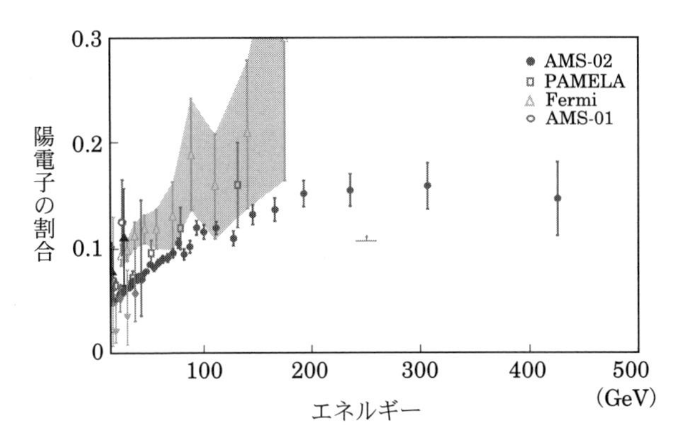

図 9.7 電子・陽電子フラックスにおける陽電子の割合［73］

対消滅によって生成された高エネルギーの電子・陽電子対は，銀河内の磁場によるシンクロトロン放射や銀河内の光子との逆コンプトン散乱によってエネルギーを失うので観測されるのは数 kpc 以内の比較的近傍で作られた陽電子である．陽電子の観測は気球を用いて古くから行われ，通常の宇宙線に比べて過剰なフラックスが報告されていたが，最近では衛星を用いた観測が行われるようになり同様なフラックス過剰が発見された．図 9.7 は PAMERA（Payload for Antimatter Matter Exploration and Light-nuclei Astrophysics）衛星，Fermi-Lat，AMS（Alpha Magnetic Spectrometer）によって観測された電子・陽電子フラックスにおける陽電子の割合を示したものである．しかし，観測された陽電子はパルサーで生成された電子・陽電子対が加速されたという天体起源である可能性もあり，ダークマターの対消滅によるものかどうかはまだ分かっていない．

一方，宇宙線の中の反陽子も観測されている．反陽子は宇宙線の主成分である陽子と星間物質中の陽子との衝突反応

$$p + p \to p + p + p + \bar{p} \tag{9.36}$$

によって 2 次的に生成される．WIMP の対消滅によって陽子・反陽子対が生成されれば，2 次的な反陽子に WIMP による寄与が足されることになる．したがって，反陽子スペクトルの観測で 2 次的な反陽子生成から期待されるより大きな反陽子フラックスが観測されれば WIMP の存在の間接的な証拠となる．図 9.8 に反陽子フラックスのスペクトルを示した．図には AMS による反陽子フラックス

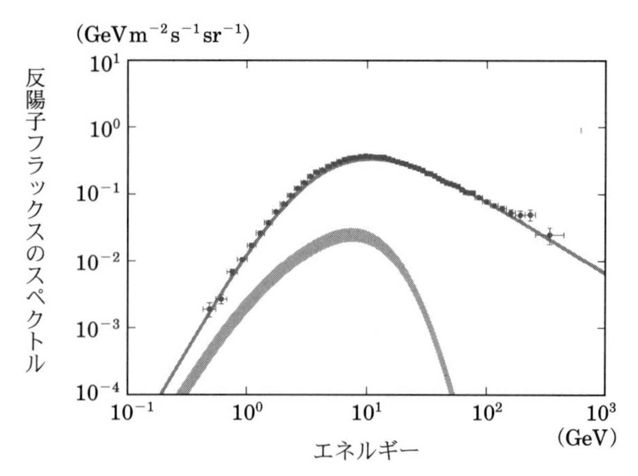

図9.8 反陽子フラックスのスペクトル［74］．●は AMS による観測値，上側の実線は 2 次的生成によるバックグランド，下側の実線は 47 GeV の WIMP 対消滅による予言値を表す．

の観測値と 2 次的生成から期待されるバックグランドが示されているが，反陽子のエネルギー 10 GeV 付近で観測値がバックグラウンドをやや上回っている．これは質量が 50 GeV 程度の WIMP を仮定すると説明できる．図では参考のために 47 GeV の WIMP 対消滅による予言値も示してある．しかし，2 次的生成の計算には不定性があり，この結果はまだ統計的に十分有意だとはいえない．

9.2.4 WIMP ダークマターの宇宙マイクロ波背景放射による検出

WIMP ダークマター粒子の存在量は宇宙初期に対消滅反応率が宇宙膨張率に対して小さくなり，ダークマターが熱浴から離脱することによって固定される．しかし，対消滅反応は離脱後も少しずつ起こりそれによって生じる光子や電子（陽電子）が宇宙の熱史に影響を与える．具体的には，対消滅によって生成される高エネルギーの光子や電子によってバックグランドにある中性水素や中性ヘリウムが電離され，バックグラウンドの光子とのコンプトン散乱が対消滅が起きない場合に比較して頻繁に起こり光子の揺らぎを均し，結果として現在観測される宇宙マイクロ波背景放射の非等方性に影響を与える．

図 9.9 に WIMP が電子・陽電子対，光子，ミューオン・反ミューオン対，W ボソン対に対消滅する場合の宇宙マイクロ波背景放射の非等方性の観測［1］からの

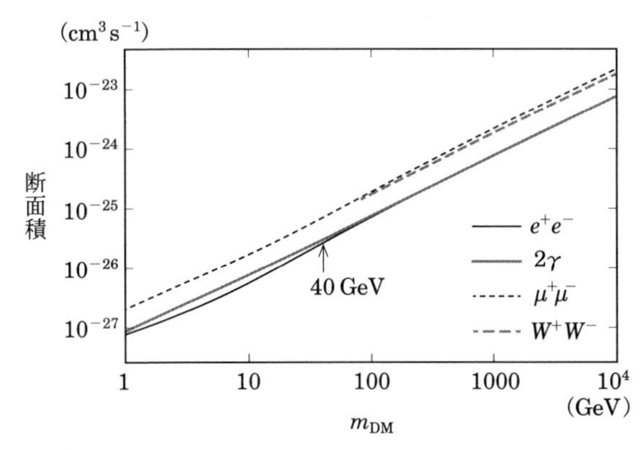

図 9.9 WIMP の質量と対消滅の断面積に対する宇宙マイクロ波背景放射からの制限 [75]

制限を示した．熱的な WIMP がダークマターになっている場合を考えると，対消滅の断面積が $\langle\sigma\rangle \simeq 3\times10^{-26}\,\mathrm{cm^3s^{-1}}$ となるので，図から主に電子・陽電子や光子に対消滅する場合には WIMP の質量が 40 GeV 以上であることが必要になる．また，この宇宙マイクロ波背景放射からの制限は，銀河や矮小銀河からのガンマ線による制限と比較して銀河におけるダークマターの分布の不定性の影響がないという点で堅固な制限となっている．.

9.2.5 WIMP ダークマターが元素合成に与える影響

熱浴からの離脱以降にも起こるダークマターの対消滅は宇宙初期の元素合成にも影響を与える．ダークマターの対消滅によって生じる高エネルギーの光子，電子（陽電子），ハドロンはバックグラウンドの熱浴との相互作用で電磁シャワーやハドロンシャワーを誘起する．これによって多数のエネルギーを持った粒子が生成され，それが元素合成で作られた軽元素を壊し，最終的な軽元素の存在比を変える．この効果からダークマターの対消滅に対する制限が得られる．

対消滅で放出された高エネルギーの粒子が光子・電子（陽電子）のような電磁相互作用する粒子の場合，電磁シャワーを誘起し，多数の高エネルギー光子を作る．これらの光子は軽元素（D, T, ^{3}He, ^{4}He, ^{7}Li, ^{7}Be）を光分解する．表 9.1 に関係する光分解反応を示した．高エネルギーの光子は熱浴との電磁相互作用によって熱化され，特にバックグラウンドの光子との熱化過程

表9.1 軽元素の光分解反応

反応	閾値
$\mathrm{D}+\gamma \longrightarrow p+n$	2.2 MeV
$\mathrm{T}+\gamma \longrightarrow n+\mathrm{D}$	6.3 MeV
$\mathrm{T}+\gamma \longrightarrow p+2n$	8.5 MeV
$^3\mathrm{He}+\gamma \longrightarrow p+\mathrm{D}$	5.5 MeV
$^3\mathrm{He}+\gamma \longrightarrow n+2p$	7.7 MeV
$^4\mathrm{He}+\gamma \longrightarrow p+\mathrm{T}$	19.8 MeV
$^4\mathrm{He}+\gamma \longrightarrow n+\ ^3\mathrm{He}$	20.6 MeV
$^4\mathrm{He}+\gamma \longrightarrow p+n+\mathrm{D}$	26.1 MeV
$^6\mathrm{Li}+\gamma \longrightarrow$ 核子や原子核	5.7 MeV
$^7\mathrm{Li}+\gamma \longrightarrow 2n+$ 核子や原子核	10.9 MeV
$^7\mathrm{Li}+\gamma \longrightarrow n+\ ^6\mathrm{Li}$	7.2 MeV
$^7\mathrm{Li}+\gamma \longrightarrow\ ^4\mathrm{He}+$ 核子や原子核	2.5 MeV
$^7\mathrm{Be}+\gamma \longrightarrow\ ^3\mathrm{He}+\ ^4\mathrm{He}$	1.6 MeV
$^7\mathrm{Be}+\gamma \longrightarrow p+\ ^6\mathrm{Li}$	5.6 MeV
$^7\mathrm{Be}+\gamma \longrightarrow p+p+n+\ ^4\mathrm{He}$	9.3 MeV

$$\gamma+\gamma_{\mathrm{BG}} \longrightarrow e^-+e^+ \tag{9.37}$$

はバックグラウンドの光子の数が多いために非常に効率が良い．しかし，上記の反応は閾値があり，電子・陽電子を対生成するためには重心系でのエネルギーが $2m_e$ より大きい必要がある．バックグラウンドの光子のエネルギーを ε_γ，高エネルギー光子のエネルギーを E_γ とすると重心系のエネルギーは $\sqrt{E_\gamma\varepsilon_\gamma}$ 程度になる．よって，反応が起きるためには $E_\gamma \gtrsim m_e^2/\varepsilon_\gamma$ でなければならない．バックグラウンドの光子のエネルギー ε_γ はバックグラウンドの温度 T 程度であるので，光子のエネルギーの下限は $\sim m_e^2/T$ で与えられる．より正確な計算によってエネルギーが $E_\gamma \gtrsim m_e^2/22T$ の光子は光子・光子反応によって光子・電子反応よりもずっと速く熱化されることが知られている．したがって，宇宙の時刻 t が約 10^4 秒以降ではこのエネルギーの下限値が重陽子の光分解反応の閾値の 2.2 MeV より大きくなり，重陽子を壊すことのできる光子がすぐに熱化されずに多数存在し，その結果，重陽子が光分解される．同様に，時刻 $t \gtrsim 10^6$ 秒ではヘリウム 4 の閾値 20 MeV 以上の光子が多数存在するようになり，ヘリウム 4 が光分解される．したがって，ダークマターの対消滅が起こる時刻が $t \lesssim 10^4$ 秒では生成された光子がすぐに熱化され，軽元素を壊さないが，10^4秒 $\lesssim t \lesssim 10^6$ 秒では重水素が壊され，$t \gtrsim 10^6$ 秒ではすべての軽元素が壊される．重陽子だけが壊される場合は重陽子の存在比が小さくなるが，ヘリウム 4 が壊されるとヘリウム 4 の存在比が他の軽元素と比べて非常に大きいので，光分解反応によって 2 次的に生成される重陽子，トリチウム，ヘリウム 3 の存在比が大きくなる．

一方，ダークマター対消滅によってクォークやグルーオンが放出される場合はそれらがハドロン化し，ハドロンシャワーを誘起し多数の中間子・核子を生成する．生成された中間子・核子はバックグラウンドの（陽）電子や光子との電磁相互作用によって熱化され，宇宙の温度が $T \gtrsim 0.1\,\mathrm{MeV}$（$t \lesssim 100$ 秒）では原子核反応を起こす前にエネルギーを失う．この場合でも，生成されたパイ中間子や核子はバックグランドの陽子と中性子を入れ替える反応，たとえば

$$\pi^+ + n \longrightarrow p + \pi^0 \tag{9.38}$$

$$\pi^- + p \longrightarrow n + \pi^0 \tag{9.39}$$

のような反応を起こし，元素合成時の中性子・陽子比を増加させ，それによって生成される重陽子やヘリウム 4 の存在比を増加させる．宇宙の温度が $T \lesssim 0.1\,\mathrm{MeV}$ では中性子はエネルギーを失わずに原子核反応を起こし，さらに $T \lesssim 0.03\,\mathrm{MeV}$ では陽子もエネルギーを持ったまま原子核反応を起こし軽元素を壊すことができる（軽元素のハドロン分解）．図 9.10 に高エネルギーの中性子・陽子が起こす原子核反応を示した．核子が軽元素を壊すことによってその存在比が変化するが，特に，存在比の大きなヘリウム 4 が壊されることによってその生成物である重陽子の存在比が大きくなる．

図 9.11（左）にダークマターがクォーク・反クォークに対消滅する場合（$\mathrm{DM} + \mathrm{DM} \to q + \bar{q}$，$q = u, d, s, c, b, t$）の断面積に対する制限を示した．制限は重陽子の存在比が大きくなりすぎることと中性子・陽子比への影響からヘリウム 4 の存在比が増加しすぎることから付けられ，図で「^{4}He」,「D/H」とラベルされている線がそれぞれの元素からくる制限を表している．熱浴から離脱した WIMP が宇宙の

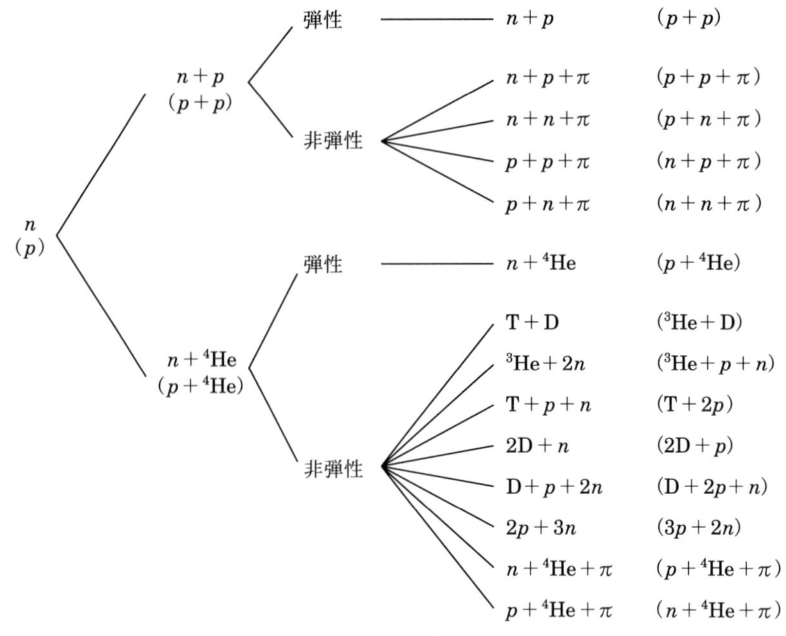

図 9.10 高エネルギー核子が誘起するハドロンシャワーにおける反応（生成されるパイ中間子 π は複数生成される場合もある）[39]

ダークマター密度を説明するためには断面積の大きさが $\langle\sigma v\rangle \sim 3\times10^{-26}\mathrm{cm^3s^{-1}}$ であるので，図 9.11 の制限から WIMP の質量に

$$m_{\mathrm{WIMP}} \gtrsim 25\text{–}35\,\mathrm{GeV} \tag{9.40}$$

という下限が得られる．

また，ダークマターが W 粒子に対消滅する場合（$\mathrm{DM}+\mathrm{DM}\to W^+ + W^-$）の制限を図 9.11（右）に示した．W 粒子対に対消滅する重要なダークマター候補としては超対称性理論で予言されるウィーノがある．その対消滅断面積と質量の関係は図 9.11（右）の実線のようになっている．したがって，元素合成からの制限を適用するとダークマターとしてのウィーノの質量に対して

$$320\,\mathrm{GeV} \lesssim m_{\tilde{W}} \lesssim 2.3\,\mathrm{TeV} \quad \text{または} \quad m_{\tilde{W}} \gtrsim 2.5\,\mathrm{TeV} \tag{9.41}$$

という制限が得られる．

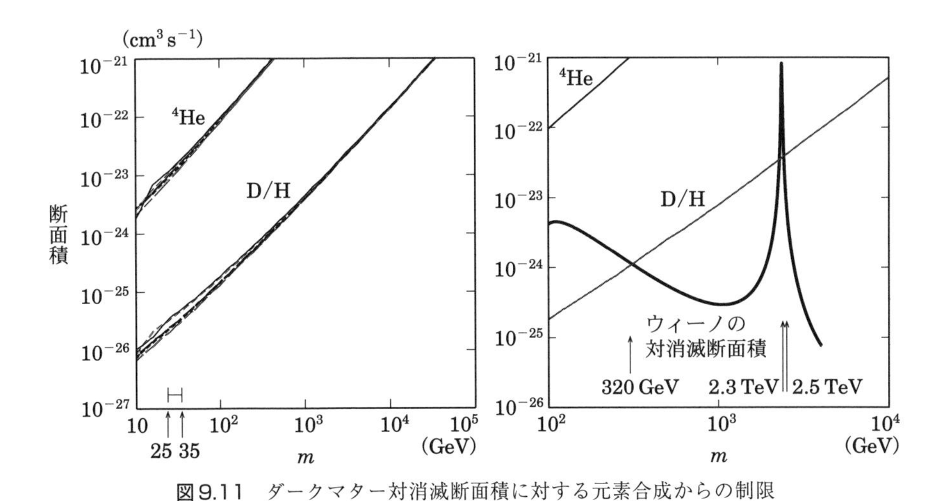

図9.11　ダークマター対消滅断面積に対する元素合成からの制限（左）とウィーノの対消滅断面積と元素合成からの制限（右）[76]

9.3　WIMP ダークマターの LHC 加速器による検出

WIMP がダークマターになっていることを直接確かめることではないが，WIMP を加速器で作り出してそれを検出することでダークマター候補の WIMP の存在を確認しその特性を明らかにすることは重要で，ダークマターを構成している WIMP の直接・間接的検出と相補的な役割を果たすと考えられる．ダークマターを検出する加速器としては欧州原子核研究機構（CERN）で稼働している大型ハドロン衝突型加速器（LHC）がある．加速器によって加速された陽子同士が衝突して WIMP が生成された場合，WIMP はその相互作用が弱いために加速器の検出器に痕跡を残さずに検出器から出ていってしまう．一方，同時に生成される多くの荷電粒子は検出器にその痕跡を残すので，そのエネルギー・運動量を測ることができる．したがって，WIMP を生成するような衝突イベントが起こった場合，WIMP が持っていた運動量が測定されないため反応前後の運動量の保存が成り立たなくなる．

加速器実験では，特に衝突する粒子の進行方向と直交する方向の運動量が重要で，WIMP が生成された場合に大きな「失われた運動量（missing momentum）」が生じる．この直交方向の失われた運動量を測定することによって WIMP のシグナルを検出することができる．

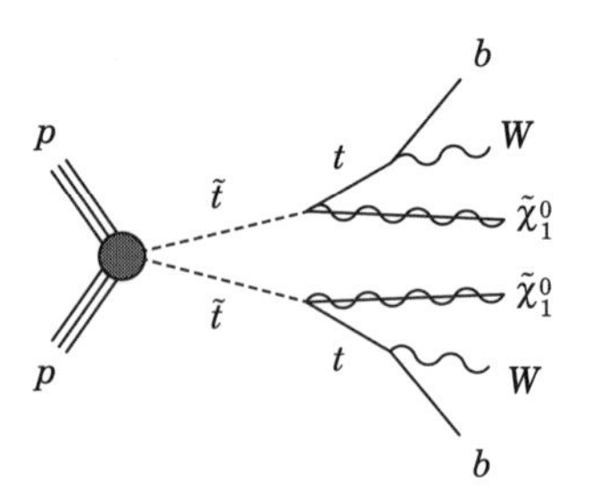

図9.12 ストップ生成と崩壊

具体的な例として超対称性理論における WIMP の有力な候補であるニュートラリーノをトップ・クォークの超対称性パートナーであるストップの対生成過程から検出する場合を考える．最も単純な場合としてストップ（$\tilde{t}_1$）と最も軽いニュートラリーノ（$\tilde{\chi}_1^0$）のみを考えて，その他の超対称性粒子は重くて加速器の

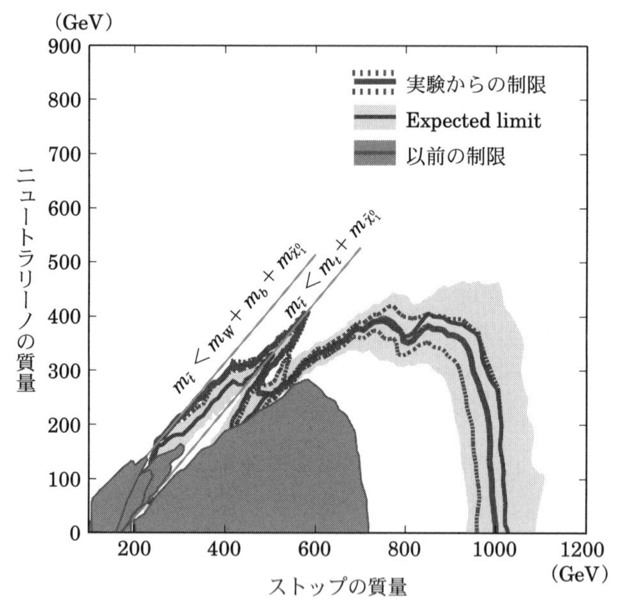

図9.13 ATLAS によるストップの質量とニュートラリーノの質量に対する制限．太い実線が実験からの制限で実線の下側が排除される．Expected limit はバックグランドから期待される実験の感度を表す［77］．

エネルギーでは作られないと仮定する*1.

加速器で加速された陽子が衝突してストップが対生成された場合，作られたストップはすぐにトップ・クォークとニュートラリーノに崩壊する（$\tilde{t}_1 \to t + \tilde{\chi}_1^0$）か，それが運動学的に許されない場合はボトム・クォーク，W ボソンとニュートラリーノへ 3 体崩壊（$\tilde{t}_1 \to b + W + \tilde{\chi}_1^0$）する（図 9.12）．LHC の ATLAS 検出器におけるストップの対生成過程を探索することによって，図 9.13 のようにストップの質量とニュートラリーノの質量に対する制限が得られている．

ここで紹介した過程は超対称性模型を非常に簡単化した場合のもので，超対称性粒子の質量によってはもっと多くのニュートラリーノ生成過程があり関係する超対称性模型の質量や崩壊の分岐比に対して制限が得られる．さらに，超対称性理論以外にもさまざまなダークマター模型において多くの WIMP 生成過程が考えられ，加速器実験から模型のパラメータに対して制限が得られているが，ここでは上でのべた 1 例を示すのに止めたい．

---

*1 ストップは右巻きと左巻きトップ・クォークに対応する $\tilde{t}_R$ と $\tilde{t}_L$ があってそれらの質量固有状態として $\tilde{t}_1$ と $\tilde{t}_2$ が存在するが，ここでは軽い方の $\tilde{t}_1$ のみを考える．

第10章 今後の展望

本書は我々の宇宙の物質の大部分を占めるダークマターに関して，その正体が何であるかを中心に現在までに分かっていることを述べてきた．1930 年代にツビッキーがその存在を予言してから約 100 年が経った．その間，ダークマターの存在はさまざまな観測によって確かめられ，2000 年の初めに宇宙マイクロ波背景放射の観測によって存在量が正確に測られるに至った．

一方，ダークマターが何であるかはますます大きな謎となっている．宇宙初期の元素合成理論の成功から通常の物質（原子・分子）を作っているバリオンは宇宙のダークマターを説明できるほどの量がないことが分かっている．したがって，ダークマターは未知の素粒子や原始ブラックホールのようなエキゾティックな天体であると考えられ，可能な質量範囲は 80 桁以上にもなる．このことがダークマターの問題を素粒子物理学・宇宙物理学の大問題にしており，多くの研究者が日々この大問題に取り組んでいる．

素粒子理論の発展や流行によって，ダークマターの有力な候補は時代とともに変わり，1980 年代はニュートリノが有力な候補と考えられていた．その後，1990 年代になって宇宙の構造形成理論の発展によってニュートリノがダークマターであるとすると現在の宇宙のような銀河・銀河団の構造が形成されないことが理解されると，「冷たいダークマター」と呼ばれるダークマターが必要とされ，弱い相互作用しかしない質量を持った粒子，つまり，WIMP が有力なダークマター候補と考えられるようになった．それと同時に，素粒子理論では階層性の問題を解決できる魅力的な理論として超対称性理論が脚光を浴び，最も軽い超対称性粒子がWIMP ダークマターの候補として有力視されるようになった．

WIMP が有力視されると，直接 WIMP ダークマターを検出しようとする機運が高まり，世界中で WIMP の直接検出実験が計画され行われるようになった．しかし，長年の試みにもかかわらず現在まで WIMP ダークマターは見つかっていない．さらに，2010 年に始まった CERN の大型加速器実験（LHC）で期待されていた超対称性が発見できなかったことから WIMP やその有力な候補である超対称性粒子に対する期待はやや小さくなってしまった．

WIMP がなかなか見つからないことから，別の可能性としてアクシオンに対する関心が高まっている．もともと，素粒子の強い相互作用における CP の問題を解決できるペッチャイ–クィン機構で予言された粒子でダークマターの有力な候補であったが，WIMP に比べてその相互作用が圧倒的に小さく検出が難しいことから WIMP ほど人気のある候補ではなかった．しかし，ハローのダークマターを直接検出しようとする ADMX 実験や太陽からのアクシオンを観測する CAST 実験が現在行われており，将来的にも IAXO をはじめとする多くの実験が計画され大きな発展が期待されている．

バリオンはダークマターを構成していないことから，天体的なダークマター候補は非常に限定されていて最近まで多くの研究者の関心を集めることはなかった．しかし，2015 年に重力波検出器（LIGO）によって史上初のブラックホール連星系合体に伴って放出された重力波が検出されて以来，宇宙初期に生成されたと考えられる原始ブラックホールが注目を集め，一躍有力なダークマター候補と認識されるようになった．宇宙初期にブラックホールを形成するためには大きな密度揺らぎが必要でそれがインフレーションで生成できるのかが問題で，宇宙の大規模構造とともに原始ブラックホールを作ることができるインフレーション模型を構築することは研究者にとっての大きな挑戦となっている．ただし，そのような模型の構築には標準模型を超える素粒子の新しい理論が必要だと思われ，WIMP と同じく宇宙論と素粒子論の両方に深く関わる問題だと考えられる．また，原始ブラックホールは重力レンズの観測を通じて発見される可能性もあり観測宇宙論的にも興味深い対象である．

このように過去 40 年で，ダークマターの正体を明らかにしようとする理論的・

実験的努力が続けられ，それとともに有力なダークマター候補は変遷してきた．今後も，ダークマターが検出されるまで努力は続けられると期待される．本書で取り上げたダークマター候補が近い将来検出される可能性も高い．もしかしたら本書で触れなかったまったく新しい粒子がダークマターということになる可能性もある．いずれにせよ，ダークマターの正体がわかれば，当然，素粒子物理や宇宙物理に計り知れないインパクトを与えることになることは間違いない．

◆付録◆

A.1 単位

本書では基本的に自然単位系，すなわち光速 c，プランク定数 $\hbar$，ボルツマン定数 $k_{\rm B}$ をすべて 1 とする単位系を用いる．

$$c = 2.99792458 \times 10^{10}\ \text{cm/s} = 1 \tag{A.1}$$

$$\hbar \equiv \frac{h}{2\pi} = 1.054571817 \times 10^{-27}\ \text{erg s} = 1 \tag{A.2}$$

$$k_{\rm B} = 1.380649 \times 10^{-16}\ \text{erg/K} = 1 \tag{A.3}$$

この単位系では，すべての物理量はエネルギーの次元で表現される．本書では，エネルギーの単位として主に GeV を用いる．以下は有用な換算式である．

$$\text{erg} = 6.24151 \times 10^{2}\ \text{GeV} \tag{A.4}$$

$$\text{cm} = 5.06773 \times 10^{13}\ \text{GeV}^{-1} \tag{A.5}$$

$$\text{g} = 5.60959 \times 10^{23}\ \text{GeV} \tag{A.6}$$

$$\text{s} = 1.51927 \times 10^{24}\ \text{GeV}^{-1} \tag{A.7}$$

$$\text{K} = 8.61734 \times 10^{-14}\ \text{GeV} \tag{A.8}$$

$$\text{GeV} = 1.60218 \times 10^{-3}\ \text{erg} \tag{A.9}$$

$$\text{GeV}^{-1} = 1.97327 \times 10^{-14}\ \text{cm} \tag{A.10}$$

$$\text{GeV} = 1.78266 \times 10^{-24}\ \text{g} \tag{A.11}$$

$$\text{GeV}^{-1} = 6.58212 \times 10^{-25}\ \text{s} \tag{A.12}$$

$$\text{GeV} = 1.16045 \times 10^{13}\ \text{K} \tag{A.13}$$

A.2 曲率揺らぎによる重力波生成

原始ブラックホールを生成するような大きな曲率揺らぎが宇宙初期に存在すると，それが重力波の発生源となる．よく知られているように曲率揺らぎと重力波（計量のテンソルモード）は 1 次のオーダーでは互いに影響を及ばさないが，曲率揺らぎの 2 次まで考えると重力波の運動方程式に曲率揺らぎの積の形で現れる．この効果を含めた重力波の運動方程式を求めよう．まず，ニュートン・ゲージを用いて計量を

$$ds^2 = a^2(\eta)(1+2\Phi)d\eta^2 - a^2(\eta)\left[(1+2\Psi)\delta_{ij} + \frac{1}{2}h_{ij}\right]dx^i dx^j \tag{A.14}$$

と書く．ここで，Φ と Ψ はニュートン・ゲージでの 1 次の計量の揺らぎを表し，Ψ は曲率揺らぎと呼ばれる．h_{ij} はテンソルモードの揺らぎ（重力波）を表し，h_{ij} はトランスバース・トレースレス（tansvers-traceless）条件（以後 TT 条件と呼ぶ）$\partial_i h^i_j = h^i_i = 0$ を満たす．ここでは揺らぎの 2 次の効果で生成される重力波を考えるので h_{ij} は 2 次のオーダーと考える．また，Φ や Ψ に対応する 2 次のオーダーの量も考えられるが，それらは TT 条件を満たすテンソルモードを生み出さないので考えない．

以上から計量テンソルは

$$g_{00} = a^2(1+2\Phi) \tag{A.15}$$

$$g_{0i} = 0 \tag{A.16}$$

$$g_{ij} = -a^2\left[(1+2\Psi)\delta_{ij} + \frac{1}{2}h_{ij}\right] \tag{A.17}$$

と書ける．今後，テンソル B の 0 次，1 次，2 次の量を $\bar{B}$，$\delta_1 B$，$\delta_2 B$ のように表すことにする．したがって，たとえば $\bar{g}_{ij} = -a^2\delta_{ij}$，$\delta_2 g_{ij} = -a^2 h_{ij}/2$ となる．また，計量テンソルの逆テンソルは

$$g^{00} = a^2(1-2\Phi+4\Phi^2) \tag{A.18}$$

$$g^{0i} = 0 \tag{A.19}$$

$$g^{ij} = -a^2\left[(1-2\Psi+4\Psi^2)\delta^{ij} - \frac{1}{2}h^{ij}\right] \tag{A.20}$$

となる．計量から計算されるクリストッフェル（Christoffel）記号は 0 次，1 次のオーダーでは

$$\bar{\Gamma}^0_{00} + \delta_1\Gamma^0_{00} = \mathcal{H} + \Phi' \tag{A.21}$$

$$\bar{\Gamma}^0_{0i} + \delta_1\Gamma^0_{0i} = \partial_i\Phi \tag{A.22}$$

$$\bar{\Gamma}^i_{00} + \delta_1\Gamma^i_{00} = \partial^i\Phi \tag{A.23}$$

$$\bar{\Gamma}^i_{0j} + \delta_1\Gamma^i_{0j} = (\mathcal{H} + \Psi')\delta^i_j \tag{A.24}$$

$$\bar{\Gamma}^0_{ij} + \delta_1\Gamma^0_{ij} = \left[\mathcal{H}\left(-2\mathcal{H}(\Phi-\Psi) + \Psi'\right)\right]\delta_{ij} \tag{A.25}$$

$$\bar{\Gamma}^i_{jk} + \delta_1 \Gamma^i_{jk} = \delta^i_j \partial_k \Psi + \delta^i_k \partial_j \Psi + \delta_{jk} \partial^i \Psi \tag{A.26}$$

となる．ここで，$' = \partial_\eta$ を意味し，$\mathcal{H} = a'/a$ である．2 次のオーダーのクリストッフェル記号は

$$\delta_2 \Gamma^0_{00} = -2\Phi\Phi' \tag{A.27}$$

$$\delta_2 \Gamma^0_{0i} = -2\Phi \partial_i \Phi \tag{A.28}$$

$$\delta_2 \Gamma^i_{00} = -2\Psi \partial^i \Phi \tag{A.29}$$

$$\delta_2 \Gamma^i_{0j} = -2\Psi\Psi' \delta^i_j + \frac{1}{4}(h^i_j)' \tag{A.30}$$

$$\delta_2 \Gamma^0_{ij} = [-2\Phi\Psi' + 2\mathcal{H}\Phi(\Phi - \Psi)]\delta^i_j + \frac{1}{4}(h^i_j)' \tag{A.31}$$

$$\begin{aligned} \delta_2 \Gamma^i_{jk} = & -2\Psi[\delta^i_j \partial_k \Psi + \delta^i_k \partial_j \Psi - \delta_{jk} \partial^i \Psi] \\ & + \frac{1}{4}\left[\partial_k h^i_j + \partial_j h^i_k - \partial^i h_{jk}\right] \end{aligned} \tag{A.32}$$

で与えられる．

クリストッフェル記号からリーマン・テンソル，リッチ・テンソル，アインシュタイン・テンソルが

$$R^\mu_{\nu\rho\sigma} = \partial_\rho \Gamma^\mu_{\nu\sigma} - \partial_\sigma \Gamma^\mu_{\nu\rho} + \Gamma^\mu_{\alpha\rho} \Gamma^\alpha_{\nu\sigma} - \Gamma^\mu_{\alpha\sigma} \Gamma^\alpha_{\nu\rho} \tag{A.33}$$

$$R_{\nu\sigma} = R^\mu_{\nu\mu\sigma} \tag{A.34}$$

$$G_{\nu\sigma} = R_{\nu\sigma} - \frac{1}{2} g_{\nu\rho} R^\nu_\nu \tag{A.35}$$

と計算できる．

アインシュタイン・テンソルの 0 次，1 次のオーダーは

$$\bar{G}^0_0 + \delta_1 G^0_0 = \frac{3}{a^2}\mathcal{H}^2 - \frac{2}{a^2}\left[3\mathcal{H}^2\Phi - 3\mathcal{H}\Psi' + \nabla^2\Psi\right] \tag{A.36}$$

$$\bar{G}^0_i + \delta_1 G^0_i = \frac{2}{a^2}[\mathcal{H}\partial_i\Phi - \partial_i\Psi'] \tag{A.37}$$

$$\bar{G}^i_0 + \delta_1 G^i_0 = -\frac{2}{a^2}[\mathcal{H}\partial^i\Phi - \partial^i\Psi'] \tag{A.38}$$

$$\bar{G}^i_j + \delta_1 G^i_j = \frac{1}{a^2}[2\mathcal{H}' + \mathcal{H}^2]\delta^i_j$$

$$
-\frac{2}{a^2}\left[(2\mathcal{H}'+\mathcal{H}^2)\Phi+\mathcal{H}(\Phi'-\Psi')+\frac{1}{3}\nabla^2(\Phi+\Psi)-\Psi''-\mathcal{H}\Psi'\right]\delta^i_j
+\frac{1}{a^2}\left(\partial^i\partial_j-\frac{1}{3}\delta^i_j\nabla^2\right)(\Psi+\Phi) \tag{A.39}
$$

で与えられる.

2次のオーダーに関しては，重力波の運動方程式を導くためにはリッチ・テンソルを計算すれば十分である．少し面倒な計算の後

$$
\delta_2 R_{00} = -6\mathcal{H}\Phi\Phi' - \partial^i\Phi\partial_i\Phi + \partial^i\Psi\partial_i\Phi - 2\Psi\nabla^2\Phi
+ 3\Phi'\Psi' + 3(\Psi')^2 + 6\Psi\Psi'' + 6\mathcal{H}\Psi\Psi' \tag{A.40}
$$

$$
\begin{aligned}
\delta_2 R_{ij} = &\big[4(\mathcal{H}'+2\mathcal{H}^2)\Phi^2 + 4\mathcal{H}\Phi\Phi' - 4(\mathcal{H}'+2\mathcal{H}^2)\Phi\Psi \\
&\quad - 2\Phi\Psi'' - 10\mathcal{H}\Phi\Psi' - \Phi'\Psi' - 2\mathcal{H}\Phi'\Psi \\
&\quad -\partial_k\Phi\partial^k\Psi + (\Psi')^2\partial_k\Psi\partial^k\Psi + 2\Psi\nabla^2\Psi\big]\,\delta_{ij} \\
&+ [2\Phi\partial_i\partial_j\Phi + \partial_i\Phi\partial_j\Phi + \partial_i\Phi\partial_j\Psi + \partial_i\Psi\partial_j\Phi \\
&\quad +2\Psi\partial_i\partial_j\Psi + 3\partial_i\Psi\partial_j\Psi] \\
&+ \frac{1}{4}\left[(h_{ij})'' + 2\mathcal{H}(h_{ij})' - \nabla^2 h_{ij}\right]
\end{aligned} \tag{A.41}
$$

が得られる．重力波の運動方程式に寄与するのは TT 条件を満たす部分であることに注意すると，アインシュタイン・テンソル（A.35）の第 2 項は無視でき，G_{ij} の TT 部分は

$$
[\delta_2 G_{ij}]_{\mathrm{TT}} = [2\Phi\partial_i\partial_j\Phi + \partial_i\Phi\partial_j\Phi + \partial_i\Phi\partial_j\Psi + \partial_i\Psi\partial_j\Phi + 2\Psi\partial_i\partial_j\Psi + 3\partial_i\Psi\partial_j\Psi]_{\mathrm{TT}}
+ \frac{1}{4}\left[(h_{ij})'' + 2\mathcal{H}(h_{ij})' - \nabla^2 h_{ij}\right] \tag{A.42}
$$

となる.

次に，エネルギー運動量テンソルを考える．エネルギー運動量テンソル $T_{\mu\nu}$ は揺らぎを含めて

$$
T_{\mu\nu} =(\rho+P)u_\mu u_\nu - P g_{\mu\nu} + \varPi_{\mu\nu} \tag{A.43}
$$

と書ける．ここで $\rho(\eta,\vec{x})$ と $P(\eta,\vec{x})$ はエネルギー密度と圧力で，$\varPi_{\mu\nu}$ は非等方圧力テンソルである．u^μ は 4 元速度で，$g_{\mu\nu}u^\mu u^\nu = 1$ から

$$u^0 = a^{-1}\left[1+\Phi-\frac{1}{2}\Phi^2\right] \tag{A.44}$$

$$u^i = a^{-1}\partial^i V \tag{A.45}$$

と書ける．

通常，インフレーションで作られる揺らぎを考える場合には非等方圧力テンソルは無視できるので，ここでは $\Pi_{\mu\nu}=0$ とする．この場合 1 次のエネルギー運動量テンソルは

$$\delta_1 T^0_0 = \delta_1\rho \tag{A.46}$$

$$\delta_1 T^0_i = -\bar{\rho}(1+w)\partial_i V \tag{A.47}$$

$$\delta_1 T^i_0 = \bar{\rho}(1+w)\partial^i V \tag{A.48}$$

$$\delta_1 T^i_j = -w\delta^i_j\delta_1\rho \tag{A.49}$$

で与えられる．ここで，状態方程式 $P=w\rho$ を用いた．1 次のオーダーのアインシュタイン方程式 $\delta_1 G^\mu_\nu = 8\pi G T^\mu_\nu$ の (i,j) 成分の TT 部分から，

$$\Psi = -\Phi \tag{A.50}$$

であることが分かる（式（A.39）の右辺第 3 項が TT 部分であることに注意）．また，$(0,i)$ 成分（式（A.37）と式（A.47）参照）から

$$2[\mathcal{H}\partial_i\Phi - \partial_i\Psi'] = -8\pi G\bar{\rho}a^2(1+w)\partial_i V = -3\mathcal{H}^2(1+w)\partial_i V \tag{A.51}$$

となる．ここでフリードマン方程式 $\mathcal{H}^2 = 8\pi G\bar{\rho}a^2/3$ を用いた．これから

$$\partial_i V = \frac{2}{3(1+w)\mathcal{H}^2}\partial_i(\Psi' - \mathcal{H}\Phi) \tag{A.52}$$

が得られる．この表式を用いて 2 次のオーダーのエネルギー運動量テンソルの空間成分が

$$\begin{aligned}\delta_2 T_{ij} &= a^2\bar{\rho}(1+w)\partial_i V\partial_j V \\ &= \frac{4\bar{\rho}a^2}{9(1+w)\mathcal{H}^4}[\partial_i(\Psi'-\mathcal{H}\Phi)\partial_j(\Psi'-\mathcal{H}\Phi)] \\ &= \frac{1}{8\pi G}\frac{4}{3(1+w)\mathcal{H}^2}[\partial_i(\Psi'-\mathcal{H}\Phi)\partial_j(\Psi'-\mathcal{H}\Phi)]\end{aligned} \tag{A.53}$$

と書ける．さらに，$\Psi=-\Phi$ を用いて，2 次のオーダーのアインシュタイン方程

式の TT 部分から重力波の運動方程式

$$h''_{ij} + 2\mathcal{H}h'_{ij} - \nabla^2 h_{ij} = -4\,[\mathcal{S}_{ij}]_{\mathrm{TT}} \tag{A.54}$$

が得られ，$\mathcal{S}_{ij}$ は式（A.42）と式（A.53）から

$$\begin{aligned}\mathcal{S}_{ij} &= 4\Phi\partial_i\partial_j\Phi + 2\partial_i\Phi\partial_j\Phi \\ &\quad - \frac{4}{3(1+w)\mathcal{H}^2}\left[\partial_i(\Phi' + \mathcal{H}\Phi)\partial_j(\Phi' + \mathcal{H}\Phi)\right]\end{aligned} \tag{A.55}$$

となる．

A.3 巻きつき数とゲージ変換

QCD の真空は巻きつき数 n でラベルされる．ここでは巻きつき数がゲージ変換に対してどう変化するかを見る．

まずは微小なゲージ変換 $U \to U + \delta U$ に対して巻きつき数 n が不変であることを示す．この微小変換に対して $U\partial_i U^{-1}$ の変化は

$$\begin{aligned}\delta(U\partial_i U^{-1}) &= \delta U\partial_i U^{-1} + U\,\partial_i(\delta U^{-1}) \\ &= \delta U\partial_i U^{-1} - U\,\partial_i(U^{-1}\delta U U^{-1}) \\ &= -U\,\partial_i(U^{-1}\delta U)U^{-1}\end{aligned} \tag{A.56}$$

となる．2 行目から 3 行目に移行する際に $\delta(UU^{-1}) = 0$ を用いた．これから巻きつき数の変化 δn は

$$\begin{aligned}\delta n &= -\frac{3}{24\pi^2}\int d^3x\varepsilon^{ijk}\mathrm{tr}\left[U\partial_i(U^{-1}\delta U)U^{-1}\,U\partial_j U^{-1}\,U\partial_k U^{-1}\right] \\ &= \frac{3}{24\pi^2}\int d^3x\varepsilon^{ijk}\mathrm{tr}\left[\partial_i(U^{-1}\delta U)\partial_j U^{-1}\partial_k U\right]\end{aligned} \tag{A.57}$$

と計算される．部分積分を行うと

$$\begin{aligned}\delta n = \frac{3}{24\pi^2}\int d^3x\varepsilon^{ijk}\mathrm{tr}\Big[&(U^{-1}\delta U)\partial_i\partial_j U^{-1}\partial_k U \\ &+ (U^{-1}\delta U)\partial_j U^{-1}\partial_i\partial_k U\Big] = 0\end{aligned} \tag{A.58}$$

のように完全反対称テンソル ε^{ijk} と対称な微分 $\partial_i\partial_{j(k)}$ の積によってゼロになることがいえる．したがって，巻きつき数は微小なゲージ変換では不変である．

次に，巻きつき数 n_1 を与える pure ゲージ場 $A_i = (i/g)U_1\partial_i U_1^{-1}$ に対して，巻

きつき数 n_2 を持つ U_2 によってゲージ変換すると，ゲージ場は

$$A'_i = \frac{i}{g}U_2(U_1\partial_i U_1^{-1})U_2^{-1} + \frac{i}{g}U_2\partial_i U_2^{-1} = \frac{i}{g}(U_2U_1)\partial_i(U_2U_1)^{-1} \tag{A.59}$$

となり，変換後の真空の巻きつき数は

$$n = \frac{1}{24\pi^2}\int d^3x\varepsilon^{ijk}\mathrm{tr}[(U_2U_1)\partial_i(U_2U_1)^{-1}(U_2U_1)\partial_j(U_2U_1)^{-1}(U_2U_1)\partial_k(U_2U_1)^{-1}] \tag{A.60}$$

と書ける．$U_1(\vec{x})$ と $U_2(\vec{x})$ は S^3 から $SU(3)$ への写像となっており，これらを連続的に変形して空間の一部で恒等変換になるようにすることができる．このことから $U_1(\vec{x})$ と $U_2(\vec{x})$ を以下のような $\tilde{U}_1(\vec{x})$ と $\tilde{U}_2(\vec{x})$ に変形する．

$$\tilde{U}_1 = I \quad (x_3 \leqq 0) \tag{A.61}$$

$$\tilde{U}_2 = I \quad (x_3 \geqq 0) \tag{A.62}$$

ここで，3 次元球面 S^3 を座標 (x_1, x_2, x_3) で表し，$x_3 \geqq (\leqq)\ 0$ は平面 $x_3 = 0$ で切った半球を表す．$\tilde{U}_1$ と $\tilde{U}_2$ はそれぞれ U_1 と U_2 から連続的に変形できる，つまり，微小変換の繰り返しで移れるので巻きつき数を変えることはない．したがって，式（A.60）は

$$\begin{aligned}
n &= \frac{1}{24\pi^2}\int d^3x\varepsilon^{ijk}\mathrm{tr}[(\tilde{U}_2\tilde{U}_1)\partial_i(\tilde{U}_2\tilde{U}_1)^{-1}(\tilde{U}_2\tilde{U}_1)\partial_j(\tilde{U}_2\tilde{U}_1)^{-1}(\tilde{U}_2\tilde{U}_1)\partial_k(\tilde{U}_2\tilde{U}_1)^{-1}] \\
&= \frac{1}{24\pi^2}\int_{x_3\geqq 0} d^3x\varepsilon^{ijk}\mathrm{tr}[\tilde{U}_1\partial_i\tilde{U}_1^{-1}\tilde{U}_1\partial_j\tilde{U}_1^{-1}\tilde{U}_1\partial_k\tilde{U}_1^{-1}] \\
&\quad + \frac{1}{24\pi^2}\int_{x_3\leqq 0} d^3x\varepsilon^{ijk}\mathrm{tr}[\tilde{U}_2\partial_i\tilde{U}_2^{-1}\tilde{U}_2\partial_j\tilde{U}_2^{-1}\tilde{U}_2\partial_k\tilde{U}_2^{-1}] \\
&= \frac{1}{24\pi^2}\int d^3x\varepsilon^{ijk}\mathrm{tr}[U_1\partial_i U_1^{-1}U_1\partial_j U_1^{-1}U_1\partial_k U_1^{-1}] \\
&\quad + \frac{1}{24\pi^2}\int d^3x\varepsilon^{ijk}\mathrm{tr}[U_2\partial_i U_2^{-1}U_2\partial_j U_2^{-1}U_2\partial_k U_2^{-1}] \\
&= n_1 + n_2
\end{aligned} \tag{A.63}$$

となり，巻きつき数 $n_1 + n_2$ を持つことが分かる．

次に，具体的なゲージ場の配位に対して巻きつき数を計算してみよう．そのための準備として，巻きつき数 n の表式

$$n = \frac{1}{24\pi^2}\int d^3x\varepsilon^{ijk}\mathrm{tr}[U\partial_i U^{-1}U\partial_j U^{-1}U\partial_k U^{-1}] \tag{A.64}$$

が座標変換 $x^i \longrightarrow x'^i$ に対して不変であることを示す．この座標変換によって式 (A.64) の積分は

$$\int d^3x' \left|\frac{\partial(x^1,x^2,x^3)}{\partial(x'^1,x'^2,x'^3)}\right| \varepsilon^{ijk}\frac{\partial x'^p}{\partial x^i}\frac{\partial x'^q}{\partial x^j}\frac{\partial x'^r}{\partial x^k}\mathrm{tr}[U\partial'_pU^{-1}U\partial'_qU^{-1}U\partial'_rU^{-1}] \quad \text{(A.65)}$$

となる．ここで，$|\partial(\cdots)/\partial(\cdots)|$ はヤコビアンを表し，$\partial'_p = \partial/\partial x'^p\,(p=1,2,3)$ である．さらに，

$$\varepsilon^{ijk}\frac{\partial x'^p}{\partial x^i}\frac{\partial x'^q}{\partial x^j}\frac{\partial x'^r}{\partial x^k} = \varepsilon^{pqr}\left|\frac{\partial(x'^1,x'^2,x'^3)}{\partial(x^1,x^2,x^3)}\right| = \varepsilon^{pqr}\left|\frac{\partial(x^1,x^2,x^3)}{\partial(x'^1,x'^2,x'^3)}\right|^{-1} \quad \text{(A.66)}$$

であることから

$$n = \frac{1}{24\pi^2}\int d^3x'\,\varepsilon^{pqr}\mathrm{tr}[U\partial'_pU^{-1}U\partial'_qU^{-1}U\partial'_rU^{-1}] \quad \text{(A.67)}$$

が成り立つ．つまり，式 (A.64) は任意の座標変換に対して不変であることが分かる．

ここで，以下の $SU(2)$ 行列 U

$$U(\boldsymbol{x}) = \frac{x^4 + i\boldsymbol{\sigma}\cdot\boldsymbol{x}}{R} \quad \text{(A.68)}$$

$$R = \sqrt{(x^4)^2 + |\boldsymbol{x}|^2} \quad \text{(A.69)}$$

に対する pure ゲージ場の配位が巻きつき数 1 を持つことを示す．x^4 は定数で，U は $|\boldsymbol{x}| \to \infty$ で一定となっているので，空間の無限遠点を同一視して 3 次元空間を 3 次元球面と見なすことができる．したがって，十分大きな半径 R の球面を考えて $(x^1,x^2,x^3) \longrightarrow (\chi,\theta,\phi)$ の座標変換を

$$x^1/R = \sin\phi\sin\theta\sin\chi \quad \text{(A.70)}$$

$$x^2/R = \cos\phi\sin\theta\sin\chi \quad \text{(A.71)}$$

$$x^3/R = \cos\theta\sin\chi \quad \text{(A.72)}$$

$$x^4/R = \cos\chi \quad \text{(A.73)}$$

$$\chi \in [0,\pi], \quad \theta \in [0,\pi], \quad \phi \in [0,2\pi] \quad \text{(A.74)}$$

によって定める（$|\boldsymbol{x}|^2 + (x^4)^2 = R^2$ を満たしていることに注意）．新しい座標 (χ,θ,ϕ) を用いて U と U^{-1} は

$$U = \begin{pmatrix} \cos(\chi) + i\cos(\theta)\sin(\chi) & e^{i\phi}\sin(\theta)\sin(\chi) \\ -e^{-i\phi}\sin(\theta)\sin(\chi) & \cos(\chi) - i\cos(\theta)\sin(\chi) \end{pmatrix} \tag{A.75}$$

$$U^{-1} = \begin{pmatrix} \cos(\chi) - i\cos(\theta)\sin(\chi) & -e^{i\phi}\sin(\theta)\sin(\chi) \\ e^{-i\phi}\sin(\theta)\sin(\chi) & \cos(\chi) + i\cos(\theta)\sin(\chi) \end{pmatrix} \tag{A.76}$$

と書ける．これから

$$U\partial_\chi U^{-1}U\partial_\theta U^{-1}U\partial_\phi U^{-1} = \begin{pmatrix} \sin(\theta)\sin^2(\chi) & 0 \\ 0 & \sin(\theta)\sin^2(\chi) \end{pmatrix} \tag{A.77}$$

となり，巻きつき数が

$$\begin{aligned} n &= \frac{1}{24\pi^2}\int_0^\pi d\chi \int_0^\pi d\theta \int_0^{2\pi} d\phi\, 6\mathrm{tr}[U\partial_\chi U^{-1}U\partial_\theta U^{-1}U\partial_\phi U^{-1}] \\ &= \frac{1}{24\pi^2}\int_0^\pi d\chi \int_0^\pi d\theta \int_0^{2\pi} d\phi\, 12\sin\theta\sin^2\chi = 1 \end{aligned} \tag{A.78}$$

と計算できる．したがって，式 (A.68) に対応するゲージ場の配位を持つ真空は巻きつき数 1 を持っていることが分かった．また，U^n に対応する pure ゲージ場の配位は巻きつき数 n を持つ．

A.4 量子力学におけるインスタントン

量子力学におけるインスタントンを考える．ハミルトニアン

$$H = \frac{1}{2}p^2 + V(x) \tag{A.79}$$

に従う，1 次元の粒子の運動を考える．p は運動量，V はポテンシャルである．粒子が時刻 $t = -T/2$ で $x = x_i$，時刻 $t = T/2$ で $x = x_f$ にある遷移振幅は経路積分を用いて

$$\langle x_f|e^{-iHT}|x_i\rangle = \mathcal{N}\int \mathcal{D}x e^{iS} \tag{A.80}$$

で与えられる．ここで $\mathcal{N}$ は規格化の定数で，S は作用で

$$S = \int_{-T/2}^{T/2} dt \left[\frac{1}{2}\left(\frac{dx}{dt}\right)^2 - V(x)\right] \tag{A.81}$$

で与えられる．ここで時間に関して $t \to -it$ と変換して，上の遷移振幅及び作用をユークリッド化すると

$$\langle x_f|e^{-HT}|x_i\rangle = \mathcal{N}\int \mathcal{D}x e^{-S_E} \tag{A.82}$$

$$S_E = \int_{-T/2}^{T/2} dt \left[\frac{1}{2}\left(\frac{dx}{dt}\right)^2 + V(x)\right] \tag{A.83}$$

が得られ，S_E はユークリッド作用と呼ばれる．遷移振幅の左辺はエネルギー固有状態 $|n\rangle$ を用いて T が十分大きいとすると

$$\langle x_f|e^{-HT}|x_i\rangle = \sum_n e^{-E_nT}\langle x_f|n\rangle\langle n|x_i\rangle \simeq e^{-E_0T}\langle x_f|0\rangle\langle 0|x_i\rangle \tag{A.84}$$

となり，基底状態の寄与が支配的になる．一方，経路積分に関してはユークリッド作用を最小にするような経路が主要な寄与をし，そのような経路 $\bar{x}$ は作用を変分してゼロにする $(\delta S_E/\delta x = 0)$ ことから求められ，作用 S_E の古典解と呼ばれる．$\bar{x}$ が満たす方程式は

$$-\frac{d^2\bar{x}}{dt^2} + V'(\bar{x}) = 0 \tag{A.85}$$

で与えられる．境界条件は

$$\bar{x}(-T/2) = x_i, \qquad \bar{x}(T/2) = x_f \tag{A.86}$$

となる．これはポテンシャルが $-V(x)$ で与えられる粒子の運動方程式と同じ形をしている．

経路積分を評価するために任意の経路を次のように表す．

$$x = \bar{x} + \sum_n c_n x_n \tag{A.87}$$

ここで x_n は

$$-\frac{d^2x_n}{dt^2} + V''(\bar{x})x_n = \lambda_n x_n, \qquad x_n(\pm T/2) = 0 \tag{A.88}$$

を満たす固有関数（固有値は λ_n）で直交関係

$$\int_{-T/2}^{T/2} dt\, x_m x_n = \delta_{mn} \tag{A.89}$$

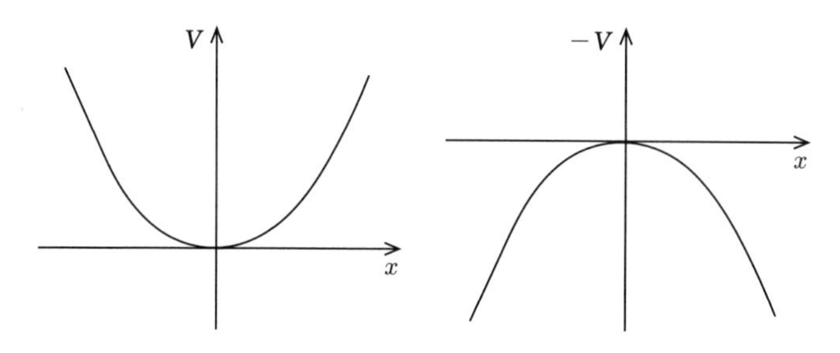

図 A.1　1 つの井戸型ポテンシャル

を満たす．式（A.87）を用いて，経路積分は

$$
\begin{aligned}
\langle x_f|e^{-HT}|x_i\rangle &= \mathcal{N}\int \mathcal{D}x e^{-S_E} \\
&\simeq \mathcal{N}\int \prod_n \frac{dc_n}{\sqrt{2\pi}} \exp\biggl[-S_E(\bar{x}) \\
&\qquad -\frac{1}{2}\sum_{n,m}\int dt\, c_m x_m(t)\left(-\frac{d^2}{dt^2}+V''(\bar{x})\right)c_n x_n(t)\biggr] \\
&= \mathcal{N}e^{-S_E}\int \prod_n \frac{dc_n}{\sqrt{2\pi}} \exp\left(-\frac{1}{2}\sum \lambda_n c_n^2\right) \\
&= \mathcal{N}e^{-S_E}\prod \lambda_n^{-1/2} = \mathcal{N}e^{-S_E}\left[\det\left(-\frac{d^2}{dt^2}+V''(\bar{x})\right)\right]^{-1/2}
\end{aligned}
\tag{A.90}
$$

のように評価できる．最後に現れる $\det[\cdots]$ の意味はその前の式（$\prod \lambda_n^{-1/2}$）である．

最も簡単な例として図 A.1 のような 1 つの井戸型ポテンシャルを考えよう．$x_i = x_f = 0$ とすると自明な古典的な経路である $\bar{x} = 0$ が得られ，この解に対するユークリッド作用は $S_E = 0$ で与えられる．式（A.90）に現れる $\det[\cdots]$ の計算は $V''(0) = \omega^2$ とおけば，調和振動子の微分演算子の固有値を求める計算と同じになる．式（A.88）から固有関数 λ_n は

$$
\left(-\frac{d^2}{dt^2}+\omega^2\right)x_n(t) = \lambda_n x_n(t), \qquad x_n(\pm T/2) = 0 \tag{A.91}
$$

を満たす．この解は

$$
x_n(t) = \sin\left[\sqrt{\lambda_n-\omega^2}(t+T/2)\right] \tag{A.92}
$$

$$\lambda_n = \omega^2 + \left(\frac{n\pi}{T}\right)^2 \qquad (n = 1, 2, \cdots) \tag{A.93}$$

で与えられる．これから

$$\begin{aligned}
\mathcal{N}\left[\det\left(-\frac{d^2}{dt^2} + \omega^2\right)\right]^{-1/2} &= \mathcal{N}\prod \lambda^{-1/2} \\
&= \mathcal{N}\left[\prod\left(\omega^2 + \left(\frac{n\pi}{T}\right)^2\right)\right]^{-1/2} \\
&= \mathcal{N}\left[\prod\left(\frac{n\pi}{T}\right)^2\right]^{-1/2}\left[\prod\left(1 + \left(\frac{\omega T}{n\pi}\right)^2\right)\right]^{-1/2} \\
&= \mathcal{N}\left[\prod\left(\frac{n\pi}{T}\right)^2\right]^{-1/2}\left[\frac{\sinh(\omega T)}{\omega T}\right]^{-1/2}
\end{aligned} \tag{A.94}$$

と計算でき，さらに $\mathcal{N}\left[\prod\left(\frac{n\pi}{T}\right)^2\right]^{-1/2}$ は自由粒子の場合（$\omega = 0$）にも出てくるもので

$$\mathcal{N}\left[\prod\left(\frac{n\pi}{T}\right)^2\right]^{-1/2} = \frac{1}{\sqrt{2\pi T}} \tag{A.95}$$

であることが分かる[*1]．したがって，$T \to \infty$ で

$$\begin{aligned}
\langle 0|e^{-HT}|0\rangle &= \mathcal{N}\left[\det\left(-\frac{d^2}{dt^2} + \omega^2\right)\right]^{-1/2} \\
&= \frac{1}{\sqrt{2\pi T}}\left[\frac{\sinh(\omega T)}{\omega T}\right]^{-1/2} \simeq \left(\frac{\omega}{\pi}\right)^{1/2} e^{-\omega T/2}
\end{aligned} \tag{A.96}$$

となる．

次に二重井戸ポテンシャルを考える．図 A.2 のポテンシャルは $V(x) = V(-x)$ を満たし $x = x_0 = -x_0$ で最小値 0 をとる．このポテンシャルは自明な古典解 $\bar{x} = \pm x_0$ を持つが，それ以外に $t = -T/2$ で $\bar{x} = -x_0$，$t = T/2$ で $\bar{x} = x_0$ に到達する解が存在し，インスタントン解と呼ばれる．また，$t = -T/2$ で $\bar{x} = x_0$，$t =$

---

*1 自由粒子の場合には

$$\begin{aligned}
\langle x_f = 0|e^{-HT}|x_i = 0\rangle &= \langle x_f = 0|e^{-p^2T/2}|x_i = 0\rangle \\
&= \sum_n \langle x_f = 0|p_n\rangle\langle p_n|x_i = 0\rangle e^{-p_n^2 T/2} \\
&= \int_{-\infty}^{\infty} \frac{dp}{2\pi} e^{-p^2T/2} = \frac{1}{\sqrt{2\pi T}}
\end{aligned}$$

となる．ここで p_n は運動量の固有値で連続的な値を取るので固有値に対する和は積分に置き換えられる．

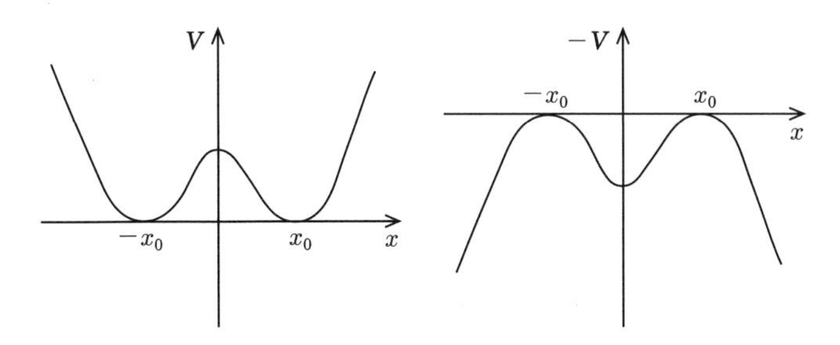

図A.2　二重井戸型ポテンシャル

$T/2$ で $\bar{x}=-x_0$ に到達する解も存在し，反インスタントン解と呼ばれる．

インスタントン解は

$$-\frac{d^2\bar{x}}{dt^2}+V'(\bar{x})=0 \tag{A.97}$$

を満たすので，両辺に $d\bar{x}/dt$ を掛けて積分することによって

$$E=\frac{1}{2}\left(\frac{d\bar{x}}{dt}\right)^2-V(\bar{x}) \tag{A.98}$$

が保存量になり，境界条件からインスタントン解の場合，$E=0$ となる．よって，

$$\frac{d\bar{x}_{\rm inst}}{dt}=\sqrt{2V(\bar{x}_{\rm inst})} \tag{A.99}$$

が満たされる．インスタントン解に対する作用は

$$S_{\rm inst}=\int_{-T/2}^{T/2}dt\left[\frac{1}{2}\left(\frac{d\bar{x}_{\rm inst}}{dt}\right)^2+V(\bar{x}_{\rm inst})\right]=\int dt\left(\frac{d\bar{x}_{\rm inst}}{dt}\right)^2=\int_{-x_0}^{x_0}dx\sqrt{2V} \tag{A.100}$$

となる．

具体的なポテンシャルとして

$$V(x)=\lambda\left(x^2-x_0^2\right)^2 \tag{A.101}$$

を考えると，インスタントン解は $T\to\infty$ で

$$\bar{x}_{\rm inst}(t)=x_0\tanh\left(\frac{\omega(t-t_c)}{2}\right) \tag{A.102}$$

与えられる．ここで，$\omega^2=V''(\pm x_0)=8\lambda x_0^2$ であり，t_c はインスタントン解の中

心を表す．インスタントン解の中心は任意の値を取ることができ，これは時間に対する並進対称性の表れである．この事実が固有値方程式（A.88）にゼロ固有値が存在することを導く．実際，並進対称性からインスタントン解の作用は $t_c \to t_c + \delta t_c$ としても変わらない．

$$S_E[\bar{x}_{\mathrm{inst}}(t,t_c)] - S_E[\bar{x}_{\mathrm{inst}}(t,t_c+\delta t_c)] = 0 \qquad \text{(A.103)}$$

このことからゼロ固有値を持つ固有関数（ゼロモード）は $\bar{x}_{\mathrm{inst}}(t,t_c) - \bar{x}_{\mathrm{inst}}(t,t_c+\delta t_c)$ に比例することが分かり，式（A.100）を考慮して規格化すると

$$x_0 = \frac{1}{\sqrt{S_{\mathrm{inst}}}}\frac{d}{dt_c}\bar{x}_{\mathrm{inst}}(t,t_c) \qquad \text{(A.104)}$$

これは

$$x_0 = -\frac{1}{\sqrt{S_{\mathrm{inst}}}}\frac{d}{dt}\bar{x}_{\mathrm{inst}}(t,t_c) \qquad \text{(A.105)}$$

と等価である．

1つのインスタントンによる遷移振幅 $\langle x_0|e^{-HT}|-x_0\rangle_{\text{one-inst}}$ は式（A.90）から

$$\langle x_0|e^{-HT}|-x_0\rangle_{\text{one-inst}} = \mathcal{N}e^{-S_E}\left[\det\left(-\frac{d^2}{dt^2}+\omega^2\right)\right]^{-1/2}$$
$$\times\left(\frac{\det\left[-(d^2/dt^2)+V''(\bar{x}_{\mathrm{inst}})\right]}{\det\left[-(d^2/dt^2)+\omega^2\right]}\right)^{-1/2} \qquad \text{(A.106)}$$

と書ける．ゼロ固有値の存在は上の式で発散を生じさせてしまうように見えるが，経路積分に戻って考えるとゼロモードの係数 c_0 の積分は t_c に関する積分と比例係数を除いて同じである．比例係数は（A.87）から $\delta x(t) = x_0(t)\delta c_0$ であることと（A.104）から

$$\delta x(t) = \frac{d\bar{x}_{\mathrm{inst}}}{dt_c}\delta t_c = \sqrt{S_{\mathrm{inst}}}x_0(t)\delta t_c \qquad \text{(A.107)}$$

であることを使って，

$$dc_0 = \sqrt{S_{\mathrm{inst}}}dt \qquad \text{(A.108)}$$

となる．したがって，遷移振幅は

$$\langle x_0|e^{-HT}|-x_0\rangle_{\text{one-inst}} = \mathcal{N}e^{-S_{\mathrm{inst}}}\left[\det\left(-\frac{d^2}{dt^2}+\omega^2\right)\right]^{-1/2}$$

$$
\begin{aligned}
&\times\left(\frac{\det'\left[-(d^2/dt^2)+V''(\bar{x}_{\rm inst})\right]}{\det\left[-(d^2/dt^2)+\omega^2\right]}\right)^{-1/2}\int_{-T/2}^{T/2}\left(\frac{S_{\rm inst}}{2\pi}\right)^{1/2}dt_c \\
&=\mathcal{N}\left[\det\left(-\frac{d^2}{dt^2}+\omega^2\right)\right]^{-1/2} \\
&\quad\times Te^{-S_{\rm inst}}\left(\frac{S_{\rm inst}}{2\pi}\right)^{1/2}\left(\frac{\det'\left[-(d^2/dt^2)+V''(\bar{x}_{\rm inst})\right]}{\det\left[-(d^2/dt^2)+\omega^2\right]}\right)^{-1/2}
\end{aligned}
\tag{A.109}
$$

$\det'$ はゼロ固有値を除いた行列式を表す．インスタントンによる遷移の時間が T に比較して十分短い場合には上の表式で最初の $\mathcal{N}[\det\cdots]$ の部分は粒子が $x=x_0$ または $x=-x_0$ にとどまっている寄与を表し，$Te^{S_{\rm inst}}\cdots$ の部分は 1 つのインスタントン遷移による補正を表すと見なせる．最初の部分は前述した調和振動子の結果を用いて $(\omega/\pi)^{1/2}e^{-\omega T/2}$ と書ける．よって，1 つのインスタントンによる遷移振幅は

$$
\langle x_0|e^{-HT}|-x_0\rangle_{\text{one-inst}}=\left(\frac{\omega}{\pi}\right)^{1/2}e^{-\omega T/2}KTe^{-S_{\rm inst}} \tag{A.110}
$$

となる．ここで，

$$
K=\left(\frac{S_{\rm inst}}{2\pi}\right)^{1/2}\left(\frac{\det'\left[-(d^2/dt^2)+V''(\bar{x}_{\rm inst})\right]}{\det\left[-(d^2/dt^2)+\omega^2\right]}\right)^{-1/2} \tag{A.111}
$$

である．また，1 つの反インスタントンによる遷移振幅は

$$
\langle -x_0|e^{-HT}|x_0\rangle_{\text{one-anti-inst}}=\left(\frac{\omega}{\pi}\right)^{1/2}e^{-\omega T/2}KTe^{-S_{\rm inst}} \tag{A.112}
$$

で与えられる．

1 つの（反）インスタントンによる遷移が計算できたので，次に，n 回の（反）インスタントンによる遷移が起こる場合の遷移振幅を計算しよう．（反）インスタントンによる遷移が起こる時間は T に比べて十分に短いとすると（反）インスタントンによる作用は

$$
S_E\simeq nS_{\rm inst} \tag{A.113}
$$

と評価される．また，1 つのインスタントンの場合と同じようにインスタントンによる寄与は調和振動子の補正と見なすことができる．さらに，（反）インスタン

トンの並進対称性に対応したゼロモードの積分 $\int_{-T/2}^{T/2} dt$ は n 個のインスタントンと反インスタントンの中心を $t_1, t_2, \cdots, t_n$ とすると

$$\int_{-T/2}^{T/2} dt_1 \int_{-T/2}^{t_1} dt_2 \cdots \int_{-T/2}^{t_{n-1}} dt_n = \frac{T^n}{n!} \tag{A.114}$$

となる．したがって，n 個のインスタントンと反インスタントンによる遷移振幅は

$$\langle -x_0|e^{-HT}|x_0\rangle_{\text{n-inst}} = \left(\frac{\omega}{\pi}\right)^{1/2} e^{-\omega T/2} \frac{(KTe^{-S_{\text{inst}}})^n}{n!} \qquad (n：奇数) \tag{A.115}$$

$$\langle x_0|e^{-HT}|x_0\rangle_{\text{n-inst}} = \left(\frac{\omega}{\pi}\right)^{1/2} e^{-\omega T/2} \frac{(KTe^{-S_{\text{inst}}})^n}{n!} \qquad (n：偶数) \tag{A.116}$$

となる．これから，最終的な遷移振幅 $\langle -x_0|e^{-HT}|x_0\rangle$ は

$$\begin{aligned}\langle -x_0|e^{-HT}|x_0\rangle &= \left(\frac{\omega}{\pi}\right)^{1/2} e^{-\omega T/2} \sum_{\text{odd } n} \frac{(KTe^{-S_{\text{inst}}})^n}{n!} \\ &= \left(\frac{\omega}{\pi}\right)^{1/2} e^{-\omega T/2} \sinh\left(KTe^{-S_{\text{inst}}}\right)\end{aligned} \tag{A.117}$$

で与えられ，一方，遷移振幅 $\langle x_0|e^{-HT}|x_0\rangle$ は

$$\begin{aligned}\langle x_0|e^{-HT}|x_0\rangle &= \left(\frac{\omega}{\pi}\right)^{1/2} e^{-\omega T/2} \sum_{\text{even } n} \frac{(KTe^{-S_{\text{inst}}})^n}{n!} \\ &= \left(\frac{\omega}{\pi}\right)^{1/2} e^{-\omega T/2} \cosh\left(KTe^{-S_{\text{inst}}}\right)\end{aligned} \tag{A.118}$$

となる．

二重井戸ポテンシャルの結果をさらに周期型ポテンシャルに応用して遷移振幅を計算しよう．図 A.3 のようにポテンシャルが $x = nx_0$（n： 整数）で最小値 0

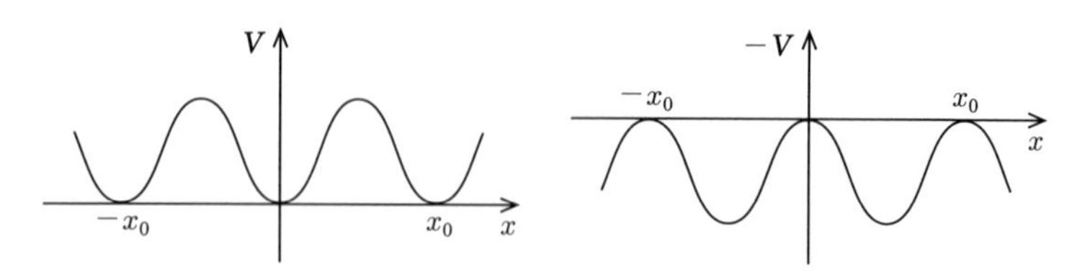

図 A.3 周期型ポテンシャル

を取るとすると $x=mx_0$ から $x=\ell x_0$ への遷移は

$$\langle \ell x_0|e^{-HT}|mx_0\rangle = \left(\frac{\omega}{\pi}\right)^{1/2} e^{-\omega T/2} \sum_{n=0}^{\infty}\sum_{\bar{n}=0}^{\infty} \frac{(KTe^{-S_{\rm inst}})^{n+\bar{n}}}{n!\,\bar{n}!}\delta_{\ell-m,n-\bar{n}} \quad (\text{A.119})$$

で与えられる．ここで，$n(\bar{n})$ は（反）インスタントンの数である．

$$\delta_{n,m} = \int_0^{2\pi}\frac{d\theta}{2\pi}e^{i(n-m)\theta} \quad (\text{A.120})$$

を用いて，

$$\begin{aligned}\langle \ell x_0|e^{-HT}|mx_0\rangle &= \left(\frac{\omega}{\pi}\right)^{1/2} e^{-\omega T/2}\int_0^{2\pi}\frac{d\theta}{2\pi}e^{i(\ell-m)\theta} \\ &\quad\times\sum_{n=0}^{\infty}\sum_{\bar{n}=0}^{\infty}\frac{(KTe^{-S_{\rm inst}}e^{i\theta})^n}{n!}\frac{(KTe^{-S_{\rm inst}}e^{-i\theta})^{\bar{n}}}{\bar{n}!} \\ &= \left(\frac{\omega}{\pi}\right)^{1/2} e^{-\omega T/2}\int_0^{2\pi}\frac{d\theta}{2\pi}e^{i(\ell-m)\theta}\exp\left[2KTe^{-S_{\rm inst}}\cos\theta\right]\end{aligned} \quad (\text{A.121})$$

と計算できる．これから，

$$|\theta\rangle = \sum_{n=-\infty}^{\infty}e^{-in\theta}|nx_0\rangle \quad (\text{A.122})$$

という状態と考えると

$$\begin{aligned}\langle \theta'|e^{-HT}|\theta\rangle &= \sum_{n,m=-\infty}^{\infty}e^{-i(n\theta-m\theta')}\langle mx_0|e^{-HT}|nx_0\rangle \\ &= \left(\frac{\omega}{\pi}\right)^{1/2} e^{-\omega T/2}\sum_{n,m=-\infty}^{\infty}e^{-i(n\theta-m\theta')} \\ &\quad\times\int_0^{2\pi}\frac{d\theta''}{2\pi}e^{i(m-n)\theta''}\exp\left[2KTe^{-S_{\rm inst}}\cos\theta''\right] \\ &= \left(\frac{\omega}{\pi}\right)^{1/2} e^{-\omega T/2}\int_0^{2\pi}\frac{d\theta''}{2\pi}\delta(\theta''-\theta')\delta(\theta''-\theta) \\ &\quad\times\exp\left[2KTe^{-S_{\rm inst}}\cos\theta''\right] \\ &= \frac{\delta(\theta-\theta')}{2\pi}\left(\frac{\omega}{\pi}\right)^{1/2} e^{-\omega T/2}\exp\left[2KTe^{-S_{\rm inst}}\cos\theta\right]\end{aligned} \quad (\text{A.123})$$

となり，$|\theta\rangle$ がエネルギーの固有状態で，エネルギー固有値は

$$E_\theta = \frac{1}{2}\omega - 2KTe^{-S_{\rm inst}}\cos\theta \tag{A.124}$$

となることが分かる.

A.5 アクシオン・光子変換確率

磁場が存在する下で，アクシオンと光子の相互作用を通じてアクシオンが光子に変換される確率を計算する．アクシオン・光子の相互作用は

$$\mathcal{L}_{\rm int} = -\frac{1}{4}g_{a\gamma\gamma}F_{\mu\nu}\tilde{F}^{\mu\nu}\mathcal{A} = g_{a\gamma\gamma}\boldsymbol{E}\cdot\boldsymbol{B} \tag{A.125}$$

と書ける．電磁場に関して，クーロンゲージを取り，$A^0 = \nabla\cdot\boldsymbol{A} = 0$ とすると電磁場の運動方程式は相互作用項の電場を無視して

$$\Box A^i = g_{a\gamma\gamma}\left(\partial_0\mathcal{A}\right)B^i \tag{A.126}$$

となる.

z 方向に運動している相対論的なアクシオンが，アクシオンの進行方向と垂直な磁場 $\boldsymbol{B}_0$ で光子に変換されたとする．光子の (量子) 場は*2

$$\boldsymbol{A}(x) = \sum_{\lambda=\pm}\int\frac{d^3k_\gamma}{(2\pi)^3 2\omega_\gamma}\left[\boldsymbol{\varepsilon}^*_\lambda(\boldsymbol{k}_\gamma)a_\lambda(\boldsymbol{k}_\gamma)e^{-ik_\gamma x} + \boldsymbol{\varepsilon}_\lambda(\boldsymbol{k}_\gamma)a^\dagger_\lambda(\boldsymbol{k}_\gamma)e^{ik_\gamma x}\right] \tag{A.127}$$

と書ける．ここで，k_γ は光子の 4 元運動量で $k_\gamma = (\omega_\gamma, \boldsymbol{k}_\gamma)$，$a(a^\dagger)$ は消滅 (生成) 演算子，$\boldsymbol{\varepsilon}_\lambda$ は偏光ベクトルで，$+(-)$ は左 (右) 巻きの偏光を表す．消滅 (生成) 演算子の交換関係は

$$\left[a_\lambda(\boldsymbol{k}_\gamma), a^\dagger_\lambda(\boldsymbol{k}_\gamma)\right] = (2\pi)^3\,2\omega_\gamma\,\delta^3(\boldsymbol{k}_\gamma - \boldsymbol{k}'_\gamma)\delta_{\lambda\lambda'} \tag{A.128}$$

$$\left[a_\lambda(\boldsymbol{k}_\gamma), a_\lambda(\boldsymbol{k}_\gamma)\right] = \left[a^\dagger_\lambda(\boldsymbol{k}_\gamma), a^\dagger_\lambda(\boldsymbol{k}_\gamma)\right] = 0 \tag{A.129}$$

で与えられる．また，運動量 k と偏光 λ をもつ光子の 1 粒子状態 $|k_\gamma, \lambda\rangle$ は

$$\langle k_\gamma, \lambda|A^i(x)|0\rangle = \varepsilon^i_\lambda(\boldsymbol{k}_\gamma)e^{ik_\gamma x} \tag{A.130}$$

$$\langle k_\gamma, \lambda|k'_\gamma, \lambda'\rangle = (2\pi)^3\,2\omega_\gamma\,\delta^3(\boldsymbol{k}_\gamma - \boldsymbol{k}'_\gamma)\delta_{\lambda\lambda'} \tag{A.131}$$

を満たす.

---

*2 本節で必要となる場の理論に関してはたとえば [78] や [79] を参照.

同様に，アクシオン場は

$$\mathcal{A} = \int \frac{d^3k}{(2\pi)^3 2\omega_a} \left[b(\boldsymbol{k}_a) e^{-ik_a x} + b^\dagger(\boldsymbol{k}_a) e^{ik_a x} \right] \tag{A.132}$$

と書け，消滅・生成演算子 $b, b^\dagger$ は

$$\left[b(\boldsymbol{k}_a), b^\dagger(\boldsymbol{k}_a) \right] = (2\pi)^3 \, 2\omega_a \delta^3(\boldsymbol{k}_a - \boldsymbol{k}'_a) \tag{A.133}$$

$$[b(\boldsymbol{k}_a), b(\boldsymbol{k}_a)] = \left[b^\dagger(\boldsymbol{k}_a), b^\dagger(\boldsymbol{k}_a) \right] = 0 \tag{A.134}$$

を満たし，

$$\langle k_a | \mathcal{A}(x) | 0 \rangle = e^{ik_a x} \tag{A.135}$$

$$\langle k_a | k'_a \rangle = (2\pi)^3 \, 2\omega_a \, \delta^3(\boldsymbol{k}_a - \boldsymbol{k}'_a) \tag{A.136}$$

と規格化される．

磁場を外場として扱い，アクシオンの進行方向を z 軸に取り，運動量を $k_a = (\omega_a, 0, 0, k_a)$ とすると，アクシオンが光子に変わる確率振幅は LSZ 簡約公式（文献［78］［79］を参照）を用いて

$$\begin{aligned}
\langle k_\gamma, \lambda | k_a \rangle &= i \int d^4x e^{-ik_\gamma x} \, \Box \langle 0 | \boldsymbol{\varepsilon}_\lambda \cdot \boldsymbol{A} | k_a \rangle \\
&= i \int d^4x e^{-ik_\gamma x} \, \langle 0 | g_{a\gamma\gamma} (\boldsymbol{\varepsilon}_\lambda \cdot \boldsymbol{B}_0) \partial_0 \mathcal{A}(x) | k_a \rangle \\
&= i \int d^4x e^{-i(k_\gamma - k_a)x} \, (-i\omega_a) g_{a\gamma\gamma} (\boldsymbol{\varepsilon}_\lambda \cdot \boldsymbol{B}_0) \\
&= g_{a\gamma\gamma} \omega_a (2\pi)^3 \delta(\omega_\gamma - \omega_a) \delta(k_{\gamma\, x}) \delta(k_{\gamma\, y}) \\
&\quad \times \int_{-L/2}^{L/2} dz \, e^{iqz} \boldsymbol{B}_0 \cdot \boldsymbol{\varepsilon}_\lambda
\end{aligned} \tag{A.137}$$

で与えられる．ここで，$q = k_\gamma - k_a$ で相対論的なアクシオンに対しては $q \simeq m_a^2/(2\omega_a)$ となる．また，L は磁場が存在する領域のサイズ（= 検出器のサイズ）を表す．

確率振幅（A.137）からアクシオンが単位時間，進行方向に垂直な面積当たりに光子に変換する変換率は

$$R_{a\to\gamma} = \frac{1}{TS} \int \frac{V d^3k_\gamma}{(2\pi)^3} \frac{|\langle k_\gamma, \lambda | k_a \rangle|^2}{\langle k_a | k_a \rangle \langle k_\gamma, \lambda | k_\gamma, \lambda \rangle} \tag{A.138}$$

で与えられる．ここで T は全時間，V は全体積，S は（アクシオンの進行方向に垂直な）面積である．

$$\langle k_a | k_a \rangle = (2\pi)^3 2\omega_a \delta(0) = 2\omega_a V \tag{A.139}$$

$$\langle k_\gamma, \lambda | k_\gamma, \lambda \rangle = (2\pi)^3 2\omega_\gamma \delta(0) = 2\omega_\gamma V \tag{A.140}$$

を使うと

$$\begin{aligned} R_{a\to\gamma} = \frac{g_{a\gamma\gamma}\omega_a^2}{2\omega_a V} \int \frac{d^3 k_\gamma}{(2\pi)^3 2\omega_\gamma} (2\pi)^3 \delta(\omega_\gamma - \omega_a)\delta(k_{\gamma\,x})\delta(k_{\gamma\,y}) \\ \times \sum_\lambda \left| \int_{-L/2}^{L/2} e^{iqz} \boldsymbol{B}_0 \cdot \boldsymbol{\varepsilon}_\lambda \right|^2 \end{aligned} \tag{A.141}$$

となり，さらに，偏光ベクトルの和の公式

$$\sum_\lambda \varepsilon^*_{i\lambda}(\boldsymbol{k}_\gamma)\varepsilon_{j\lambda}(\boldsymbol{k}_\gamma) = \delta_{ij} - \frac{k_{\gamma\,i} k_{\gamma\,j}}{\boldsymbol{k}_\gamma^2} \tag{A.142}$$

と $\boldsymbol{B}_0 \perp \boldsymbol{k}_\gamma$ を使って

$$R_{a\to\gamma} = \frac{1}{V}\left(\frac{g_{a\gamma\gamma} B_0}{q}\right)^2 \sin^2 \frac{qL}{2} \tag{A.143}$$

が得られる．いま，初期状態としてアクシオンの 1 粒子状態を考えているので $1/V$ がアクシオンのフラックスとなることに注意すると，アクシオンが磁場の下で光子に変換する確率は $R(a \to \gamma)$ をフラックスで割って

$$P_{a\to\gamma} = \left(\frac{g_{a\gamma\gamma} B_0}{q}\right)^2 \sin^2 \frac{qL}{2} \tag{A.144}$$

で与えられることが分かる．

参考文献

[1] N. Aghanim *et al.* [Planck], “Planck 2018 results. VI. Cosmological parameters,” *Astron. Astrophys.* **641** (2020), A6 [erratum: *Astron. Astrophys.* **652** (2021), C4] doi:10.1051/0004-6361/201833910 [arXiv:1807.06209 [astro-ph.CO]].

[2] F. Zwicky, “On the Masses of Nebulae and of Clusters of Nebulae,” *Astrophys. J.* **86** (1937), 217-246 doi:10.1086/143864.

[3] G.B. Gelmini, “The Hunt for Dark Matter,” doi:10.1142/9789814678766_0012 [arXiv:1502.01320 [hep-ph]].

[4] K.G. Begeman, A.H. Broeils and R.H. Sanders, “Extended rotation curves of spiral galaxies: Dark haloes and modified dynamics,” *Mon. Not. Roy. Astron. Soc.* **249** (1991), 523 doi:10.1093/mnras/249.3.523.

[5] D. Clowe, M. Bradac, A.H. Gonzalez, M. Markevitch, S.W. Randall, C. Jones and D. Zaritsky, “A direct empirical proof of the existence of dark matter,” *Astrophys. J. Lett.* **648** (2006), L109-L113 doi:10.1086/508162 [arXiv:astro-ph/0608407 [astro-ph]].

[6] S.W. Randall, M. Markevitch, D. Clowe, A.H. Gonzalez and M. Bradac, “Constraints on the Self-Interaction Cross-Section of Dark Matter from Numerical Simulations of the Merging Galaxy Cluster 1E 0657-56,” *Astrophys. J.* **679** (2008), 1173-1180 doi:10.1086/587859 [arXiv:0704.0261 [astro-ph]].

[7] C. Alcock *et al.* [MACHO], “The MACHO project LMC microlensing results from the first two years and the nature of the galactic dark halo,” *Astrophys. J.* **486** (1997), 697-726 doi:10.1086/304535 [arXiv:astro-ph/9606165 [astro-ph]].

[8] H. Niikura *et al.*, "Microlensing constraints on primordial black holes with the Subaru/HSC Andromeda observation," *Nature Astronomy* (2019) (https://doi.org/10.1038/s41550-019-0723-1) doi:10.1038/s41550-019-0723-1 [arXiv:1701.02151 [astro-ph.CO]].

[9] M. Ricotti, J.P. Ostriker and K.J. Mack, "Effect of Primordial Black Holes on the Cosmic Microwave Background and Cosmological Parameter Estimates," *Astrophys. J.* **680**, 829 (2008) doi:10.1086/587831 [arXiv:0709.0524 [astro-ph]].

[10] Y. Ali-Haïmoud and M. Kamionkowski, "Cosmic microwave background limits on accreting primordial black holes," *Phys. Rev. D* **95**, no.4, 043534 (2017) doi:10.1103/PhysRevD.95.043534 [arXiv:1612.05644 [astro-ph.CO]].

[11] P.D. Serpico, V. Poulin, D. Inman and K. Kohri, "Cosmic microwave background bounds on primordial black holes including dark matter halo accretion," *Phys. Rev. Res.* **2**, no.2, 023204 (2020) doi:10.1103/PhysRevResearch.2.023204 [arXiv:2002.10771 [astro-ph.CO]].

[12] P.W. Graham, S. Rajendran and J. Varela, "Dark Matter Triggers of Supernovae," *Phys. Rev. D* **92**, no. 6, 063007 (2015) doi:10.1103/PhysRevD.92.063007 [arXiv:1505.04444 [hep-ph]].

[13] P. Montero-Camacho, X. Fang, G. Vasquez, M. Silva and C.M. Hirata, "Revisiting constraints on asteroid-mass primordial black holes as dark matter candidates," *JCAP* **08** (2019), 031 doi:10.1088/1475-7516/2019/08/031 [arXiv:1906.05950 [astro-ph.CO]].

[14] R. Saito and J. Yokoyama, "Gravitational wave background as a probe of the primordial black hole abundance," *Phys. Rev. Lett.* **102** (2009), 161101 [erratum: *Phys. Rev. Lett.* **107** (2011), 069901] doi:10.1103/PhysRevLett.102.161101 [arXiv:0812.4339 [astro-ph]].

[15] E. Bugaev and P. Klimai, "Constraints on the induced gravitational wave background from primordial black holes," *Phys. Rev. D* **83** (2011) , 083521 doi:10.1103/PhysRevD.83.083521 [arXiv:1012.4697 [astro-ph.CO]].

[16] K. Kohri and T. Terada, "Semianalytic calculation of gravitational wave spectrum nonlinearly induced from primordial curvature perturbations," *Phys. Rev. D* **97** (2018) no.12, 123532 doi:10.1103/PhysRevD.97.123532 [arXiv:1804.08577 [gr-qc]].

[17] M.V. Sazhin, *Soviet Astronomy* **22** (1978) , 36.

[18] S. Detweiler, *Astrophys. J.* **234** (1978) , 1100, doi:10.1086/157593.

[19] G. Agazie *et al.* [NANOGrav], "The NANOGrav 15 yr Data Set: Evidence for a Gravitational-wave Background," *Astrophys. J. Lett.* **951** (2023) no.1, L8 doi:10.3847/2041-8213/acdac6 [arXiv:2306.16213 [astro-ph.HE]].

[20] J. Antoniadis *et al.* [EPTA], "The second data release from the European Pulsar Timing Array III. Search for gravitational wave signals," [arXiv:2306.16214 [astro-ph.HE]].

[21] D.J. Reardon, A. Zic, R.M. Shannon, G.B. Hobbs, M. Bailes, V. Di Marco, A. Kapur, A.F. Rogers, E. Thrane and J. Askew *et al.*, "Search for an Isotropic Gravitational-wave Background with the Parkes Pulsar Timing Array," *Astrophys. J. Lett.* **951** (2023) , no.1, L6 doi:10.3847/2041-8213/acdd02 [arXiv:2306.16215 [astro-ph.HE]].

[22] H. Xu, S. Chen, Y. Guo, J. Jiang, B. Wang, J. Xu, Z. Xue, R.N. Caballero, J. Yuan and Y. Xu *et al.*, "Searching for the Nano-Hertz Stochastic Gravitational Wave Background with the Chinese Pulsar Timing Array Data Release I," *Res. Astron. Astrophys.* **23** (2023) , no.7, 075024 doi:10.1088/1674-4527/acdfa5 [arXiv:2306.16216 [astro-ph.HE]].

[23] S. Tremaine and J.E. Gunn, "Dynamical Role of Light Neutral Leptons in Cosmology," *Phys. Rev. Lett.* **42** (1979), 407-410 doi:10.1103/PhysRevLett.42.407.

[24] D. Gorbunov, A. Khmelnitsky and V. Rubakov, "Constraining sterile neutrino dark matter by phase-space density observations," *JCAP* **10** (2008), 041 doi:10.1088/1475-7516/2008/10/041 [arXiv:0808.3910 [hep-ph]].

[25] J.D. Simon and M. Geha, "The Kinematics of the Ultra-Faint Milky Way Satellites: Solving the Missing Satellite Problem," *Astrophys. J.* **670**, 313 (2007), doi:10.1086/521816 [arXiv:0706.0516 [astro-ph]].

[26] C. Abel, S. Afach, N.J. Ayres, C.A. Baker, G. Ban, G. Bison, K. Bodek, V. Bondar, M. Burghoff and E. Chanel *et al.*, "Measurement of the Permanent Electric Dipole Moment of the Neutron," *Phys. Rev. Lett.* **124** (2020), no.8, 081803 doi:10.1103/PhysRevLett.124.081803 [arXiv:2001.11966 [hep-ex]].

[27] R.D. Peccei and H.R. Quinn, "CP Conservation in the Presence of Instantons," *Phys. Rev. Lett.* **38** (1977), 1440-1443 doi:10.1103/PhysRevLett.38.1440.

[28] J.E. Kim, "Weak Interaction Singlet and Strong CP Invariance," *Phys. Rev. Lett.* **43** (1979), 103 doi:10.1103/PhysRevLett.43.103.

[29] M.A. Shifman, A.I. Vainshtein and V.I. Zakharov, "Can Confinement Ensure Natural CP Invariance of Strong Interactions?," *Nucl. Phys. B* **166** (1980), 493-506 doi:10.1016/0550-3213(80)90209-6.

[30] M. Dine, W. Fischler and M. Srednicki, "A Simple Solution to the Strong CP Problem with a Harmless Axion," *Phys. Lett. B* **104** (1981), 199-202 doi:10.1016/0370-2693(81)90590-6.

[31] A.R. Zhitnitsky, "On Possible Suppression of the Axion Hadron Interactions. (In Russian)," *Sov. J. Nucl. Phys.* **31** (1980), 260.

[32] S. Navas *et al.* [Particle Data Group], to be published in *Phys. Rev. D* **110** (2024), 030001.

[33] O. Wantz and E.P.S. Shellard, "Axion Cosmology Revisited," *Phys. Rev. D* **82** (2010), 123508 doi:10.1103/PhysRevD.82.123508 [arXiv:0910.1066 [astro-ph.CO]].

[34] M. Kawasaki, K. Saikawa and T. Sekiguchi, "Axion dark matter from topological defects," *Phys. Rev. D* **91** (2015), no.6, 065014 doi:10.1103/PhysRevD.91.065014 [arXiv:1412.0789 [hep-ph]].

[35] Y. Akrami *et al.* [Planck], "Planck 2018 results. X. Constraints on inflation," *Astron. Astrophys.* **641** (2020), A10 doi:10.1051/0004-6361/201833887 [arXiv:1807.06211 [astro-ph.CO]].

[36] P.A.R. Ade *et al.* [BICEP and Keck], "Improved Constraints on Primordial Gravitational Waves using Planck, WMAP, and BICEP/Keck Observations through the 2018 Observing Season," *Phys. Rev. Lett.* **127** (2021), no.15, 151301 doi:10.1103/PhysRevLett.127.151301 [arXiv:2110.00483 [astro-ph.CO]].

[37] M. Kawasaki, T. Moroi and T. Yanagida, "Can decaying particles raise the upper bound on the Peccei-Quinn scale?," *Phys. Lett. B* **383** (1996), 313-316 doi:10.1016/0370-2693 (96) 00743-5 [arXiv:hep-ph/9510461 [hep-ph]].

[38] E. Bagnaschi, H. Bahl, J. Ellis, J. Evans, T. Hahn, S. Heinemeyer, W. Hollik, K.A. Olive, S. Paßehr, H. Rzehak, I. V. Sobolev, G. Weiglein and J. Zheng, "Supersymmetric Models in Light of Improved Higgs Mass Calculations," *Eur. Phys. J. C* **79**, no.2, 149 (2019), doi:10.1140/epjc/s10052-019-6658-y [arXiv:1810.10905 [hep-ph]].

[39] M. Kawasaki, K. Kohri, T. Moroi and Y. Takaesu, "Revisiting Big-Bang Nucleosynthesis Constraints on Long-Lived Decaying Particles," *Phys. Rev. D* **97** (2018), no.2, 023502 doi:10.1103/PhysRevD.97.023502 [arXiv:1709.01211 [hep-ph]].

[40] J.L. Feng, S. Su and F. Takayama, "Supergravity with a gravitino LSP," *Phys. Rev. D* **70**（2004）, 075019 doi:10.1103/PhysRevD.70.075019 [arXiv:hep-ph/0404231 [hep-ph]].

[41] M. Fujii, M. Ibe and T. Yanagida, "Upper bound on gluino mass from thermal leptogenesis," *Phys. Lett. B* **579**（2004）, 6-12 doi:10.1016/j.physletb.2003.10.092 [arXiv:hep-ph/0310142 [hep-ph]].

[42] M. Kawasaki, K. Kohri and T. Moroi, "Big-Bang nucleosynthesis and hadronic decay of long-lived massive particles," *Phys. Rev. D* **71**（2005）, 083502 doi:10.1103/PhysRevD.71.083502 [arXiv:astro-ph/0408426 [astro-ph]].

[43] N. Cappelluti, Y. Li, A. Ricarte, B. Agarwal, V. Allevato, T.T. Ananna, M. Ajello, F. Civano, A. Comastri and M. Elvis *et al.*, "The Chandra COSMOS legacy survey: Energy Spectrum of the Cosmic X-ray Background and constraints on undetected populations," *Astrophys. J.* **837**（2017）, no.1, 19 doi:10.3847/1538-4357/aa5ea4 [arXiv:1702.01660 [astro-ph.HE]].

[44] M. Ajello, J. Greiner, G. Sato, D.R. Willis, G. Kanbach, A.W. Strong, R. Diehl, G. Hasinger, N. Gehrels and C.B. Markwardt *et al.*, "Cosmic X-ray background and Earth albedo Spectra with Swift/BAT," *Astrophys. J.* **689**（2008）, 666 doi:10.1086/592595 [arXiv:0808.3377 [astro-ph]].

[45] M. Aker *et al.* [KATRIN], "KATRIN: status and prospects for the neutrino mass and beyond," *J. Phys. G* **49**（2022）, no.10, 100501 doi:10.1088/1361-6471/ac834e [arXiv:2203.08059 [nucl-ex]].

[46] K. Abazajian, G.M. Fuller and M. Patel, "Sterile neutrino hot, warm, and cold dark matter," *Phys. Rev. D* **64**（2001）, 023501 doi:10.1103/PhysRevD.64.023501 [arXiv:astro-ph/0101524 [astro-ph]].

[47] A. Boyarsky, M. Drewes, T. Lasserre, S. Mertens and O. Ruchayskiy, "Sterile neutrino Dark Matter," *Prog. Part. Nucl. Phys.* **104**（2019）, 1-45 doi:10.1016/j.ppnp.2018.07.004 [arXiv:1807.07938 [hep-ph]].

[48] J. Baur, N. Palanque-Delabrouille, C. Yeche, A. Boyarsky, O. Ruchayskiy, É. Armengaud and J. Lesgourgues, “Constraints from Ly-α forests on non-thermal dark matter including resonantly-produced sterile neutrinos,” *JCAP* **12** (2017), 013 doi:10.1088/1475-7516/2017/12/013 [arXiv:1706.03118 [astro-ph.CO]].

[49] K. Kasai, M. Kawasaki and K. Murai, “Affleck-Dine leptogenesis scenario for resonant production of sterile neutrino dark matter,” [arXiv:2402.11902 [hep-ph]].

[50] S.R. Coleman, “Q-balls,” *Nucl. Phys. B* **262** (1985), no.2, 263 doi:10.1016/0550-3213 (86) 90520-1.

[51] A. de Gouvea, T. Moroi and H. Murayama, “Cosmology of supersymmetric models with low-energy gauge mediation,” *Phys. Rev. D* **56** (1997), 1281-1299 doi:10.1103/PhysRevD.56.1281 [arXiv:hep-ph/9701244 [hep-ph]].

[52] I. Affleck and M. Dine, “A New Mechanism for Baryogenesis,” *Nucl. Phys. B* **249** (1985), 361-380 doi:10.1016/0550-3213 (85) 90021-5.

[53] T. Hiramatsu, M. Kawasaki and F. Takahashi, “Numerical study of Q-ball formation in gravity mediation,” *JCAP* **06** (2010), 008 doi:10.1088/1475-7516/2010/06/008 [arXiv:1003.1779 [hep-ph]].

[54] J.P. Hong, M. Kawasaki and M. Yamada, “Charged Q-ball Dark Matter from B and L direction,” *JCAP* **08** (2016), 053 doi:10.1088/1475-7516/2016/08/053 [arXiv:1604.04352 [hep-ph]].

[55] M. Kawasaki, F. Takahashi and N. Takeda, “Adiabatic Invariance of Oscillons/I-balls,” *Phys. Rev. D* **92** (2015), no.10, 105024 doi:10.1103/PhysRevD.92.105024 [arXiv:1508.01028 [hep-th]].

[56] M. Ibe, M. Kawasaki, W. Nakano and E. Sonomoto, “Decay of I-ball/Oscillon in Classical Field Theory,” *JHEP* **04** (2019), 030 doi:10.1007/JHEP04 (2019) 030 [arXiv:1901.06130 [hep-ph]].

[57] Y. Nomura, T. Watari and M. Yamazaki, "Pure Natural Inflation," *Phys. Lett. B* **776** (2018), 227-230 doi:10.1016/j.physletb.2017.11.052 [arXiv:1706.08522 [hep-ph]].

[58] M. Kawasaki, W. Nakano and E. Sonomoto, "Oscillon of Ultra-Light Axion-like Particle," *JCAP* **01** (2020), 047 doi:10.1088/1475-7516/2020/01/047 [arXiv:1909.10805 [astro-ph.CO]].

[59] P. Sikivie, "Experimental Tests of the Invisible Axion," *Phys. Rev. Lett.* **51** (1983), 1415-1417 [erratum: *Phys. Rev. Lett.* **52** (1984), 695] doi:10.1103/PhysRevLett.51.1415.

[60] R. Khatiwada *et al.* [ADMX], "Axion Dark Matter Experiment: Detailed design and operations," *Rev. Sci. Instrum.* **92** (2021), no.12, 124502 doi:10.1063/5.0037857 [arXiv:2010.00169 [astro-ph.IM]].

[61] V. Anastassopoulos *et al.* [CAST], "New CAST Limit on the Axion-Photon Interaction," *Nature Phys.* **13** (2017), 584-590 doi:10.1038/nphys4109 [arXiv:1705.02290 [hep-ex]].

[62] E. Armengaud *et al.* [IAXO], "Physics potential of the International Axion Observatory (IAXO)," *JCAP* **06** (2019), 047 doi:10.1088/1475-7516/2019/06/047 [arXiv:1904.09155 [hep-ph]].

[63] T. Dafni, C.A.J. O'Hare, B. Lakić, J. Galán, F.J. Iguaz, I.G. Irastorza, K. Jakovčic, G. Luzón, J. Redondo and E. Ruiz Chóliz, "Weighing the solar axion," *Phys. Rev. D* **99** (2019), no.3, 035037 doi:10.1103/PhysRevD.99.035037 [arXiv:1811.09290 [hep-ph]].

[64] Y. Oshima, H. Fujimoto, J. Kume, S. Morisaki, K. Nagano, T. Fujita, I. Obata, A. Nishizawa, Y. Michimura and M. Ando, "First Results of Axion Dark Matter Search with DANCE," [arXiv:2303.03594 [hep-ex]].

[65] R. Ballou *et al.* [OSQAR], "New exclusion limits on scalar and pseudoscalar axionlike particles from light shining through a wall," *Phys. Rev. D* **92** (2015), no.9, 092002 doi:10.1103/PhysRevD.92.092002 [arXiv:1506.08082 [hep-ex]].

[66] G. Raffelt, "Limits on a CP-violating scalar axion-nucleon interaction," *Phys. Rev. D* **86** (2012) , 015001 doi:10.1103/PhysRevD.86.015001 [arXiv:1205.1776 [hep-ph]].

[67] K. Freese, M. Lisanti and C. Savage, "Colloquium: Annual modulation of dark matter," *Rev. Mod. Phys.* **85** (2013) , 1561-1581 doi:10.1103/RevModPhys.85.1561 [arXiv:1209.3339 [astro-ph.CO]].

[68] https://supercdms.slac.stanford.edu/science-results/dark-matter-limit-plotter

[69] M.G. Aartsen *et al.* [IceCube], "Improved limits on dark matter annihilation in the Sun with the 79-string IceCube detector and implications for supersymmetry," *JCAP* **04** (2016) , 022 doi:10.1088/1475-7516/2016/04/022 [arXiv:1601.00653 [hep-ph]].

[70] K. Choi *et al.* [Super-Kamiokande], "Search for neutrinos from annihilation of captured low-mass dark matter particles in the Sun by Super-Kamiokande," *Phys. Rev. Lett.* **114** (2015) , no.14, 141301 doi:10.1103/PhysRevLett.114.141301 [arXiv:1503.04858 [hep-ex]].

[71] C. Amole *et al.* [PICO], "Dark matter search results from the PICO-60 CF_3I bubble chamber," *Phys. Rev. D* **93** (2016) , no.5, 052014 doi:10.1103/PhysRevD.93.052014 [arXiv:1510.07754 [hep-ex]].

[72] M. Ackermann *et al.* [Fermi-LAT], "Dark Matter Constraints from Observations of 25 Milky Way Satellite Galaxies with the Fermi Large Area Telescope," *Phys. Rev. D* **89** (2014) , 042001, doi:10.1103/PhysRevD.89.042001 [arXiv:1310.0828 [astro-ph.HE]].

[73] L. Accardo *et al.* [AMS], "High Statistics Measurement of the Positron Fraction in Primary Cosmic Rays of 0.5–500 GeV with the Alpha Magnetic Spectrometer on the International Space Station," *Phys. Rev. Lett.* **113** (2014), 121101 doi:10.1103/PhysRevLett.113.121101.

[74] M.Y. Cui, Q. Yuan, Y.L.S. Tsai and Y.Z. Fan, "Possible dark matter annihilation signal in the AMS-02 antiproton data," *Phys. Rev. Lett.* **118** (2017), no.19, 191101 doi:10.1103/PhysRevLett.118.191101 [arXiv:1610.03840 [astro-ph.HE]].

[75] M. Kawasaki, H. Nakatsuka, K. Nakayama and T. Sekiguchi, "Revisiting CMB constraints on dark matter annihilation," *JCAP* **12** (2021), no.12, 015 doi:10.1088/1475-7516/2021/12/015 [arXiv:2105.08334 [astro-ph.CO]].

[76] M. Kawasaki, K. Kohri, T. Moroi and Y. Takaesu, "Revisiting Big-Bang Nucleosynthesis Constraints on Dark-Matter Annihilation," *Phys. Lett. B* **751** (2015), 246-250, doi:10.1016/j.physletb.2015.10.048 [arXiv:1509.03665 [hep-ph]].

[77] M. Aaboud *et al.* [ATLAS], "Search for a scalar partner of the top quark in the jets plus missing transverse momentum final state at $\sqrt{s}$=13 TeV with the ATLAS detector," *JHEP* **12** (2017), 085 doi:10.1007/JHEP12 (2017) 085 [arXiv:1709.04183 [hep-ex]].

[78] M. Srednicki, "Quantum Field Theory," Cambridge University Press, 2007.

[79] M.E. Peskin and D.V. Schroeder, "An Introduction to Quantum Field Theory," Addison-Wesley, 1995.

索引

アルファベット

A-term（A 項） 170
AD（Affleck-Dine）場 169
ALP（Axion-Like Particle） 122
Axion Dark Matter eXperiment
（ADMX） 185
CAST（CERN Axion Solar Telescope）
実験 186
CDM 70
——等曲率揺らぎ 118
CMSSM（Constrained Minimal Supersymmetric Standard Model） 136
coannihilation 136
DFSZ（Dine–Fischler–Srednicki–Zhitnitsky）アクシオン模型 93
Fuzzy ダークマター 125
Hawking, S.W. 33
HDM 70
IAXO（International Axion Observatory）実験 186
KATRIN 実験 152
KSVZ（Kim–Shifman–Vainstein–Zakharov）アクシオン模型 93
LIGO 33
LSP（Lightest supersymmetric particle） 132
MACHO（Massive Compact Halo Object） 29
misalighnment angle 106, 117
Missing Satellite 問題 71
MSSM（Minimal Supersymmetric Starndard Model） 131
μ 変形 48
NFW プロファイル 72
NLSP（Next lightest SUSY particle） 138, 140
Novikov, I.D. 33
Peccei, Roberto D. 4, 78
PQ
——機構 90
——スカラー 92
——スカラー場 103
——対称性 78, 92
——チャージ 92, 94
——変換 92, 94, 95
pure ゲージ場 80
Q ボール 164
QCD 77
quality factor Q 184
Quinn, Helen R. 4, 78
R. Bott の定理 81
Rubin, Vera 2
R パリティ 132
Sikivie, P. 179
$SU(2)$
——ゲージ理論 80
$SU(3)$ 79
——ゲージ理論 79
——生成子 79
——対称性 80
$\tan\beta$ 135
θ 真空 86
θ 項 87
Too-Big-to-Fail 問題 71
TT（tansvers-traceless）条件 224
W ボソン 61
WDM 70
WIMP 3, 62, 198
——miracle 3, 68
y 変形 48
Z ボソン 61
——の質量 132
Zeldovich, Y.B. 33
Zwicky, Fritz 1, 19

あ

アインシュタイン・テンソル 225
アインシュタイン半径 42
アクシオン 4, 77
——質量 78
——と電磁場の結合定数 180, 185
——の質量 101
——場のコヒーレント振動 105, 117
——場の揺らぎ 117
——ハロースコープ 182
——ヘリオスコープ 186
——崩壊定数 78, 94, 96
温かいダークマター 70
熱いダークマター 70
アフレック–ダイン
——機構 172
——場 169
移行運動量 199
位相空間 73
位相欠陥 163
インスタントン 83
インスタントン解 83, 235
インスタントン遷移振幅 85
インフレーション宇宙 16
ウィークボソン 61
宇宙初期の元素合成 30, 142, 211
宇宙マイクロ波背景放射 23
エネルギー運動量テンソル 226
オシロン（I ボール） 175

か

階層性の問題 130
回転曲線 20
カイラル・ラグランジアン 99
角度パワースペクトラム 23
荷電共役 77
ガンマ線 206
曲率揺らぎ 224
クィン 4, 78
空間反転 77, 87
クォーク 59
グラビティーノ 134, 138
クリストッフェル記号 224
グルーオン 61, 79
——場の強さ 79
軽元素
——のハドロン分解 213
——の光分解 211
計量テンソル 224
ゲージ伝播型超対称性の破れ 134, 169
ゲージ・ボソン 59
原子核の形状因子 201
原始ブラックホール 33
コア・カスプ問題 71
コスミック・ストリング 163

さ

再結合 15
時間反転 88
ジキビ 179
自己双対解（self-dual solution） 85
自然単位系 223
自由行程長 69, 153, 158
重力伝播型超対称性の破れ 133, 169
重力マイクロレンズ 38
シュバルツシルト半径 43
状態方程式 8
シルク減衰 32, 47
スクォーク 133, 169
スタウ 141
ステライル・ニュートリノ 153
ストロング CP 問題 77, 90
スニュートリノ 140, 141
スレプトン 134, 169
ゼルドビッチ 33
相対論的自由度（エネルギー密度に対する） 11
相対論的自由度（エントロピー密度に対

する) 11

た

ダークエネルギー 9
ダークマター
——の速度分布 202
大気ニュートリノ 152
タイミング残差 57
太陽ニュートリノ 152
ダブルコンプトン散乱 48
弾丸銀河団 26
断熱条件 105
中性子の双極子モーメント 90
超重力理論 131
超対称性 3, 129
——の破れ 133
——パートナー 131
——粒子 131
——理論 130, 169
ツヴィッキー 1, 19
冷たいダークマター 70
強い相互作用 60
電弱相互作用 60
テンソルモード 224
ド・ブロイ波長 75
等曲率揺らぎ 118
ドデルソン–ウィドウ機構 155
トポロジカル・ソリトン 5, 163
ドメイン・ウォール 112, 163
——数 112
——の張力 114
——問題 114

な

長さパラメータ 110
南部–ゴールドストーン・ボソン 93
ニュートラリーノ 135
ニュートリノ 62
ニュートン・ゲージ 49, 125, 223
熱浴からの離脱 63
ノビコフ 33
ノントポロジカル・ソリトン 5, 164

は

ハイパーチャージ 61
パウリ行列 80
ハッブル・パラメータ 7
バリオン・光子比 30
パルサー・タイミング 55
パルサー・タイミング・アレイ実験 57
パワースペクトル 36
反インスタントン解 235
反自己双対解 85
反跳エネルギー 199
反陽子 208
ビーノ 140
非共鳴的生成 155
非繰り込み項 170
非対称性ダークマター 69
ヒッグス 59
ビッグバン元素合成 14
標準模型 59
複屈折 189
物質 8
フリードマン方程式 7
プリマコフ(Primakoff)過程 186
フレーバー対称性 97
ペッチャイ 4, 78
ペッチャイ–クイン
——機構 78, 90
——対称性 78
——変換 92, 94, 95
放射 8
ホーキング 33
ホーキング温度 44
ポテンシャル・レプトン数 154
ホモトピー類 81
ホライズン質量 34
ボルツマン方程式 63

ま

巻きつき数（winding number） 81
マックスウェル方程式 189
密度パラメータ 9
面積パラメータ 114
モジュライ 146
——場 146
——問題 148

や

ユークリッド作用 83, 232
ユークリッド化されたゲージ場 83
有効混合角 154
陽子（中性子）との SI 結合定数 201
陽電子 208
弱い相互作用 60

ら

ライマン α 吸収線からの制限 159
離脱温度 64, 66
ルービン 2
レプトン 59

わ

矮小楕円体銀河 74
ワインバーグ角 135

川崎雅裕（かわさき・まさひろ）
1960年，下関市生まれ．1984年，東京大学理学部物理学科卒業．
現在，東京大学宇宙線研究所教授．理学博士．
専門は，素粒子論的宇宙論．
主な著者に，『謎の粒子ニュートリノ』（丸善出版），『宇宙論I［第2版補訂版］』（シリーズ現代の天文学 第2巻）（分担執筆，日本評論社）がある．

ダークマター

しんてんもんがく　だい　かん
新天文学ライブラリー　第8巻

発行日　2025年4月15日　第1版第1刷発行

著　者　川崎雅裕
発行所　株式会社 日本評論社
170-8474 東京都豊島区南大塚 3-12-4
電話　03-3987-8621［販売］　03-3987-8599［編集］
印　刷　三美印刷株式会社
製　本　牧製本印刷株式会社
装　幀　妹尾浩也

ISBN978-4-535-60747-7